高等学校教材

工程力学

（静力学与材料力学）

（第 2 版）

单辉祖 谢传锋 合编

高等教育出版社·北京

内容简介

本书是单辉祖、谢传锋合编《工程力学（静力学与材料力学）》第2版。

本书仍由静力学与材料力学两大部分组成。

静力学部分包括静力学基础、汇交力系、力偶系、平面任意力系、空间任意力系与静力学专题等六章。

材料力学部分包括材料力学基础、轴向拉伸与压缩、扭转、弯曲内力、弯曲应力、弯曲变形、复杂应力状态应力分析、复杂应力状态强度问题、压杆稳定与疲劳等十章。

为便于学习，每章后均附有思考题与习题，并在书后给出了习题答案。

本书可作为高等学校工科本科"工程力学（静力学与材料力学）"课程的教材，也可供高等学校工程专科、高等职业大学与成人教育学院师生及有关工程技术人员参考。

考虑到便于教学，特为使用本教材的任课教师，配套提供《工程力学（静力学与材料力学）课堂讲授课件》，此外，由高等教育出版社出版的《材料力学问题与范例分析》也供教学参考。

图书在版编目（CIP）数据

工程力学:静力学与材料力学 / 单辉祖,谢传锋合编. --2 版. --北京:高等教育出版社,2021.3（2023.5重印）
ISBN 978-7-04-055618-6

Ⅰ.①工⋯ Ⅱ.①单⋯ ②谢⋯ Ⅲ.①工程力学-高等学校-教材②静力学-高等学校-教材③材料力学-高等学校-教材 Ⅳ.①TB12②O312③TB301

中国版本图书馆 CIP 数据核字（2021）第 027013 号

GONGCHENG LIXUE（JINGLIXUE YU CAILIAO LIXUE）

| 策划编辑 黄 强 | 责任编辑 黄 强 | 封面设计 张 楠 | 版式设计 于 婕 |
| 插图绘制 邓 超 | 责任校对 胡美萍 | 责任印制 朱 琦 | |

出版发行	高等教育出版社	网 址	http://www.hep.edu.cn
社 址	北京市西城区德外大街 4 号		http://www.hep.com.cn
邮政编码	100120	网上订购	http://www.hepmall.com.cn
印 刷	三河市骏杰印刷有限公司		http://www.hepmall.com
开 本	787mm×960mm 1/16		http://www.hepmall.cn
印 张	27	版 次	2004 年 1 月第 1 版
字 数	490 千字		2021 年 3 月第 2 版
购书热线	010-58581118	印 次	2023 年 5 月第 5 次印刷
咨询电话	400-810-0598	定 价	49.00 元

本书如有缺页、倒页、脱页等质量问题,请到所购图书销售部门联系调换

版权所有 侵权必究

物 料 号 55618-00

工程力学

（静力学与材料力学）

1 计算机访问 http://abook.hep.com.cn/1224214，或手机扫描二维码、下载并安装 Abook 应用。

2 注册并登录，进入"我的课程"。

3 输入封底数字课程账号（20位密码，刮开涂层可见），或通过 Abook 应用扫描封底数字课程账号二维码，完成课程绑定。

4 单击"进入课程"按钮，开始本数字课程的学习。

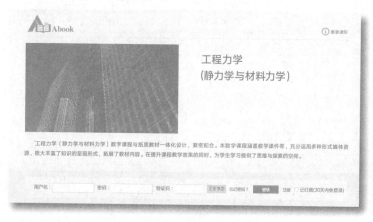

工程力学（静力学与材料力学）数字课程与纸质教材一体化设计，紧密配合。本数字课程涵盖教学课件等，充分运用多种形式媒体资源，极大丰富了知识的呈现形式，拓展了教材内容。在提升课程教学效果的同时，为学生学习提供了思维与探索的空间。

课程绑定后一年为数字课程使用有效期。受硬件限制，部分内容无法在手机端显示，请按提示通过计算机访问学习。

如有使用问题，请发邮件至 abook@hep.com.cn。

扫描二维码
下载 Abook 应用

第2版前言

本书是单辉祖、谢传锋合编《工程力学（静力学与材料力学）》的第2版。

本书第1版于2004年出版，属于教育科学"十五"国家规划课题研究成果，自出版以来，得到兄弟院校广大师生的欢迎与好评。

本书仍由静力学篇与材料力学篇两部分组成。

静力学篇包括静力学基础、汇交力系、力偶系、平面任意力系、空间任意力系与静力学专题等六章。

材料力学篇包括材料力学基础、轴向拉伸与压缩、扭转、弯曲内力、弯曲应力、弯曲变形、复杂应力状态应力分析、复杂应力状态强度问题、压杆稳定与疲劳等十章。

编者在修订本书时，仍秉承一贯风格，力求精选教学内容，论述简洁严谨，文字精练流畅，层次清晰明确，教学适用性强。

在这次修订中，对部分教学内容稍作调整。主要是：对第三章力偶系的内容进行了精简，力对轴之矩与力矩关系定理移至第五章空间任意力系；对静力学篇的静不定与桁架内容进行了简化，主要放在材料力学篇阐述；在材料力学篇，删除了复合材料应力应变关系简介与累积损伤概念，增加了刚架内力；全书增加了少量例题。

在这次修订中，还特别注意全书的文字、公式与术语表述的协调统一。

全书修订由单辉祖与谢传锋共同筹划，具体则由单辉祖执笔修改完成。

由于编者水平有限，书中难免存在一些不足之处，希望读者批评指正。

编 者

2020 年 11 月

第 1 版前言

本书属于教育科学"十五"国家规划课题研究成果。

本书由静力学与材料力学两部分组成。

静力学部分包括静力学基本概念、汇交力系、力偶系、平面任意力系、空间任意力系与静力学专题等六章。

材料力学部分包括绪论、轴向拉伸与压缩、扭转、弯曲内力、弯曲应力、弯曲变形、应力状态分析、复杂应力状态强度问题、压杆稳定与疲劳强度等十章。

为便于学习,每章后均附有思考题与习题,并在附录中给出了答案。

静力学与材料力学部分分别由北京航空航天大学谢传锋与单辉祖编写。谢传锋主编的《静力学》、单辉祖编著的《材料力学》(Ⅰ)与《材料力学》(Ⅱ),被评为"面向 21 世纪课程教材"与"普通高校'九五'国家级重点教材"。本书是在上述教材的基础上,根据高等工业院校《工程力学教学基本要求》编写而成。

本书承大连铁道学院陶学文教授审阅,提出了许多精辟而中肯的意见。在编写过程中,北京航空航天大学吴鹤华教授对材料力学部分进行了仔细校订,谨此一并致谢。

由于编者水平有限,书中难免存在一些不足之处,希望读者批评指正。

编　者

2003 年 6 月

目　　录

第一篇　静　力　学

第二篇　材　料　力　学

引　言

在工程实际中,各种机械与结构得到广泛应用。组成机械与结构的零、构件,统称为**构件**。

当机械与结构工作时,构件受到外力作用。例如,房屋建筑中的梁承受楼板传给它的重力;火车轮轴承受由车厢与车轮传来的外力。在构件设计时,首先需要分析计算构件所受各外力的大小与方向。

在外力作用下,构件的尺寸发生变化,同时,其形状一般也发生变化。构件尺寸与形状的变化,称为**变形**。构件的变形分为两类:一类为外力解除后可消失的变形,称为**弹性变形**;另一类为外力解除后不能消失的变形,称为**塑性变形**。

实践表明:作用力愈大,构件的变形愈大;而当作用力过大时,构件则将发生断裂或显著塑性变形。显然,构件工作时发生意外断裂或显著塑性变形是不容许的。对于许多构件,工作时产生过大变形一般也是不容许的。例如,如果齿轮轴的变形过大(图 0-1),势必影响齿与齿间的正常啮合。

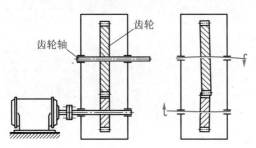

图 0-1

实践中还发现,有些构件在某种外力作用下,将发生不能保持其原有平衡形式的现象。例如图 0-2 所示轴向受压的细长联杆,当所加压力 F 达到或超过一定数值时(其值因杆而异),联杆将从直线形状突然变弯,而且往往是显著的弯曲变形。

图 0-2

在一定外力作用下,构件突然发生不能保持其原有平衡形式的现象,称为**失稳**。构件工作时产生失稳一般也是不容许的。例如,桥梁结构的受压杆件失稳,将可能导致桥梁结构的整体或局部塌毁。

构件抵抗破坏(断裂或显著塑性变形)的能力,称为**强度**;构件抵抗变形的能力,称为**刚度**;构件保持原有平衡形式的能力,称为**稳定性**。

由此可见,为保证构件正常或安全工作,构件应具备足够的强度、刚度与稳定性,以保证在规定的使用条件下,不破坏、不过分变形与不丧失稳定性。

本书包括静力学与材料力学两部分内容,总称为工程力学。

静力学研究物体的受力与平衡的规律。材料力学研究物体(主要是构件)在外力作用下的变形与破坏或失效的规律,为合理设计构件提供有关强度、刚度与稳定性分析的基本理论与方法。前者也是后者的基础。

第一篇　静力学

第一章　静力学基础

　　力学是研究物体机械运动规律的科学。**机械运动**是指物体在空间的位置随时间的变化,包括移动、转动、变形与流动等。**静力学**研究物体平衡的一般规律。

　　在工程实际中,静力学得到广泛应用。此外,静力学也是一系列后续课的基础,例如材料力学、结构力学、弹性力学、流体力学与机械设计等,都要应用静力学的理论与方法。

　　静力学主要研究三方面问题:物体的受力分析、力系的简化与力系的平衡条件。

　　本章首先介绍静力学的基本概念,然后介绍工程中几种常见或典型的约束以及相应约束力,最后讨论物体的受力分析与受力图。

§1-1　静力学基本概念

　　静力学研究物体在力作用下的平衡规律。为此,首先介绍关于刚体、平衡、力与力系等基本概念。

一、刚体的概念

　　静力学研究的物体主要是刚体。所谓**刚体**,是指在力的作用下不变形的物体,即内部任意两点之间的距离始终保持不变的物体。在实际问题中,任何物体在力作用下或多或少将发生变形,但是,如果变形不大或变形对所研究的问题影响不大,则可将物体抽象为刚体。静力学主要以刚体为研究对象,所以也称为**刚体静力学**。

二、平衡的概念

　　所谓**平衡**,是指物体相对于惯性参考系保持静止或作匀速直线运动的状态。它是物体机械运动的一种特殊状态。在工程技术问题中,一般将固连于地球的参考系作为惯性参考系。所以,平衡即是指物体相对于地球处于静止或作匀速直线运动的状态。

三、力的概念

力是物体间的相互机械作用。力对物体机械作用的效应,主要表现为两方面:一是使物体的机械运动状态发生改变,例如改变物体运动速度的大小或方向;另一是使物体的形状与大小发生改变,例如使梁弯曲,使弹簧伸长。力使物体的机械运动状态发生改变的效应,称为**外效应**或**运动效应**;力使物体的形状与大小发生改变的效应,称为**内效应**或**变形效应**。

人们的长期实践证实,力对物体作用的效应,取决于力的大小、方向与力的作用点。力的大小、方向与作用点,称为**力的三要素**。力的大小反映物体间相互机械作用的强度,在我国法定计量单位中,力的基本单位是牛顿(N)。力的方向是指静止质点在力作用下开始运动的方向。力的作用点是指物体相互作用部位的抽象化。

实际上,两物体接触处总具有一定面积,但是,如果接触面积远小于物体表面的面积,则可将其抽象为一点,称为**力的作用点**。作用于物体一点处的力,称为**集中力**,作用于物体表面某一范围的力,称为**分布力**。

力的三要素说明,力可以用一个带箭头的线段即有向线段表示(图 1-1a)。线段的长度按一定比例表示力的大小,线段的方位与箭头指向,表示力的方向,线段的始点(或终点)表示力的作用点。通过力作用点并沿其作用方位所画直线(图 1-1b 所示虚线),称为**力的作用线**。

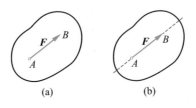

(a)   (b)

图 1-1

任何一个具有大小、方向并服从平行四边形加法法则的物理量,均为矢量,所以,力是矢量。由于力的作用点是力的三要素之一,因此,力是定位矢量。在静力学篇,今后均用黑体字表示矢量(例如图 1-1 中的 F),矢量的大小即模,则用白体字表示(例如 F)。要注意的是,仅从符号 F 并不能确定该力的作用点。仅表示力的大小与方向、并可从任一点画出的力矢量,称为**力矢**。力矢是自由矢量。

四、力系的概念

作用在同一物体上的一组力,称为**力系**。作用于刚体并使其保持平衡的力系,称为**平衡力系**。平衡力系所应满足的条件,称为**平衡条件**。

当两个力系分别作用于同一物体时,如果产生的效果(保持平衡或改变运动)相同,则称为**等效力系**。如果一个力与一个力系等效,称该力为所述力系的**合力**,而该力系中的各个力则为合力的**分力**。将作用在刚体上的复杂力系替换为与其等效的简单力系的过程,称为**力系简化**。力系简化是静力学基本内容之一。

按照力系中各力作用线在空间的分布情况,可将力系进行分类。各力作用线位于同一平面的力系,称为**平面力系**,否则称为**空间力系**。各力作用线汇交于同一点的力系,称为**汇交力系**;作用线彼此平行的力系,称为**平行力系**;作用线任意分布的力系,称为**任意力系**,等等。本篇将根据由基本到一般的顺序,依次研究各种力系的简化与平衡问题。

§1-2 约束与约束力

可在空间自由运动的物体,称为**自由体**,例如飞行中的飞机与卫星等。某些方向的位移受到限制的物体,称为**非自由体**或**受约束体**,例如,跑道上滑行的飞机,公路上行驶的汽车,均为非自由体。施加在非自由体上使其位移受到一定限制的条件,称为**约束**。约束一般通过非自由体周围的物体来实现,因此,对非自由体构成约束的物体,通常也称为约束。

当非自由体的位移受到限制时,约束与非自由体之间产生相互作用力。约束作用于非自由体的力,称为**约束力**。约束力的方向,与所约束位移的方向相反。作用在物体的非约束力,称为**主动力**,例如重力与推力等。在工程中,主动力也称为**载荷**。

现在介绍工程中几种常见或典型的约束,以及相应约束力。

一、柔索

绳索、链条、胶带与钢丝绳等,均为柔软的绳状或带状体。由柔软的绳状或带状体所构成的约束,称为**柔索**。柔索的特点是只能承受拉力,不能抵抗弯曲与压力。因此,柔索只能限制物体沿柔索伸长方向的位移,其约束力作用在与物体的连接点,作用线沿柔索中心线,其指向则背离所连接的物体。例如,图 1-2a 所示重量为 W 的物体,绳索 AB 与 AC 对重物的约束力即分别为 F_B 与 F_C(图 1-2b)。又如,图 1-3a 所示带传动系统,上、下两段胶带作用在左、右轮上的约束力,分别为 F_1,F_2 与 F_1',F_2',其方向均沿胶带并背离所系带轮(图 1-3b)。

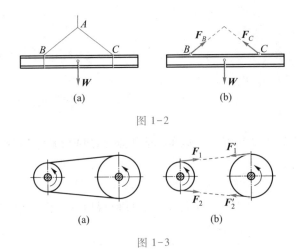

图 1-2

图 1-3

二、光滑支承面

如果物体与约束的接触面是光滑的,即它们间的摩擦力很小可以忽略不计时,则约束只限制物体接触点沿公法线且指向约束方向的位移(图 1-4a)。所以,光滑支承面的约束力,沿接触点公法线并指向被约束物体(图 1-4b)。例如,图 1-5a 所示搁放在槽内的矩形板,二者在 A,B 与 C 三点接触,如果接触处是光滑的,则约束力 F_A,F_B 与 F_C 将如图 1-5b 所示,均沿接触处的公法线。

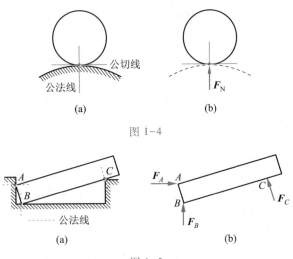

图 1-4

图 1-5

三、光滑圆柱铰链

在工程结构与机械设备中,常采用圆柱形孔销连接,即将圆柱形销钉插入两个物体的销钉孔构成的连接(图1-6a)。物体间的圆柱形孔销连接,称为圆柱铰链,简称铰链,其简化图形即计算简图如图1-6b所示。如果孔、销接触面是光滑的,则铰链仅限制物体受约束处垂直销钉轴线方位的线位移,因此,相应约束力为作用线通过且垂直销钉轴线的力 F(图1-6c),其方位与大小则均为未知。为便于分析计算,通常用两个互垂分力 F_x 与 F_y 表示(图1-6d)。

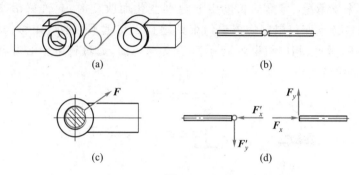

图 1-6

将上述铰链连接用于物体与设备底座或支承物之间(图1-7a),即构成所谓固定铰链支座,简称固定铰支,其计算简图如图1-7b所示。固定铰链支座对物体的约束特性与铰链相同,相应约束力通常也用互垂分力 F_x 与 F_y 表示(图1-7c)。

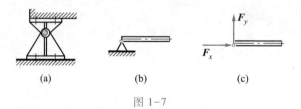

图 1-7

在机械传动系统中,经常用到滚珠轴承(图1-8a)与滑动轴承等,它们是转轴的约束。这些轴承允许转轴转动,但限制受约束处垂直轴线方位的线位移,其计算简图如图1-8b所示。与光滑圆柱铰链类似,轴承约束力垂直于转轴轴线,通常也用两个互垂分力 F_x 与 F_y 表示(图1-8c)。

四、活动铰链支座

在固定铰链支座底部安装滚轮(图1-9a),可使支座沿滚轮支承面滚动。

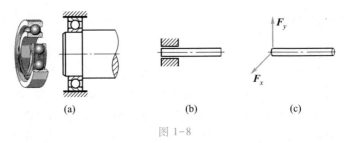

(a)　　　　　　(b)　　　　　　(c)

图 1-8

可沿固定支承平面滚动的铰链支座,称为**活动铰链支座**,简称**活动铰支**。这种支座常用来支承梁,当梁的长度由于温度变化而改变时,允许梁沿支承面移动。活动铰链支座仅限制物体受约束处垂直于支承平面的线位移,其计算简图如图1-9b所示,相应约束力 **F** 垂直于支承平面,通过铰链中心并指向被连接物(图1-9c)。

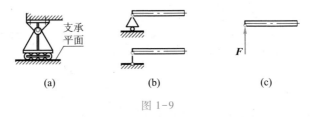

(a)　　　　　　(b)　　　　　　(c)

图 1-9

有时,固定支承面是两个平行面,并配置两组滚轮(图1-10a),其计算简图与约束力分别如图1-10b 与 c 所示,这时,活动铰链支座是一种双侧约束。

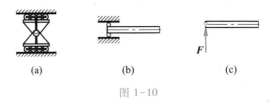

(a)　　　　　　(b)　　　　　　(c)

图 1-10

五、光滑球铰链

图 1-11a 所示物体的一端为球形,能在固定的球窝中转动。由光滑球与球窝构成的约束,称为**光滑球铰链**,简称**球铰**,其计算简图如图 1-11b 所示。由于球窝限制球心在三维空间任何方向的位移,所以,球铰约束力的作用线通过球心,并可指向空间任一方向,通常用过球心的三个互垂分力 F_x,F_y 与 F_z 表示(图1-11c)。

止推轴承是机械设备中的一种常见约束,其结构简图如图1-12a 所示。这种约束既限制转轴受约束处垂直轴线方向的位移,也限制其轴向位移。止推轴

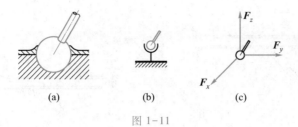

图 1-11

承的计算简图如图 1-12b 所示,其约束力通常也用三个互垂分力 F_x,F_y 与 F_z 表示(图 1-12c)。

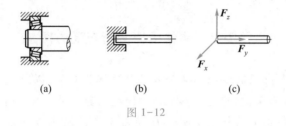

图 1-12

六、链杆约束

物体有时用两端均为铰链的刚性杆连接,例如图 1-13a 中的杆 *AB*。两端均为光滑铰链的刚性连接杆,称为链杆。与作用在铰链上的力相比,链杆本身重量一般均忽略不计。仅承受两个力且处于平衡状态的构件,称为二力构件,简称二力杆。所以,链杆属于二力杆。实践表明,在二力作用下的刚体,平衡的必要充分条件是二力等值、反向与共线,称为二力平衡原理。因此,作用在链杆上的力,必沿两端铰链的连线。例如,图 1-13b 中的 F_A 与 F_B 沿连线 *AB*,杆 *AB* 对被连接物体 *CD* 的约束力 F'_B,也沿连线 *AB*(图 1-13c)。链杆一般是直杆,但也可以是曲杆或折杆等,例如图 1-13a 中的虚线 *AB* 即表示曲杆。在后述情况下,作用在链杆与被连接物上的约束力,仍沿直线 *AB*。

在工程实际中,除上述几种典型约束外,还有固定端等约束,将在有关章节中介绍。还应指出,以上所述固定铰支、活动铰支、滚动轴承、止推轴承、球铰与固定端等,均属于支座类约束。在工程技术中,一般将支座类约束的约束力,称为支座反力。还应指出,在本书中如果没有特别说明,所有连接与接触均不考虑摩擦力,即均为光滑的,摩擦力问题将在§6-4 与§6-5专门讨论。

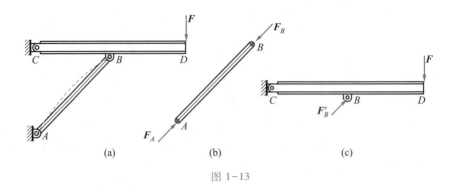

图 1-13

§1-3 物体受力分析与受力图

求解力学问题时,需要选择某个或某些物体为对象,以研究其运动或平衡。为研究其运动或平衡被选择的物体,称为**研究对象**。对于所选研究对象,首先要分析其受力情况,即弄清其上受哪些力,包括全部主动力与约束力。为此,应将研究对象从与它有联系的周围物体中分离出来,即解除所受约束。解除约束后的物体,称为**分离体**。分析分离体的受力情况,称为对物体进行**受力分析**。表示分离体及其上所受全部主动力与约束力的简图,称为**受力图**。恰当选择研究对象,正确进行受力分析并画受力图,是解决静力学问题的关键步骤。

画受力图的步骤与要点如下:

1. 选择研究对象,并画其分离体图;

2. 在分离体上,画作用于其上的主动力;

3. 在分离体的每一被约束处,根据约束特征画出相应约束力。

当研究对象为由若干刚体组成的刚体系时,作用其上的力可分为两类:由系外物体作用于系内各刚体上的力,称为**外力**;系内刚体间的相互作用力,称为内力,内力总是成对出现。

画刚体系受力图的注意事项:

1. 当选择若干刚体组成的刚体系为研究对象时,受力图中只画系统外力,不画内力;

2. 在刚体系的整体、部分与单个刚体的受力图中,作用在刚体上的力的符号、方向要彼此协调。

下面举例说明。

例 1-1 如图 1-14a 所示,一重为 W 的均质圆轮,在其边缘 A 点,由通过轮

心 C 的绳 AB 悬挂,在边缘 D 点,圆轮靠在光滑的固定曲面上。试画圆轮的受力图。

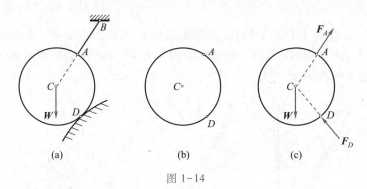

图 1-14

解:1. 选圆轮为研究对象,画其分离体图(图 1-14b)。

2. 在分离体圆轮上,画作用其上的主动力,即重力 W(图 1-14c)。

3. 在分离体圆轮的每个约束处,画相应约束力(图 1-14c)。

圆轮在 A 点有绳索约束,其约束力为作用于 A 点、沿绳索 AB 并背离圆轮的拉力 F_A;D 点存在光滑支承面约束,其约束力为沿该点公法线并指向圆轮的约束力 F_D。

4. 以上画有主动力 W、约束力 F_A 与 F_D 的圆轮,即为圆轮受力图。

例 1-2 图 1-15a 所示板块 ABD,A 点为固定铰支,BE 为两端铰接杆即链杆。板块的自重为 W,并在 D 点承受铅垂载荷 F 作用,试画板块 ABD 的受力图。

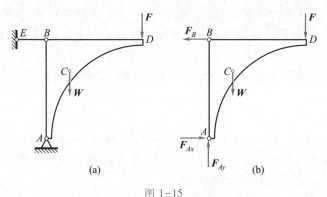

图 1-15

解:1. 选板块为研究对象

2. 画板块的受力图

作用在板块上的主动力为 W 与 F;在固定铰支座 A 处,约束力为 F_{Ax} 与 F_{Ay};

杆 BE 为二力杆,约束力 F_B 沿连线 BE。

根据上述分析,得板块的受力图如图 1-15b 所示。

例 1-3 重为 P 的均质圆柱,搁置在重为 W 的光滑均质板 AB 与光滑的铅垂墙面之间(图 1-16a),板 AB 的 A 端为固定铰支,B 端以水平绳索 BE 与墙相连,试画板与圆柱的受力图。

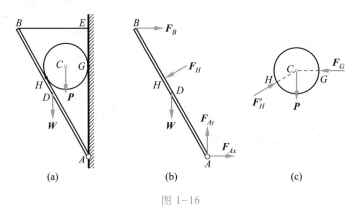

图 1-16

解:1. 板的受力图

在板 AB 上,主动力为 W,作用在板的中点 D,A 点处的约束力用 F_{Ax} 与 F_{Ay} 表示,B 点处的约束力 F_B 沿绳索 BE,在接触点 H 处的公法线方位,作用有约束力 F_H,于是得板 AB 的受力图如图 1-16b 所示。

2. 圆柱的受力图

在圆柱上,主动力为 P,作用在圆柱中点 C,G 点处的约束力 F_G,垂直于墙面,在接触点 H 处的公法线方位,作用有约束力 F'_H,于是得圆柱的受力图如图 1-16c所示。

应当注意,在接触点 H 处的约束力 F_H 与 F'_H,是作用力与反作用力的关系,二者等值反向。

例 1-4 图 1-17a 所示结构,由杆 AC,BC 与杆 DE 组成,A 处为固定铰支座,B 处为活动铰支座,在杆 AC 的中点作用有力 F,各杆重量忽略不计。试分别画结构整体、杆 AC 与杆 BC 的受力图。

解:1. 结构整体的受力图

取三杆组成的结构整体为研究对象,其上作用有主动力 F,约束力则有:铰支座 A 的约束力 F_{Ax} 与 F_{Ay};铰支座 B 的约束力 F_B。于是得结构整体的受力如图 1-17b 所示。

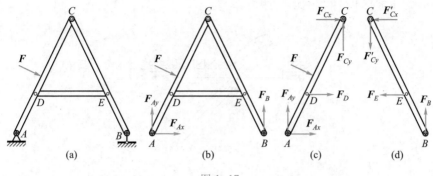

图 1-17

在铰链 C,D 与 E 处,相连部分之间的互相作用力为内力,不必画在受力图上。

2. 杆 AC 的受力图

取杆 AC 为研究对象,其上作用有主动力 F,约束力则有:铰支座 A 的约束力 F_{Ax} 与 F_{Ay};铰链 C 处的约束力 F_{Cx} 与 F_{Cy};杆 DE 为二力杆,铰链 D 处的约束力 F_D,作用线沿连线 DE。于是得杆 AC 的受力图如图 1-17c 所示。

3. 杆 BC 的受力图

取杆 BC 为研究对象,其上作用的约束力包括:约束力 F_B;铰链 E 处的约束力 F_E,作用线沿连线 DE;铰链 C 处的约束力 F'_{Cx} 及 F'_{Cy}。于是得杆 BC 的受力图如图 1-17d 所示。

应当注意:F_E 与 F_D 大小相等,方向相反;F'_{Cx} 与 F_{Cx} 以及 F'_{Cy} 与 F_{Cy},互为作用力与反作用力。

思 考 题

1-1 将刚体上 A 点的作用力 F(图 a),平移到另一点 B(图 b),是否会改变对刚体作用效应?

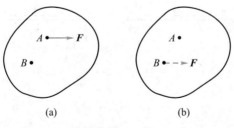

思考题 1-1 图

1-2 试指出下列各题中的二力构件。

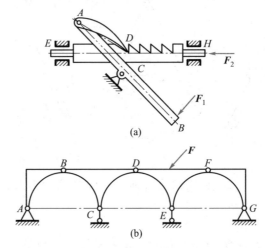

(a)

(b)

思考题 1-2 图

1-3 试指出下列各受力图中的错误,并予以改正。

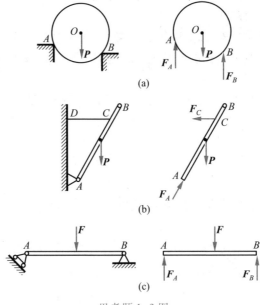

(a)

(b)

(c)

思考题 1-3 图

习　题

在以下各题中,未画重力的构件,自重均忽略不计。

1-1　图示各题,试画圆盘或圆柱的受力图。

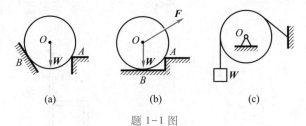

(a)　　　　　　　　(b)　　　　　　　　(c)

题 1-1 图

1-2　图示各题,试画杆 AB 的受力图。

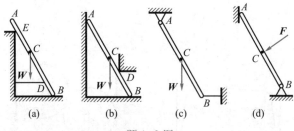

(a)　　　　(b)　　　　(c)　　　　(d)

题 1-2 图

1-3　图示各题,试画杆 AB 的受力图。

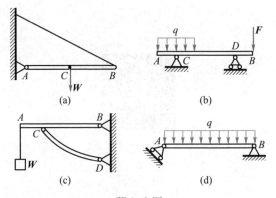

(a)　　　　　　　　　　(b)

(c)　　　　　　　　　　(d)

题 1-3 图

1-4　图示各题,试画指定物体的受力图。

(a) 拱 ABCD;(b) 方板 ABCD;(c) 踏板 AB;(d) 杠杆 AB。

1-5　图示各题,试画指定物体的受力图。

(a) 半拱 AB、半拱 BC 与整体;(b) 圆柱 A 与圆柱 B。

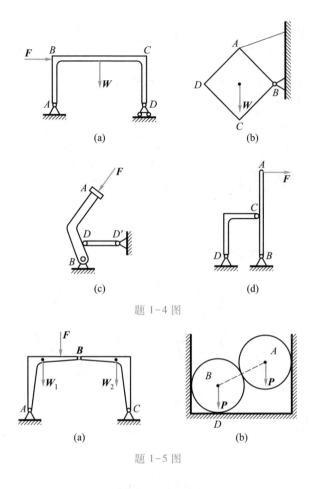

题 1-4 图

题 1-5 图

第一章 电子教案

第二章 汇交力系

汇交力系与力偶系是两种基本力系。以后研究将表明,任何复杂力系,均可简化为一个汇交力系与一个力偶系。因此,研究汇交力系与力偶系,又是研究复杂力系的基础。本章研究汇交力系,下一章研究力偶系。

汇交力系包括平面汇交力系与空间汇交力系。各力作用线位于同一平面的汇交力系,称为平面汇交力系,否则称为空间汇交力系。

本章用几何法与解析法研究汇交力系的合成,并根据合成结果,建立力系的平衡条件。作为分析研究的基础,本章还将介绍力的可传性、增减平衡力系原理、力三角形法则、三力平衡汇交定理与力的投影等基本理论。

§2-1 汇交力系合成的几何法

首先介绍力系合成几何法的基础——力的可传性与力三角形法则,然后介绍汇交力系合成的几何方法。

一、力的可传性

所谓平衡力系是指作用于刚体并使其保持平衡的力系。两个等值、反向与共线力组成的力系,是一种最简单的平衡力系。作用于刚体的平衡力系不会改变刚体原有的状态(平衡或运动状态)。因此,在刚体上增加或减去一组平衡力系,不会改变原力系对刚体的作用效应,称为增减平衡力系原理。

作用在刚体上某点的力,可沿其作用线移至刚体上任一点,而不改变该力对刚体的作用效应,称为力的可传性。兹证明如下。

设在刚体 A 点作用有力 $\boldsymbol{F}$(图 2-1a),在其作用线的任一点 B 增加平衡力系 $\boldsymbol{F}'$ 与 $\boldsymbol{F}''$,且 $\boldsymbol{F}' = -\boldsymbol{F}'' = \boldsymbol{F}$,这时,刚体上作用有力 $\boldsymbol{F}$,$\boldsymbol{F}'$ 与 $\boldsymbol{F}''$(图 2-1b),再从其中减去平衡力系 $\boldsymbol{F}$ 与 $\boldsymbol{F}''$,于是,刚体仅在 B 点作用有力 $\boldsymbol{F}'$,且 $\boldsymbol{F}' = \boldsymbol{F}$(图 2-1c)。由此可见,作用在刚体 A 点的力 $\boldsymbol{F}$ 可等效地沿其作用线移至刚体任一点 B。

根据力的可传性可知,作用于刚体上的力的三要素是:力的大小、方向与作用线。只需表示作用线而无需表示作用点的矢量,称为滑移矢量。因此,作用于

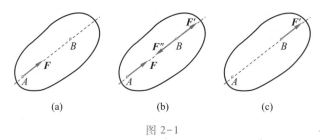

(a)　　　　　　　(b)　　　　　　　(c)

图 2-1

刚体上的力是滑移矢量。

二、力三角形法则

设刚体的 A 点作用力 F_1 与 F_2(图 2-2a),根据力的平行四边形法则,按一定比例尺,以 F_1 与 F_2 为邻边画平行四边形,其对角线即代表合力 F_R。其实,为了确定合力 F_R,可不必画出整个平行四边形,而只需画出其一半即一个三角形即可。为此,从任一点 a 作矢量 $\overrightarrow{ab}$ 表示力矢 F_1(图 2-2b),从 b 点作矢量 $\overrightarrow{bc}$ 表示力矢 F_2,于是,由 a 至 c 的矢量 $\overrightarrow{ac}$ 即为力 F_1 与 F_2 的合力矢 F_R。由分力矢与合力矢构成的三角形,称为**力三角形**,利用力三角形求合力矢的方法,称为**力三角形法则**。

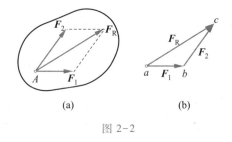

(a)　　　　　　　　(b)

图 2-2

三、汇交力系合成的几何法

设刚体上作用有空间汇交力系($F_1, F_2, \cdots, F_n$),各力作用点分别为 A_1, $A_2, \cdots, A_n$,它们的作用线相交于 A 点(图 2-3a)。汇交力系作用线的交点,称为汇交点。根据力的可传性,汇交力系各力可沿其作用线移至汇交点,而成为具有共同作用点的力系。具有共同作用点的汇交力系,称为共点力系(图 2-3b)。

现在研究汇交力系的合成。设刚体上作用汇交力系(F_1, F_2, F_3),将各力沿其作用线移至汇交点 A,得共点力系如图 2-4a 所示。利用力三角形法则,首先,从任一点 a 画力矢 F_1 与 F_2 的力三角形 abc(图 2-4b),得合力矢 F_{R1},然后,画力矢 F_{R1} 与 F_3 的力三角形 acd,得合力矢 F_R,显然,F_R 即为 F_1,F_2 与 F_3 的合力

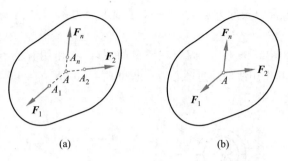

图 2-3

矢,其作用线通过汇交点 A。实际上,为求合力矢 $\boldsymbol{F}_R$,可不必画力矢 $\overrightarrow{ac} = \boldsymbol{F}_{R1}$,只需首尾相接按序画出 $\boldsymbol{F}_1$,$\boldsymbol{F}_2$ 与 $\boldsymbol{F}_3$ 的力矢 $\overrightarrow{ab}$,$\overrightarrow{bc}$ 与 $\overrightarrow{cd}$,最后作出力矢 $\overrightarrow{ad}$,即为合力矢 $\boldsymbol{F}_R$(图 2-4c)。

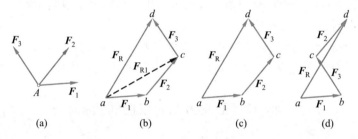

图 2-4

由力系各力矢首尾相接构成的开口多边形,称为**开口力多边形**,开口力多边形的始点指向终点的封闭边,即代表合力矢。合力的作用线通过力系汇交点。利用力多边形求合力矢的方法,称为**力多边形法则**,它也是矢量合成的普遍法则。显然,改变各力的连接顺序,力多边形的形状将改变(图 2-4d),但封闭边即合力矢不变。

将上述力多边形法则,推广应用于一般汇交力系($\boldsymbol{F}_1$,$\boldsymbol{F}_2$,$\cdots$,$\boldsymbol{F}_n$),于是得出结论:汇交力系一般合成为一个作用线通过汇交点的合力,其大小与方向可用该力系力多边形的封闭边表示,即合力矢等于力系各力的矢量和。写成矢量表达式,于是得

$$\boldsymbol{F}_R = \boldsymbol{F}_1 + \boldsymbol{F}_2 + \cdots + \boldsymbol{F}_n = \sum_{i=1}^{n} \boldsymbol{F}_i$$

或简写为

$$\boldsymbol{F}_R = \sum \boldsymbol{F} \tag{2-1}$$

空间汇交力系的力多边形是一个空间多边形,绘制与计算均不方便,所以,

利用力多边形求合力矢的方法,主要用于平面汇交力系。

例 2-1 如图 2-5a 所示,固定在墙壁的圆环上,作用有位于圆环平面的力 F_1,F_2 与 F_3,且其作用线均通过圆心 O。已知 $F_1 = 3.0$ kN,$F_2 = 4.0$ kN,$F_3 = 5.0$ kN,试求三力的合成结果。

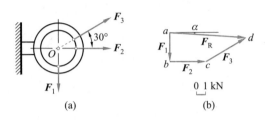

图 2-5

解:三力构成平面汇交力系。按选定的比例尺画力多边形 $abcd$(图 2-5b),封闭边 ad 即代表合力矢 F_R。

从图中量得,合力的大小为 8.3 kN,与水平线的偏角为 $-3.5°$。

由于三力汇交于 O 点,因此,合力的作用线通过汇交点 O。

§2-2 汇交力系合成的解析法

汇交力系合成的几何法,形象直观,但当力系所包含的力较多或为空间汇交力系时,绘制与计算均不方便。本节研究汇交力系合成的解析方法,其基础是力在坐标轴上的投影,利用投影理论,建立力系合成的解析方法。

一、力在轴上的投影

如图 2-6a 所示,设有力 $F = \overrightarrow{AB}$,并与坐标轴 x 共面,由力矢 $\overrightarrow{AB}$ 的始端 A 与末端 B 分别作坐标轴 x 的垂线,得垂足 a 与 b。线段 ab 所示力的大小,并冠以适当正负号,称为力 F 在坐标轴 x 上的投影,并用 F_x 表示。兹规定:若由垂足 a 至 b 的指向与坐标轴的正向一致,则投影为正,反之为负。设力矢 F 与坐标轴 x 正向间的夹角为 α,则

$$F_x = F\cos\alpha \qquad (2-2)$$

可见,力在坐标轴上的投影是代数量。

如果力 $F = \overrightarrow{AB}$ 与坐标轴 x 不共面(图 2-6b),则可由力矢 $\overrightarrow{AB}$ 的端点 A 与 B,分别作平面 S_A 与 S_B 垂直于坐标轴 x,并与该轴相交于 a 与 b 点,线段 ab 即代表力 F 在坐标轴 x 上的投影。为了计算该投影,自 A 点作 x' 轴与 x 轴平行,并与平

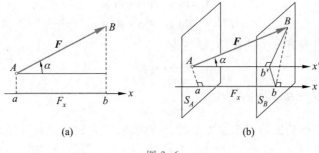

图 2-6

面 S_B 相交于 b',显然 $\overline{ab} = \overline{Ab'}$,所以,

$$F_x = \pm\overline{ab} = \pm\overline{Ab'} = F\cos\alpha$$

式中,α 代表力矢 $\boldsymbol{F}$ 与坐标轴 x' 正向间的夹角。

二、力在空间直角坐标轴上的投影

力 $\boldsymbol{F} = \overrightarrow{AB}$ 在直角坐标系 $Oxyz$ 各轴上的投影分别用 F_x,F_y 与 F_z 表示。自力矢 $\boldsymbol{F}$ 的始点 A 作坐标轴 x',y' 与 z',分别平行于坐标轴 x,y 与 z(图 2-7),并设力矢 $\boldsymbol{F}$ 与坐标轴 x',y',z' 正向间的夹角分别为 α,β 与 γ,则

$$\left.\begin{array}{l} F_x = F\cos\alpha \\ F_y = F\cos\beta \\ F_z = F\cos\gamma \end{array}\right\} \tag{2-3}$$

有些情况下,力 $\boldsymbol{F}$ 的方位以其作用面方位角 φ 与面内仰角 θ 表示(图2-8),这时,为了计算力在坐标轴上的投影,可首先将力 $\boldsymbol{F}$ 投影到坐标面 xy 上,得投影矢量 $\boldsymbol{F}_{xy}$,其大小为

$$F_{xy} = F\cos\theta$$

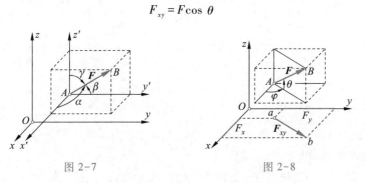

图 2-7　　　　　　　图 2-8

然后,再将矢量 $\boldsymbol{F}_{xy}$ 分别投影到坐标轴 x 与 y 上,即得

$$F_x = F_{xy}\cos\varphi = F\cos\theta\cos\varphi$$

$$F_y = F_{xy}\sin\varphi = F\cos\theta\sin\varphi$$

至于力 $\boldsymbol{F}$ 在坐标轴 z 上的投影,显然为

$$F_z = F\sin\theta$$

三、汇交力系合成的解析法

为了利用解析法研究汇交力系的合成问题,首先建立力的解析表示式。

如图 2-9 所示,将力 $\boldsymbol{F}$ 沿直角坐标轴 x,y 与 z 分解,得相应分力 $\boldsymbol{F}_x,\boldsymbol{F}_y$ 与 $\boldsymbol{F}_z$,即

$$\boldsymbol{F} = \boldsymbol{F}_x + \boldsymbol{F}_y + \boldsymbol{F}_z$$

显然,力 $\boldsymbol{F}$ 的上述分力与该力在坐标轴上的投影有如下关系:

$$\boldsymbol{F}_x = F_x\boldsymbol{i},\ \boldsymbol{F}_y = F_y\boldsymbol{j},\ \boldsymbol{F}_z = F_z\boldsymbol{k}$$

式中,$\boldsymbol{i},\boldsymbol{j}$ 与 $\boldsymbol{k}$ 分别为沿坐标轴 x,y 与 z 正向的单位矢量。于是得力的解析表示式为

$$\boldsymbol{F} = F_x\boldsymbol{i} + F_y\boldsymbol{j} + F_z\boldsymbol{k} \tag{2-4}$$

现在,利用解析法研究汇交力系的合成问题。

考虑图 2-10 所示汇交力系 $(\boldsymbol{F}_1,\boldsymbol{F}_2,\cdots,\boldsymbol{F}_n)$,在以汇交点 O 为原点的坐标系 $Oxyz$ 内,设力系合力 $\boldsymbol{F}_R$ 在各轴上的投影分别为 F_{Rx},F_{Ry} 与 F_{Rz},力 $\boldsymbol{F}_i$ 的相应投影为 F_{ix},F_{iy} 与 $F_{iz}(i=1,2,\cdots,n)$,则由式(2-4)得

$$\boldsymbol{F}_R = F_{Rx}\boldsymbol{i} + F_{Ry}\boldsymbol{j} + F_{Rz}\boldsymbol{k} \tag{a}$$

$$\boldsymbol{F}_i = F_{ix}\boldsymbol{i} + F_{iy}\boldsymbol{j} + F_{iz}\boldsymbol{k} \quad (i=1,2,\cdots,n) \tag{b}$$

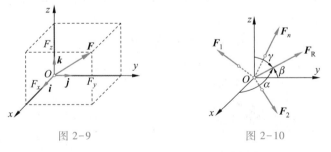

图 2-9 图 2-10

由式(2-1)可知,汇交力系的合力矢 $\boldsymbol{F}_R$,等于力系各力的矢量和。将式(a)与(b)代入该式,得

$$F_{Rx}\boldsymbol{i} + F_{Ry}\boldsymbol{j} + F_{Rz}\boldsymbol{k} = (\textstyle\sum F_x)\boldsymbol{i} + (\sum F_y)\boldsymbol{j} + (\sum F_z)\boldsymbol{k}$$

于是得

$$\left.\begin{array}{l} F_{Rx}=F_{1x}+F_{2x}+\cdots+F_{nx}=\sum F_{x} \\ F_{Ry}=F_{1y}+F_{2y}+\cdots+F_{ny}=\sum F_{y} \\ F_{Rz}=F_{1z}+F_{2z}+\cdots+F_{nz}=\sum F_{z} \end{array}\right\} \qquad (2-5)$$

上式表明,合力在某一轴上的投影,等于力系各力在同一轴上投影的代数和,称为**合力投影定理**。

合力的投影确定后,于是得合力 F_R 的大小与方向余弦分别为

$$F_{R}=\sqrt{F_{Rx}^{2}+F_{Ry}^{2}+F_{Rz}^{2}}=\sqrt{(\sum F_{x})^{2}+(\sum F_{y})^{2}+(\sum F_{z})^{2}} \qquad (2-6)$$

$$\cos\alpha=\frac{\sum F_{x}}{F_{R}}, \quad \cos\beta=\frac{\sum F_{y}}{F_{R}}, \quad \cos\gamma=\frac{\sum F_{z}}{F_{R}} \qquad (2-7)$$

式中,α,β 及 γ 分别代表合力 F_R 与坐标轴 x,y,z 正向间的夹角(图 2-10)。

对于平面汇交力系,将坐标系 Oxy 选在力系作用面,在这种情况下,由于 $\sum F_z \equiv 0$,于是得合力 F_R 的大小及其与坐标轴 x 正向间夹角的余弦分别为

$$F_{R}=\sqrt{(\sum F_{x})^{2}+(\sum F_{y})^{2}} \qquad (2-8)$$

$$\cos\alpha=\frac{\sum F_{x}}{F_{R}} \qquad (2-9)$$

例 2-2　试用解析法分析例 2-1 所述力系(图 2-11a)的合成结果。

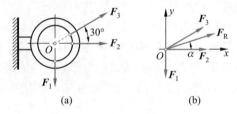

(a) 　　　　　(b)

图 2-11

解：1. 投影计算

选坐标系 Oxy 如图 2-11b 所示。

各力在坐标轴 x 与 y 上的投影依次为

$$F_{1x}=0, \quad F_{1y}=-3.0 \text{ kN}$$

$$F_{2x}=4.0 \text{ kN}, \quad F_{2y}=0$$

$$F_{3x}=(5 \text{ kN})\cos 30°=4.33 \text{ kN}$$

$$F_{3y}=(5 \text{ kN})\sin 30°=2.50 \text{ kN}$$

于是,由式(2-5),得合力 F_R 在坐标轴 x 与 y 上的投影分别为

$$F_{Rx}=\sum F_{x}=(0+4.0+4.33) \text{ kN}=8.33 \text{ kN}$$

$$F_{Ry} = \sum F_y = (-3.0+0+2.5) \text{ kN} = -0.5 \text{ kN}$$

2. 合力计算

根据式(2-8)与式(2-9),得合力 F_R 的大小为

$$F_R = \sqrt{8.33^2 + (-0.50)^2} \text{ kN} = 8.34 \text{ kN}$$

而合力 F_R 与坐标轴 x 正向间夹角的正切则为

$$\tan \alpha = \frac{\sum F_y}{\sum F_x} = \frac{-0.5 \text{ kN}}{8.33 \text{ kN}} = -0.060$$

由此得

$$\alpha = -3.5°$$

解析法的上述计算结果,与例 2-1 几何法所得解相同。

§2-3 汇交力系的平衡条件

所谓力系的平衡条件,是指刚体在力系作用下保持平衡时,力系各力应满足的条件。前曾指出,汇交力系可合成为一个作用线通过汇交点的合力。因此,汇交力系平衡的必要充分条件是,力系的合力等于零。写成矢量形式,即要求

$$\sum F = 0 \tag{2-10}$$

一、汇交力系平衡的几何条件

根据汇交力系合成的几何法,汇交力系的合力矢,是以各分力矢为边构成的力多边形的封闭边。若合力等于零,表明封闭边的长度为零。因此,汇交力系几何法平衡的必要充分条件是:力系各力矢构成的力多边形自行封闭。例如,由力 F_1, F_2,F_3 与 F_4 组成的汇交力系(图 2-12a),平衡时其力多边形封闭(图 2-12b)。

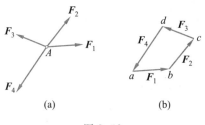

(a)   (b)

图 2-12

二、汇交力系平衡的解析条件

根据式(2-6)可知,汇交力系合力 F_R 的大小为

$$F_{R} = \sqrt{\left(\sum F_x\right)^2 + \left(\sum F_y\right)^2 + \left(\sum F_z\right)^2}$$

显然,要满足平衡条件 $F_{R} = 0$,上式根号内的三项必须同时为零,即要求

$$\left.\begin{aligned}\sum F_x = 0 \\ \sum F_y = 0 \\ \sum F_z = 0\end{aligned}\right\} \tag{2-11}$$

由此可见,汇交力系解析法平衡的必要充分条件是:力系各力在三个坐标轴上投影的代数和分别等于零。空间汇交力系平衡条件的解析表示式即方程组(2-11),称为**空间汇交力系的平衡方程**。三个方程相互独立,可求解三个未知量。

对于平面汇交力系,若将坐标系 Oxy 选在力系所在平面,则平衡方程为

$$\left.\begin{aligned}\sum F_x = 0 \\ \sum F_y = 0\end{aligned}\right\} \tag{2-12}$$

称为**平面汇交力系的平衡方程**。两个独立方程,可求解两个未知量。

三、三力平衡汇交定理

作为汇交力系平衡理论的重要组成部分,现在研究所谓三力平衡问题。

如图 2-13a 所示,设刚体在力 F_1,F_2 与 F_3 作用下保持平衡,且 F_1 与 F_2 的作用线相交于 O 点。根据力的可传性,将力 F_1 与 F_2 沿其作用线移至 O 点,并利用平行四边形法则,求出其合力 F_{R1}(图 2-13b)。当刚体在上述三力作用下平衡时,F_3 与 F_{R1} 必共线,因此,F_3 的作用线也一定通过 O 点。

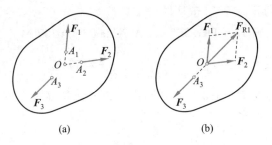

(a)   (b)

图 2-13

由此可见,当刚体在互不平行且二力汇交的三力作用下平衡时,三力作用线必共面且汇交于一点,称为**三力平衡汇交定理**。

需要指出的是,对于在互不平行的三共面力作用下的刚体,三力汇交只是平衡的必要条件,而不是充分条件。也就是说,即使三共面力的作用线汇交于一点,刚体也不一定平衡。

例 2-3　圆柱 O 重 $W=500$ N,搁置在墙面与夹板间(图 2-14a),且接触点 A 与 B 处均光滑,试求圆柱对墙面与夹板的压力。

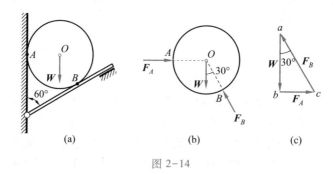

图 2-14

解:1. 选择研究对象并画受力图

圆柱上作用有已知力 W,以及墙面与夹板对圆柱的约束力,所以,选择圆柱为研究对象。

圆柱的受力图如图 2-14b 所示,图中,F_A 与 F_B 分别为墙面与夹板对圆柱的约束力。前者位于水平方位,后者垂直于夹板,W,F_A 与 F_B 组成平面汇交力系。

2. 利用平衡条件求解

根据汇交力系平衡的几何条件,力 W,F_A 与 F_B 构成封闭力三角形。

为此,首先从任一点 a 画已知力 W(图 2-14c),然后,从力矢 W 的末端 b 作水平直线,过其始端 a 作方位为 $30°$ 的斜直线,二直线相交于 c,可见,$\overrightarrow{bc}=F_A$,$\overrightarrow{ca}=F_B$。

根据 $\triangle abc$ 的几何关系,于是得

$$F_A = W\tan 30° = (500 \text{ N})\tan 30° = 289 \text{ N}$$

$$F_B = \frac{W}{\cos 30°} = \frac{500 \text{ N}}{\cos 30°} = 577 \text{ N}$$

以上所得 F_A 与 F_B,是指作用在圆柱上的约束力,而圆柱对墙面与对夹板的压力,其指向则分别与 F_A 及 F_B 相反。

例 2-4　图 2-15a 所示直角折杆 ABC,A 端为铰支座,杆 CD 两端均用铰链连接。折角 B 承受水平力 $F=60$ N 作用,试求支座 A 与铰链 C 处的约束力。在本例题与以下例题中,凡未指明重量的构件,其自重均忽略不计。

解:1. 问题分析

折杆 ABC 上作用有已知力 F,所以,选择该杆为研究对象。

折杆的受力图如图 2-15b 所示,图中,F 为主动力,杆 CD 为二力构件,C 点

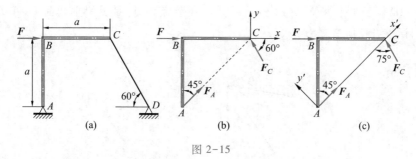

图 2-15

处的约束力 $\boldsymbol{F}_C$ 沿连线 CD。折杆仅在 A,B 与 C 处受力,而且,力 $\boldsymbol{F}$ 与 $\boldsymbol{F}_C$ 相交于 C 点,根据三力平衡汇交定理,约束力 $\boldsymbol{F}_A$ 的作用线,也必然通过 C 点,三力构成平面汇交力系。

2. 建立平衡方程并求解

选用坐标系 Cxy 如图 2-15b 所示,根据式(2-12),得折杆 ABC 的平衡方程为

$$\sum F_x = 0, \qquad F + F_A \sin 45° - F_C \cos 60° = 0$$
$$\sum F_y = 0, \qquad F_C \sin 60° + F_A \cos 45° = 0$$

经简化,上述二式分别变为

$$2F + \sqrt{2}\,F_A - F_C = 0$$
$$\sqrt{3}\,F_C + \sqrt{2}\,F_A = 0$$

联立求解上述方程组,于是得

$$F_C = \frac{2F}{1+\sqrt{3}} = \frac{2(60\ \text{N})}{1+\sqrt{3}} = 43.9\ \text{N}$$

$$F_A = -\frac{\sqrt{3}}{\sqrt{2}} F_C = -\frac{\sqrt{3}}{\sqrt{2}}(43.9\ \text{N}) = -53.8\ \text{N}$$

所得 F_A 为负,说明 $\boldsymbol{F}_A$ 的实际指向与图 2-15b 所设指向相反。

3. 关于坐标系的选择

以上采用坐标系 Cxy 求解时,在两个平衡方程中,均包含未知力 F_A 与 F_C,需要联立求解方程组。为求解简便,也可选某坐标轴与某未知力垂直的坐标系,这样,在该坐标轴的投影方程中,将不包含该未知力。

在本例中,例如选坐标系 $Ax'y'$(图 2-15c),则在平衡方程 $\sum F_{y'} = 0$ 中,将不包括未知力 F_A。

例 2-5 图 2-16a 所示支架,由杆 AB,AC 与 AD 并经光滑铰链连接而成。杆

AC 与 AD 位于水平方位,夹角 $\theta=\alpha=30°$。在节点 A 处,承受铅垂载荷 $F=1.0$ kN 作用,试求各杆所受之力。

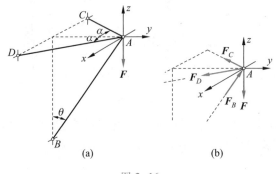

图 2-16

解:1. 问题分析

各杆两端均用铰链连接,且载荷作用在节点 A 上,所以,各杆均为二力杆,杆端力沿杆端铰链连接线。设杆 AB,AC 与 AD 作用于节点 A 的力分别为 F_B,F_C 与 F_D,于是得节点 A 的受力图如图 2-16b 所示。节点 A 处于空间汇交力系作用下,3 个独立平衡方程,确定 3 个未知力。

2. 建立平衡方程并求解

由式(2-11)可知,在坐标系 $Axyz$ 内,节点 A 的平衡方程为

$$\sum F_x=0, \quad -F_C\sin\alpha+F_D\sin\alpha=0 \tag{a}$$

$$\sum F_y=0, \quad F_B\sin\theta-F_C\cos\alpha-F_D\cos\alpha=0 \tag{b}$$

$$\sum F_z=0, \quad F_B\cos\theta-F=0 \tag{c}$$

由式(a)得

$$F_C=F_D \tag{d}$$

由式(c)得

$$F_B=\frac{F}{\cos\theta}=\frac{1.0\text{ kN}}{\cos 30°}=1.155\text{ kN}$$

将式(d)与上式代入式(b),于是得

$$F_C=F_D=\frac{F_B\sin\theta}{2\cos\alpha}=\frac{(1.155\text{ kN})\sin 30°}{2\cos 30°}=333\text{ N}$$

例 2-6 图 2-17a 所示吊挂,由两端铰接杆 OA,OB 以及软绳 OC 构成,且二杆均位于水平方位。在节点 O 处,悬挂一重量 $P=10$ kN 的重物。已知 $\overline{OA}=300$ mm,$\overline{OB}=400$ mm,试求绳与二杆所受之力。

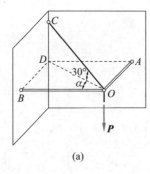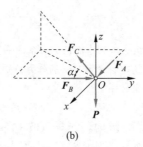

(a)　　　　　　　　　(b)

图 2-17

解:1. 问题分析

选节点 O 为研究对象,其受力图如图 2-17b 所示。图中,主动力为 P,软绳拉力为 F_C,OA 与 OB 均为二力杆,作用在节点 O 的力为 F_A 与 F_B,并分别沿连线 OA 与 OB。

上述四力(即 P,F_C,F_A 与 F_B)组成空间汇交力系。

2. 建立平衡方程并求解

选坐标系 $Oxyz$ 如图 2-17b 所示,根据式(2-11),得节点 O 的平衡方程为

$$\sum F_x = 0, \quad F_A - F_C \cos 30° \sin \alpha = 0 \tag{a}$$

$$\sum F_y = 0, \quad F_B - F_C \cos 30° \cos \alpha = 0 \tag{b}$$

$$\sum F_z = 0, \quad F_C \sin 30° - P = 0 \tag{c}$$

由式(c)得

$$F_C = \frac{P}{\sin 30°} = \frac{10 \text{ kN}}{0.5} = 20 \text{ kN}$$

由图 2-17b 可以看出:

$$\sin \alpha = \frac{0.300 \text{ m}}{\sqrt{0.300^2 + 0.400^2} \text{ (m)}} = \frac{3}{5}$$

$$\cos \alpha = \frac{0.400 \text{ m}}{\sqrt{0.300^2 + 0.400^2} \text{ (m)}} = \frac{4}{5}$$

将 F_C 与 α 的上述相关值代入式(a)与(b),依次得

$$F_A = F_C \cos 30° \sin \alpha = (20 \text{ kN}) \cdot \frac{\sqrt{3}}{2} \cdot \frac{3}{5} = 10.39 \text{ kN}$$

$$F_B = F_C \cos 30° \cos \alpha = (20 \text{ kN}) \cdot \frac{\sqrt{3}}{2} \cdot \frac{4}{5} = 13.86 \text{ kN}$$

思　考　题

2-1　用解析法求解平面汇交力系的平衡问题时,坐标轴 x 与 y 是否必须正交?

2-2　力 F 沿坐标轴 x 与 y 的分力分别为 F_1 与 F_2(图 a),在坐标轴上的投影分别为 F_x 与 F_y,对于直角坐标系,有

$$F = F_1 + F_2 = F_x i + F_y j$$

对于非直角坐标系(图 b),上式是否仍成立?

2-3　如图所示,在刚体的 A,B 与 C 点,作用有力 F_1,F_2 与 F_3。若三力构成的力三角形封闭,该刚体是否平衡?

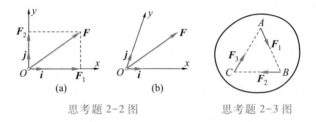

思考题 2-2 图　　　　　　思考题 2-3 图

2-4　如图 a 所示,梯子由刚性杆 AB,BC 与绳索组成,在 A 与 C 点作用有力 F_1 与 F_2,是否可以根据力的可传性,将力 F_1 移至 C 点,将力 F_2 移至 A 点(图 b)?

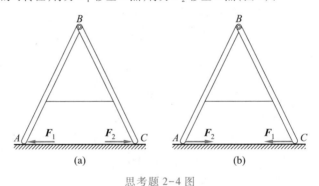

思考题 2-4 图

习　　题

2-1　如图所示,飞机以仰角 θ 直线匀速飞行。已知发动机推力 F_1,飞机重量 G,试求飞机的升力 F 与阻力 F_2。

2-2　图示结构,由两端铰接杆 AC 与 BC 组成,在铰链 C 上,作用有 F_1 与 F_2。已知 $F_1 = 445$ N,$F_2 = 535$ N,试求各杆所受之力。

2-3　图示刚架 $ABCD$,B 点受水平力 F 作用。试求支座 A 与 D 的约束力。

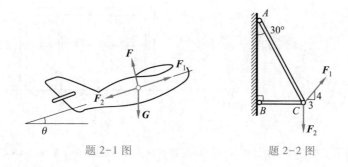

题 2-1 图   题 2-2 图

2-4 图示梁,中点 C 承受倾斜力 $F = 20$ kN 作用,试求支座 A 与 B 的约束力。

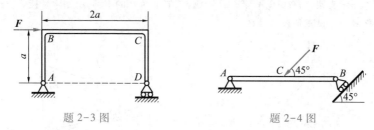

题 2-3 图   题 2-4 图

2-5 在图示固定在铅垂面内的大铁环上,套一重量为 P 的光滑小环 B,小环靠弹性线 AB 维持平衡。弹性线的拉力 F_T 与其伸长量 Δl 成正比,即 $F_T = k\Delta l$,式中,k 为比例系数。已知 k 与 Δl,试求当小环处于平衡状态时弹性线 AB 的方位角 ϕ。

2-6 图示结构,由折杆 ABC 与 DE 组成。已知 $F = 200$ N,试求支座 A 与 E 的约束力。图中,长度单位为 cm。

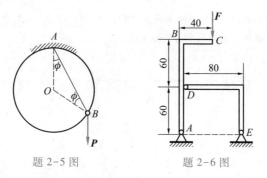

题 2-5 图   题 2-6 图

2-7 在四连杆机构的铰链 B 与 C 上,分别作用有力 F_1 与 F_2,并在图示位置保持平衡。试求平衡时 F_1 与 F_2 之间的关系。

2-8 如图所示,为拔出木桩,在桩的上端系绳 AB,并在该绳 C 点再系绳 CD,B 与 D 端均固定。在绳 CD 的 E 点作用一铅垂力 F,以使桩端 A 产生一向上拉力。若这时绳段 AC 与 CE 分别处于铅垂与水平方位,绳段 BC 与 ED 的方位角均为 α,且 $\tan\alpha = 0.1$,试求作用在木桩端点 A 的拉力值。

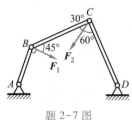

题 2-7 图

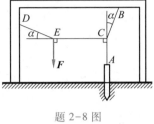

题 2-8 图

2-9 图示支架,由杆 AB,AC 与 AD 组成,并在铰链 A 承受水平力 $F=0.6$ kN 作用。试求各杆所受之力。

2-10 图示支架,由杆 AB,AC 与 AD 组成,一重量为 P 的重物,由钢索悬挂并绕过滑轮 A 连结在绞盘 E 上。试求各杆所受之力。

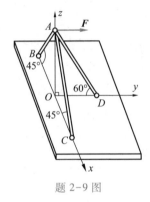

题 2-9 图

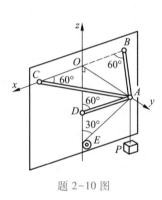

题 2-10 图

2-11 图示支架,由杆 AD 与 BD 组成,一重量为 $G=1$ kN 的重物,悬挂在球铰 D 并由绳 CD 维持在图示平衡位置。试求杆与绳所受之力。

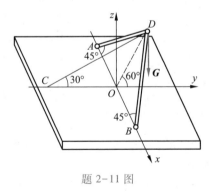

题 2-11 图

2-12 图示支架,由六根两端铰接杆构成,其中,杆 1,2,4 与杆 5 的长度相同。力 F 作用在球铰 A 并位于对称面 ABDC 内。已知 $F=5$ kN,$\alpha=45°$,试求各杆所受之力。

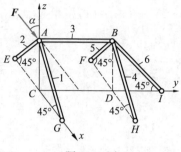

题 2–12 图

第二章　电子教案

第三章　力　偶　系

本章研究另一基本力系,所谓力偶系。

如图 3-1 所示,大小相等、方向相反、作用线平行的力 F 与 F' 组成的力系,称为力偶,并用 (F,F') 表示。例如,作用轮盘边缘的两个等值、反向且平行的切向力 F 与 F'(图 3-2),即构成一力偶。力偶两力作用线所在平面,称为力偶作用面,力偶两力作用线间的垂直距离 d,称为力偶臂。力偶与力同为力学中的基本量。

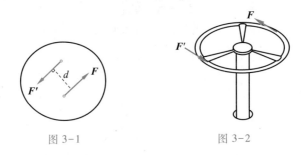

图 3-1　　　　　　　　　　图 3-2

作用于刚体上的一组力偶,称为力偶系。作用面位于同一平面的力偶系,称为平面力偶系,否则,称为空间力偶系。

本章研究力偶系的基本理论,包括力对点之矩、合力矩定理、力偶矩矢、力偶的等效与性质,以及力偶系的合成与平衡条件。

§3-1　力对点之矩与合力矩定理

作用于自由刚体上的力偶,仅对刚体产生转动效应,而这种效应是力偶中两个力共同作用的结果。本节首先研究一个力对刚体产生的转动效应,下一节则研究力偶对刚体产生的转动效应。

一、平面力对点之矩

设刚体的某平面限制在所在平面内运动,在此平面上,作用力 F 使刚体绕

面内某点 O 的转动效应,取决于两个要素,其一为转动效应的强度,其二为刚体在平面内转动的方向即转向。

实践表明,转动效应强度与力的大小 F 成正比,与 O 点至力作用线的垂直距离 d 成正比(图 3-3a)。O 点称为**矩心**,矩心至力作用线的垂直距离 d,称为**力臂**。因此,平面力 F 使刚体绕矩心 O 的转动效应,用力与力臂的乘积并冠以适当正负号度量,称为**平面力对点之矩**,并用 $M_O(F)$ 表示,即

$$M_O(F) = \pm Fd \tag{3-1}$$

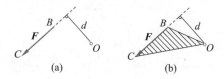

图 3-3

平面力对点之矩是代数量,其基本单位为牛顿米($\text{N} \cdot \text{m}$),并规定使刚体绕矩心沿逆时针方向转动者为正,反之为负。

由图 3-3b 可以看出,力矢 F 的端点 B,C 与矩心 O 构成的三角形 OBC,其面积等于 $Fd/2$,因此,平面力 F 对 O 点之矩也可表示为

$$M_O(F) = \pm 2A_{\triangle OBC} \tag{3-2}$$

二、力对点之矩矢

平面力 F 使物体绕 O 点转动时,其转轴垂直于力 F 作用线与 O 点所构成的平面即力矩作用面,平面上各力对 O 点之矩的转轴,均垂直于同一平面,即转轴方位相同,所以,平面力对点之矩可用代数量表示。但是,在研究空间力系时,各力作用线不在同一平面,它们使刚体绕同一点 O 转动时的转轴方位各不相同,因此,力对点之矩应该用矢量表示。

如图 3-4a 所示,自矩心 O 至力 F 作用点 A 作矢量 $r = \overrightarrow{OA}$,称为 A 点对于 O 点的**矢径**。设矢径 r 与力 F 的夹角为 α,则矢量积 $r \times F$ 的模为

$$|r \times F| = Fr\sin\alpha = Fd$$

还可以看出,按右手螺旋法则(图 3-4b),力 F 对 O 点之矩的方位与指向,分别与矢量积 $r \times F$ 的方位与指向一致。因此,矢量积 $r \times F$ 等于力 F 对 O 点之矩矢,并用 $M_O(F)$ 表示,即

$$M_O(F) = r \times F \tag{3-3}$$

由此可见,力对点之矩矢等于力作用点对于矩心的矢径与该力的矢量积。力对点之矩矢 $M_O(F)$ 为过矩心 O 的定位矢量,是力使刚体绕 O 点转动效应的

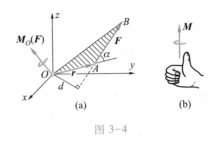

图 3-4

度量。

三、合力矩定理

现在研究合力对一点之矩矢与各分力对同一点之矩矢的关系。

图 3-5 所示汇交力系 $(\boldsymbol{F}_1, \boldsymbol{F}_2, \cdots, \boldsymbol{F}_n)$，其合力为

$$\boldsymbol{F}_{\mathrm{R}} = \sum \boldsymbol{F}$$

设力系汇交点 A 对 O 点的矢径为 $\boldsymbol{r}$，则合力 $\boldsymbol{F}_{\mathrm{R}}$ 对 O 点之矩矢为

$$\boldsymbol{M}_O(\boldsymbol{F}_{\mathrm{R}}) = \boldsymbol{r} \times \boldsymbol{F}_{\mathrm{R}} = \boldsymbol{r} \times \sum \boldsymbol{F} = \sum (\boldsymbol{r} \times \boldsymbol{F})$$

于是得

$$\boldsymbol{M}_O(\boldsymbol{F}_{\mathrm{R}}) = \sum \boldsymbol{M}_O(\boldsymbol{F}) \tag{3-4}$$

即汇交力系合力对任一点之矩矢，等于各分力对同一点之矩矢的矢量和，称为合力矩定理。

对于平面汇交力系，各力对作用面任一点 O 之矩均为代数量，于是由式 (3-4) 得

$$M_O(\boldsymbol{F}_{\mathrm{R}}) = \sum M_O(\boldsymbol{F}) \tag{3-5}$$

即平面汇交力系合力对作用面内任一点之矩，等于各分力对同一点之矩的代数和。例如，图 3-6 所示力 $\boldsymbol{F}$，沿坐标轴方位的分力为 $\boldsymbol{F}_x$ 与 $\boldsymbol{F}_y$，设力作用点 A 的坐标为 (x, y)，则力 $\boldsymbol{F}$ 对原点 O 的力矩为

$$M_O(\boldsymbol{F}) = F_y x - F_x y$$

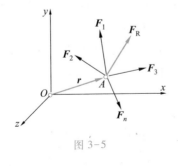

图 3-5

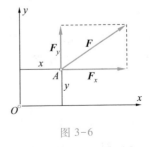

图 3-6

§3-2 力偶矩矢与力偶的性质

力偶对刚体产生转动效应,本节研究力偶转动效应的度量,并进一步讨论力偶的性质。

一、力偶矩矢

如图 3-7a 所示,刚体上作用有力偶($\boldsymbol{F}$, $\boldsymbol{F}'$),其力偶臂为 d,现在研究该力偶对刚体任一点 O 的转动效应。

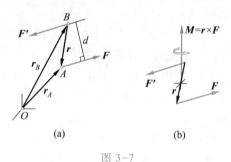

(a)　　　　　(b)

图 3-7

设力 $\boldsymbol{F}$ 与 $\boldsymbol{F}'$ 的作用点分别为 A 与 B,它们对 O 点的矢径分别为 $\boldsymbol{r}_A$ 与 $\boldsymbol{r}_B$,则力偶($\boldsymbol{F}$,$\boldsymbol{F}'$)对 O 点的矩矢为

$$\boldsymbol{M} = \boldsymbol{r}_A \times \boldsymbol{F} + \boldsymbol{r}_B \times \boldsymbol{F}'$$

由于 $\boldsymbol{F}' = -\boldsymbol{F}$,得

$$\boldsymbol{M} = \boldsymbol{r}_A \times \boldsymbol{F} - \boldsymbol{r}_B \times \boldsymbol{F} = (\boldsymbol{r}_A - \boldsymbol{r}_B) \times \boldsymbol{F}$$

于是得

$$\boldsymbol{M} = \boldsymbol{r} \times \boldsymbol{F} \qquad (3-6)$$

式中,$\boldsymbol{r}$ 代表 A 点对 B 点的矢径即 $\boldsymbol{r}_{BA}$。

力偶($\boldsymbol{F}$,$\boldsymbol{F}'$)对任一点 O 的矩矢 $\boldsymbol{M}$,称为力偶矩矢,它是力偶使刚体绕任一点 O 转动效应的度量。由上式可知,力偶矩矢 $\boldsymbol{M}$ 与矩心 O 的位置无关,因此,力偶矩矢是自由矢量。由此也可以看出,两个力偶的等效条件是它们的力偶矩矢相等,即两个力偶矩矢相等的力偶等效。

由图 3-7a 可以看出,力偶矩矢 $\boldsymbol{M}$ 的模为

$$M = |\boldsymbol{r} \times \boldsymbol{F}| = Fd$$

力 F 与力偶臂 d 的乘积,称为力偶矩;力偶矩矢 $\boldsymbol{M}$ 的方位,沿力偶作用面的法线;力偶矩矢 $\boldsymbol{M}$ 的指向,按右手螺旋法则确定。根据上述分析,力偶矩矢 $\boldsymbol{M}$ 可表示为图 3-8b 所示矢量,其方位垂直于力偶作用面,矢量的始端可取在任

一点。

在平面力偶系中,力偶作用的效应可用代数量的力偶矩 M 度量,即

$$M = \pm Fd \tag{3-7}$$

当力偶使刚体在作用面内沿逆时针方向转动时,力偶矩取正值,反之取负值。

二、力偶的性质

根据以上分析,可将力偶的性质概述如下。

性质一　力偶无合力,因此,力偶不能与一个力等效,也不能与一个力平衡。

性质二　力偶可在其作用面或平行平面内任意移动,而不改变力偶对刚体的作用效应。

性质三　保持力偶转向与力偶矩的大小不变,力偶中的力与力偶臂的大小可以任意改变,而不会改变力偶对刚体的作用效应。

根据性质三,力偶可在其作用面内用带箭头的 Z 形表示(图 3-8a),或用带箭头的圆弧形表示(图 3-8b),箭头表示力偶的转向,M 表示力偶矩的大小。

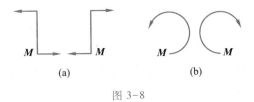

(a)　　　　　(b)

图 3-8

*§3-3　力偶系的合成与平衡条件

本节研究力偶系的合成与平衡条件。

一、力偶系的合成

首先研究两个力偶的合成。图 3-9 所示力偶 $(\boldsymbol{F}_1, \boldsymbol{F}_1')$ 与 $(\boldsymbol{F}_2, \boldsymbol{F}_2')$,其作用面分别为 S_1 与 S_2,力偶矩矢分别为 $\boldsymbol{M}_1$ 与 $\boldsymbol{M}_2$。在作用面 S_1 与 S_2 的交线上,任取线段 $AB = d$,将力偶 $(\boldsymbol{F}_1, \boldsymbol{F}_1')$ 与 $(\boldsymbol{F}_2, \boldsymbol{F}_2')$ 分别在其作用面移动与变换,使其成为具有共同力偶臂 d 的力偶 $(\boldsymbol{F}_3, \boldsymbol{F}_3')$ 与 $(\boldsymbol{F}_4, \boldsymbol{F}_4')$,$\boldsymbol{F}_3$ 与 $\boldsymbol{F}_4$ 以及 $\boldsymbol{F}_3'$ 与 $\boldsymbol{F}_4'$ 分别作用在 A 与 B 点。进一步将 $\boldsymbol{F}_3$ 与 $\boldsymbol{F}_4$ 合成为 $\boldsymbol{F}$,即 $\boldsymbol{F} = \boldsymbol{F}_3 + \boldsymbol{F}_4$;将 $\boldsymbol{F}_3'$ 与 $\boldsymbol{F}_4'$ 合成为 $\boldsymbol{F}'$,即 $\boldsymbol{F}' = \boldsymbol{F}_3' + \boldsymbol{F}_4'$,显然 $\boldsymbol{F} = -\boldsymbol{F}'$。可以看出,力偶 $(\boldsymbol{F}, \boldsymbol{F}')$ 的力偶矩矢为

$$\boldsymbol{M} = \boldsymbol{r}_{BA} \times \boldsymbol{F} = \boldsymbol{r}_{BA} \times (\boldsymbol{F}_3 + \boldsymbol{F}_4) = \boldsymbol{r}_{BA} \times \boldsymbol{F}_3 + \boldsymbol{r}_{BA} \times \boldsymbol{F}_4$$

于是得

$$M = M_1 + M_2$$

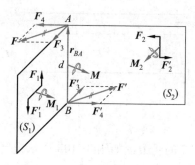

图 3-9

由此可见,两个力偶合成的结果,得到一个合力偶,合力偶的力偶矩矢等于该二力偶力偶矩矢的矢量和。

对于空间力偶系($M_1, M_2, \cdots, M_n$),应用上述方法,依次对系内力偶两两合成,于是得

$$M_R = M_1 + M_2 + \cdots + M_n = \sum M \tag{3-8}$$

即空间力偶系可合成为一合力偶,其力偶矩矢等于系内各分力偶矩矢的矢量和。

对于平面力偶系,其合力偶矩则等于系内各分力偶矩的代数和,即

$$M_R = M_1 + M_2 + \cdots + M_n = \sum M \tag{3-9}$$

二、力偶系的平衡条件

若空间力偶系的合力偶矩矢等于零,则该力偶系平衡。因此,空间力偶系平衡的必要充分条件是:力偶系各分力偶矩矢的矢量和等于零,即

$$\sum M = 0 \tag{3-10}$$

根据上述分析,平面力偶系平衡的必要充分条件则是:力偶系各分力偶矩的代数和等于零,即

$$\sum M = 0 \tag{3-11}$$

例 3-1　图 3-10a 所示梁 AB,承受矩为 M 的力偶作用,试求支座 A 与 B 的约束力。

解:1. 问题分析

选梁 AB 为研究对象。由于梁上唯一主动力为力偶 M,而且,梁仅在支座 A 与 B 存在约束力,因此,该二约束力必构成一力偶,以与力偶 M 平衡。

支座 B 为可动铰支,根据约束性质,约束力 F_B 沿铅垂方位,因此,F_A 也应沿铅垂方位。

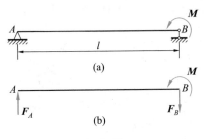

图 3-10

根据上述分析,梁 AB 的受力图如图 3-10b 所示,且

$$\boldsymbol{F}_A = -\boldsymbol{F}_B \qquad\qquad\qquad (a)$$

2. 列平衡方程并求解

梁 AB 在两个力偶作用下处于平衡状态,根据平面力偶系平衡方程
(3-11),得

$$\sum M = 0, \quad M - F_B \cdot l = 0$$

由上式并考虑到关系式(a),于是得

$$F_A = F_B = \frac{M}{l}$$

例 3-2　图 3-11a 所示三铰拱 ABC,在左半拱 AC 上作用有矩为 M 的力偶。
已知左、右半拱的直角边长成正比,即 $a:b=c:a$,三铰拱自重忽略不计,试求支
座 A 与 B 的约束力。

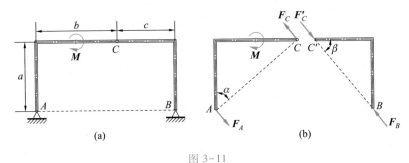

图 3-11

解：1. 问题分析

选左半拱 AC 为研究对象。由于右半拱 BC 为二力构件,左半拱 C 点处的约
束力 $\boldsymbol{F}_C$ 必沿直线 BC(图 3-11b)。其次,考虑到左半拱 AC 上唯一主动力为力
偶 M,因此,A 与 C 点处的约束力 $\boldsymbol{F}_A$ 与 $\boldsymbol{F}_C$ 的作用线必平行,并构成一力偶,以
与力偶 M 平衡。

由图 3-11b 还可以看出：

$$\tan\alpha = \frac{b}{a}, \quad \tan\beta = \frac{a}{c} = \frac{b}{a}$$

$$\therefore \quad \alpha = \beta$$

可见，F_A 与 F_C 均垂直于直线 AC。

2. 列平衡方程并求解

左半拱 AC 在平面力偶系作用下处于平衡状态，相应平衡方程为

$$\sum M = 0, \quad -M + F_A \cdot \sqrt{a^2+b^2} = 0$$

于是得

$$F_A = \frac{M}{\sqrt{a^2+b^2}}$$

由此又得

$$F_B = F'_C = F_C = \frac{M}{\sqrt{a^2+b^2}}$$

3. 讨论

右半拱 BC 为二力构件，约束力 F_B 必沿直线 BC，所以，也可选三铰拱整体为研究对象进行求解。

思　考　题

3-1　如图所示，轮盘上作用主动力偶 M 与主动力 F，若力偶矩 $M = Fr$ 时轮盘平衡。试问这与"力偶不能与一力平衡"的论述是否矛盾。

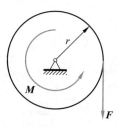

思考题 3-1 图

3-2　图示两机构，$\theta = 45°$。在构件 AB 与 CD 上，作用有力偶矩分别为 M_1 与 M_2 的力偶。试问：当两机构均平衡时，力偶矩 M_2 是否相同。

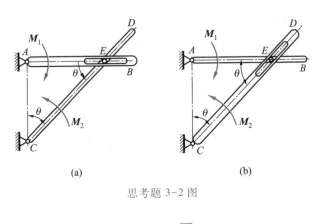

(a)   (b)

思考题 3-2 图

习　　题

3-1　图示各梁,承受力偶 **M** 作用,试求支座 A 与 B 的约束力。

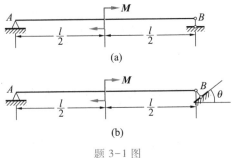

(a)

(b)

题 3-1 图

3-2　图示结构,折杆 AB 上作用有矩为 M 的力偶,试求支座 A 与 C 的约束力。

3-3　图示齿轮箱,轴上作用有力偶矩分别为 $M_1 = 500$ N·m 与 $M_2 = 125$ N·m 的力偶,试求螺栓 A 与 B 的铅垂约束力。

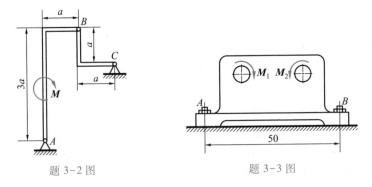

题 3-2 图　　　　　　　　　　题 3-3 图

3-4　图示四连杆机构,$\overline{OA}=60$ cm,$\overline{BC}=40$ cm,在杆 OA 与 BC 上,作用有力偶矩分别为 M_1 与 M_2 的力偶。已知当 $M_2=1$ N·m 时,机构在图示位置保持平衡,试求力偶矩 M_1 与杆 AB 所受之力 F_{AB}。

3-5　在齿轮箱的三根轴上,作用图示转向的力偶,其力偶矩分别为 $M_1=3.6$ kN·m,$M_2=6.0$ kN·m 与 $M_3=6.0$ kN·m,试求合力偶矩矢。

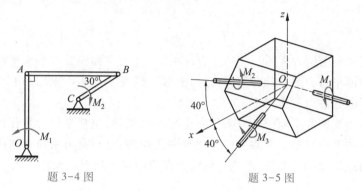

题 3-4 图　　　　　　　　　　　题 3-5 图

3-6　如图所示,圆盘 O_1 与 O_2 均固连在水平轴 AB,圆盘 O_1 垂直于坐标轴 z,圆盘 O_2 垂直于坐标轴 x,盘面分别作用力偶(F_1,F_1') 与(F_2,F_2')。已知两盘半径均为 $r=20$ cm,$F_1=3$ N,$F_2=5$ N,$\overline{AB}=80$ cm,试求轴承 A 与 B 处的约束力。

3-7　图示结构,在构件 BC 上作用一矩为 M 的力偶,试求支座 A 的约束力。

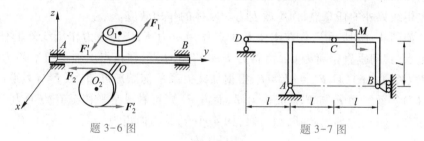

题 3-6 图　　　　　　　　　　　题 3-7 图

第三章　电子教案

第四章 平面任意力系

作用线位于同一平面且任意分布的力系,称为平面任意力系。平面任意力系涵盖平面平行力系、平面汇交力系与平面力偶系等。在工程实际中,许多零构件处于平面任意力系作用下。

本章主要研究平面任意力系的简化与平衡条件,包括平面力系作用下刚体与刚体系的平衡问题。力的平移定理与刚化原理,分别是力系简化与刚体系平衡分析的理论基础。此外,本章还将简要介绍静定与静不定概念。

§4-1 力的平移定理

前文曾指出,作用在刚体上的力,其作用点可沿其作用线移动,而不改变力对刚体的作用效应,即所谓力的可传性。现在研究,在何种条件下,可将力平移到作用线以外的任意点,而不改变力对刚体的作用效应。

如图 4-1a 所示[1],设在刚体上 A 点作用一力 $\boldsymbol{F}$,O 是该力作用线外的任一指定点,其间垂直距离为 d。为将力 $\boldsymbol{F}$ 平移到 O 点,在该点增加一组平衡力 $\boldsymbol{F}'$ 与 $\boldsymbol{F}''$(图 4-1b),且 $\boldsymbol{F}' = -\boldsymbol{F}'' = \boldsymbol{F}$,根据加减力系平衡原理可知,力 $\boldsymbol{F}$ 与力系($\boldsymbol{F}$, $\boldsymbol{F}'$, $\boldsymbol{F}''$)等效。力 $\boldsymbol{F}$ 与 $\boldsymbol{F}''$ 构成一力偶,而力 $\boldsymbol{F}'$ 则可看成是平移至 O 点的力。力 $\boldsymbol{F}$ 与 $\boldsymbol{F}''$ 构成的力偶,称为附加力偶(图 4-1c),其力偶矩为

$$M = \pm Fd$$

由此得

$$M = M_O(\boldsymbol{F}) \tag{4-1}$$

由此可见,作用在刚体上任一点的力,可等效地平移到刚体上的任意指定点,但须附加一力偶,其力偶矩等于原力对指定点的矩,称为力的平移定理或力线平移定理。

---

[1] 为简单明了,图中省略了表示刚体轮廓的图线,下同。

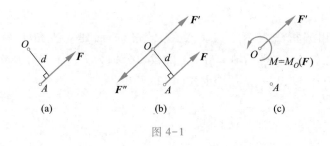

图 4-1

§4-2　平面任意力系的简化

本节应用力的平移定理,研究平面任意力系的简化问题,包括简化的结果以及对简化结果的分析。

一、主矢与主矩

设刚体上作用有平面任意力系$(F_1,F_2,\cdots,F_n)$,各力作用点分别为A_1,$A_2,\cdots,A_n$(图4-2a)。在力系的作用面内任选一点O,并将各力平移到该点,根据力的平移定理,得到一个作用于O点的平面共点力系$(F'_1,F'_2,\cdots,F'_n)$(图4-2b),与一个矩为$(M_1,M_2,\cdots,M_n)$的平面附加力偶系,其中,

$$F'_i=F_i \quad (i=1,2,\cdots,n) \tag{a}$$

$$M_i=M_O(F_i) \quad (i=1,2,\cdots,n) \tag{b}$$

于是,平面任意力系$(F_1,F_2,\cdots,F_n)$等效地变换为平面共点力系与平面力偶系的组合。力系的简化点O,称为简化中心。

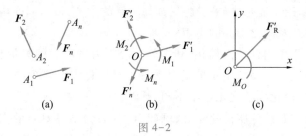

图 4-2

平面共点力系$(F'_1,F'_2,\cdots,F'_n)$可合成为一个作用于O点的合力,其力矢为

$$F'_R=\sum F'$$

由式(a),于是得

$$F'_R=\sum F \tag{4-2}$$

上式表明,平面共点力系合力的力矢F'_R,等于原力系各力的矢量和,称为原力系

的主矢。

为了利用解析法表示主矢 F_R'，在力系作用面建立直角坐标系 Oxy（图 4-2c）。设主矢 F_R' 在坐标轴 x 与 y 上的投影分别为 F_{Rx}' 与 F_{Ry}'，力 F_i 的相应投影为 F_{ix} 与 $F_{iy}(i=1,2,\cdots,n)$，则由式（4-2）可知，

$$\left.\begin{array}{l} F_{Rx}' = \sum F_x \\ F_{Ry}' = \sum F_y \end{array}\right\} \tag{4-3}$$

于是得主矢 F_R' 的大小与方向余弦分别为

$$F_R' = \sqrt{\left(\sum F_x\right)^2 + \left(\sum F_y\right)^2} \tag{4-4}$$

$$\left.\begin{array}{l} \cos(F_R', i) = \dfrac{\sum F_x}{F_R'} \\[3mm] \cos(F_R', j) = \dfrac{\sum F_y}{F_R'} \end{array}\right\} \tag{4-5}$$

平面力偶系 $(M_1, M_2, \cdots, M_n)$ 的合力偶的力偶矩 M_O（图 4-2c），等于各附加力偶矩的代数和，即

$$M_O = \sum M$$

由式（b），于是得

$$M_O = \sum M_O(F) \tag{4-6}$$

上式表明，平面力偶系合力偶的力偶矩 M_O，等于原力系各力对简化中心 O 之矩的代数和，称为原力系对简化中心 O 的**主矩**。

由此可见：平面任意力系向其作用面内任一点简化，一般可得到一个力与一个力偶；该力作用于简化中心，其力矢即原力系的主矢；该力偶作用于原平面，其力偶矩即原力系对简化中心的主矩。

力系向作用面内任一点简化，其主矢均等于力系各力的矢量和，所以，主矢与简化中心的选择无关。主矩等于力系各力对简化中心之矩的代数和，简化中心不同，各力对简化中心之矩也将不同，所以，主矩一般与简化中心的选择有关。因此，对于主矩，必须注明简化中心，例如 M_O 代表力系对 O 点的主矩。

需要注意，主矢与合力是两个不同的概念。主矢只具有大小与方向两个要素，它不涉及作用点；而合力具有三要素，除了大小与方向外，还必须指明其作用点。

二、简化结果分析

平面任意力系可简化为一个力与一个力偶，现根据简化结果的情况，进一步分析相应力系的特点。

1. 力系简化为合力偶

若 $F'_R = 0, M_O \neq 0$，则表明原力系与一个力偶等效，即简化为合力偶，其力偶矩等于力系对简化中心的主矩 M_O。

2. 力系简化为合力

（1）若 $F'_R \neq 0, M_O = 0$，则表明原力系与一个力等效，即简化为通过简化中心 O 的合力，其力矢等于力系主矢 F'_R。

（2）若 $F'_R \neq 0, M_O \neq 0$（图 4-3a），这时，用力偶 (F_R, F''_R) 等效替换 M_O，其中，$F_R = F'_R = -F''_R, d = M_O / F_R$，并置其于图 4-3b 所示位置，由于 F'_R 与 F''_R 相互抵消，于是，F'_R 与 M_O 进一步简化为合力 F_R（图 4-3c），其作用线至 O 点的垂直距离则为

$$d = \frac{M_O}{F_R} \tag{4-7}$$

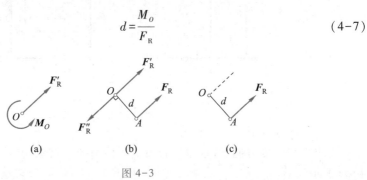

(a) (b) (c)

图 4-3

3. 力系平衡

若 $F'_R = 0, M_O = 0$，则原力系为平衡力系，此问题将在 §4-3 详细讨论。

三、固定端约束

现在，应用平面力系的简化理论，分析一种典型约束及相应约束力。

如图 4-4a 所示，使物体一端被刚性夹持或固定的约束，称为固定端。例如，插入地基的电线杆与立柱，地基对电线杆或立柱底部的约束，即为固定端的实例。在工程实际中，固定端也是一种常见约束。

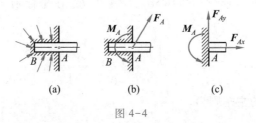

(a) (b) (c)

图 4-4

在外力作用下，在物体的被固定段 AB 上，承受分布约束力，在平面问题中，

该约束力可视为平面任意力系。将该力系向固定段边缘的 A 点简化,得一约束力 F_A 与一约束力偶 M_A(图 4-4b),约束力 F_A 也可用两个互垂分力 F_{Ax} 与 F_{Ay} 表示。在工程中,固定端的计算简图一般如图 4-4c 所示,相当于将杆端截面固定在刚性墙面上。所以,固定端不仅限制杆端截面移动,同时还限制其转动。

例 4-1 重力坝承受水的压力如图 4-5a 所示,设水深为 h,水的密度为 ρ,试对水压力进行简化分析。

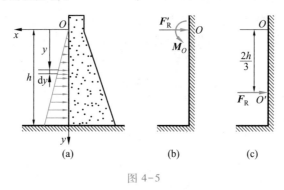

图 4-5

解:1. 问题分析

沿重力坝跨度方向,选取单位长度的坝体为研究对象,并选坐标系 Oxy 如图 4-5a 所示。

水压力是一种分布力,在纵坐标 y 处,其压强为

$$p = \rho g y$$

即压强沿水深线性分布。

2. 主矢与主矩计算

现在,选原点 O 为简化中心,计算相应主矢与主矩。

首先,在纵坐标 y 处,取长度为 $\mathrm{d}y$ 的微段,其上水压力为

$$\mathrm{d}F = p \cdot 1 \cdot \mathrm{d}y = \rho g y \mathrm{d}y$$

$\mathrm{d}F$ 沿坐标轴 x 的负向,在坐标轴 y 上投影为零。

将水压力向 O 点简化(图 4-5b),得主矢 F'_R 在坐标轴 x 与 y 上的投影分别为

$$F'_{Rx} = -\int_0^h \rho g y \mathrm{d}y = -\frac{1}{2}\rho g h^2$$

$$F'_{Ry} = 0$$

而水压力对 O 点的主矩则为

$$M_O = \int_0^h y \cdot \rho g y \mathrm{d}y = \frac{1}{3}\rho g h^3$$

3. 合力分析

主矢 F'_R 与主矩 M_O 可进一步简化为合力 F_R (图 4-5c),其值为

$$F_R = F'_R = F'_{Rx} = -\frac{1}{2}\rho g h^2$$

由式(4-7)可知,合力作用线至 O 点的垂直距离则为

$$\overline{OO'} = \frac{M_O}{|F_R|} = \frac{1}{3}\rho g h^3 \cdot \frac{2}{\rho g h^2} = \frac{2}{3}h$$

由此例可更形象地看出,主矢与合力的区别。

§4-3 平面任意力系的平衡条件

本节研究平面任意力系的平衡条件与平衡方程,并由其导出平面平行与平面力偶等力系的平衡方程。

一、平面任意力系平衡的必要充分条件

根据前述分析,若平面任意力系的主矢 F'_R 与对任一点的主矩 M_O 不同时为零,则力系可合成为一力或一力偶,力系不能保持平衡。可见,主矢与对任一点的主矩同时为零,是力系平衡的必要条件。如果主矢与对任一点的主矩同时为零,则通过简化中心的汇交力系以及附加力偶系均分别保持平衡。可见,主矢与对任一点的主矩同时为零,又是力系平衡的充分条件。

由此可见,平面任意力系平衡的必要充分条件是:力系的主矢与对任一点 O 的主矩均为零,即要求

$$\left.\begin{array}{l} F'_R = \mathbf{0} \\ M_O = 0 \end{array}\right\} \tag{4-8}$$

二、平面任意力系平衡方程

1. 平衡方程的基本形式

将式(4-8)用解析形式表示,则由式(4-4)与(4-6)得

$$\left.\begin{array}{l} \sum F_x = 0 \\ \sum F_y = 0 \\ \sum M_O(\mathbf{F}) = 0 \end{array}\right\} \tag{4-9}$$

由此可见,平面任意力系平衡的必要充分条件是:力系各力在作用面内两个

坐标轴上投影的代数和分别等于零;力系各力对作用面内任一点之矩的代数和等于零。方程(4-9)称为**平面任意力系的平衡方程**。三个平衡方程彼此独立,可求解三个未知量。

2. 平衡方程的二力矩与三力矩式

平衡方程(4-9),包括两个投影式($\sum F_x = 0, \sum F_y = 0$)与一个力矩式[$\sum M_O(\boldsymbol{F}) = 0$],是平面任意力系平衡方程的基本形式。现在,进一步研究平面任意力系平衡方程的二力矩与三力矩表示式。

在平面任意力系作用下,平衡方程的二力矩式为

$$\left.\begin{array}{c} \sum F_x = 0 \\ \sum M_A(\boldsymbol{F}) = 0 \\ \sum M_B(\boldsymbol{F}) = 0 \end{array}\right\} \tag{4-10}$$

式中,点 A,B 的连线与坐标轴 x 不垂直。兹证明如下。

根据平面任意力系的简化理论,简化的最后结果只可能有三种:合力;合力偶;平衡力系。由式(4-10)可知,既然力系满足 $\sum M_A(\boldsymbol{F}) = 0$ 与 $\sum M_B(\boldsymbol{F}) = 0$,则该力系不可能简化为合力偶。其次,如果力系可简化为合力 $\boldsymbol{F}_R$,则其作用线必通过 A 与 B 点(图4-6),但由于连线 AB 与坐标轴 Ox 不垂直,$\sum F_x = 0$ 必不能满足,因此,力系也不可能简化为合力。由此可见,满足式(4-10)的平面任意力系,必为平衡力系。

在平面任意力系作用下,平衡方程的三力矩式为

$$\left.\begin{array}{c} \sum M_A(\boldsymbol{F}) = 0 \\ \sum M_B(\boldsymbol{F}) = 0 \\ \sum M_C(\boldsymbol{F}) = 0 \end{array}\right\} \tag{4-11}$$

式中,点 A,B 与 C 不共线。

首先可以看出,既然力系满足式(4-11),则不可能简化为合力偶。其次,如果力系可简化为合力,则此合力必通过 A,B 与 C 三点,而附加条件是此三点不共线,因此,该力系也不可能简化为合力。由此可见,满足式(4-11)的平面任意力系,必为平衡力系。

平面任意力系平衡方程的三种形式是完全等价的,可视具体问题选用其中任意一种。但是,不论选用何种形式的平衡方程,独立方程均仅三个,只可能求解三个未知量。

三、平面平行力系与平面力偶系的平衡方程

设有平面平行力系($\boldsymbol{F}_1, \boldsymbol{F}_2, \cdots, \boldsymbol{F}_n$),即作用线彼此平行且共面的力系(图

4-7),取坐标轴 y 与各力作用线平行,则在平面任意力系平衡方程(4-9)与(4-10)中,$\sum F_x = 0$ 变为恒等式即 $\sum F_x \equiv 0$,于是得平面平行力系平衡方程的基本形式为

$$\left.\begin{array}{c} \sum F_y = 0 \\ \sum M_O(\boldsymbol{F}) = 0 \end{array}\right\} \tag{4-12}$$

二力矩式则为

$$\left.\begin{array}{c} \sum M_A(\boldsymbol{F}) = 0 \\ \sum M_B(\boldsymbol{F}) = 0 \end{array}\right\} \tag{4-13}$$

式中,点 A,B 的连线与力作用线不平行。

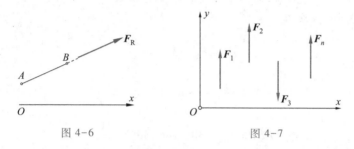

图 4-6   图 4-7

同理,对于平面力偶系,其平衡方程则为

$$\sum M = 0 \tag{4-14}$$

一个独立平衡方程,求解一个未知量。

例 4-2 图 4-8a 所示梁,B 点作用有力 $\boldsymbol{F}$。已知 $\alpha = 30°$,$l = 10\ e$,试求固定端 A 的约束力。

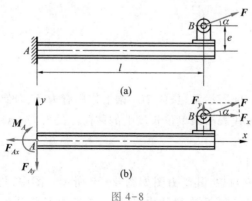

图 4-8

解：1. 问题分析

选梁为研究对象，并设固定端的约束力为 F_{Ax} 与 F_{Ay}，约束力偶为 M_A，于是得梁的受力图如图 4-8b 所示。图中，F_x 与 F_y 为力 F 沿坐标轴 x 与 y 方位的分力，根据合力矩定理，力 F 对面内任一点的力矩，可通过分力 F_x 与 F_y 进行计算。

梁处于平面任意力系作用下，可建立三个独立平衡方程，恰好确定三个未知力。

2. 建立平衡方程并求解

根据式（4-9），在坐标系 Axy 内，梁的平衡方程为

$$\sum F_x = 0, \quad F\cos\alpha - F_{Ax} = 0$$

$$\sum F_y = 0, \quad F\sin\alpha - F_{Ay} = 0$$

$$\sum M_A(F) = 0, \quad F\sin\alpha \cdot l - F\cos\alpha \cdot e - M_A = 0$$

由上述三方程，依次得

$$F_{Ax} = F\cos 30° = \frac{\sqrt{3}F}{2}$$

$$F_{Ay} = F\sin 30° = \frac{F}{2}$$

$$M_A = F(10e \cdot \sin 30° - e\cos 30°) = \frac{10-\sqrt{3}}{2}Fe$$

3. 解答校核

以上所得解，是通过平衡方程 $\sum F_x = 0$，$\sum F_y = 0$ 与 $\sum M_A(F) = 0$ 求得的，是否正确，宜加以校核，例如考核平衡方程 $\sum M_B(F) = 0$ 是否满足。

根据所得解，则

$$\sum M_B(F) = F_{Ay}l - F_{Ax}e - M_A = \frac{F}{2} \cdot 10e - \frac{\sqrt{3}F}{2} \cdot e - \frac{10-\sqrt{3}}{2}Fe = 0$$

可见，所得解正确。

对所得解进行校核，是求解过程的重要组成部分。将所得解代入求解时未使用的平衡方程以考察其是否满足，是校核解答的可靠途径。

例 4-3 图 4-9a 所示梁，长为 $2l$。梁上作用有力 F、力偶 M 与集度为 q 均匀分布载荷，集度 q 代表沿梁单位长度上的载荷。设力 $F = ql$，力偶矩 $M = ql^2$，试求固定端 A 的约束力。

解：1. 问题分析

选梁 AB 为研究对象，其受力图如图 4-9b 所示。图中，均布载荷以其合力 F_q 代替，其值为 $2ql$，并作用在梁的中点，固定端的约束力用 F_{Ax}，F_{Ay} 与 M_A 表示。

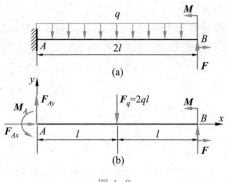

图 4-9

梁在平面任意力系作用下平衡,可建立三个独立平衡方程。

2. 建立平衡方程并求解

在坐标系 Axy 内,梁的平衡方程为

$$\sum F_x = 0, \quad F_{Ax} = 0$$

$$\sum F_y = 0, \quad F_{Ay} + F - 2ql = 0 \tag{a}$$

$$\sum M_A(\boldsymbol{F}) = 0, \quad M_A - 2ql \cdot l + M + F \cdot 2l = 0 \tag{b}$$

由式(a)与(b),分别得

$$F_{Ay} = 2ql - ql = ql$$

$$M_A = 2ql^2 - ql^2 - 2ql^2 = -ql^2$$

所得 M_A 为负,说明其实际转向与所设转向相反,即为顺时针方向。

例 4-4 图 4-10a 所示简易吊车简图,AB 为梁,长度为 l,BC 为钢索。设吊挂与重物的总重量 $P = 10$ kN,梁自重 $W = 5$ kN,试求钢索与铰支座 A 的约束力,以及钢索拉力的最大值。

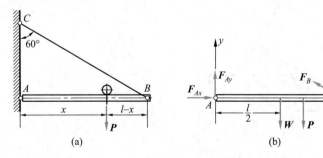

图 4-10

解:1. 问题分析

选梁 *AB* 为研究对象,其受力图如图 4-10b 所示,图中,钢索拉力为 F_B,约束力为 F_{Ax} 与 F_{Ay},重物位置用横坐标 x 表示。梁在平面任意力系作用下平衡,三个独立平衡方程确定三个未知力。为求钢索拉力的最大值,首先需建立钢索拉力与重物位置 x 间的关系。

2. 建立平衡方程并求解

在坐标系 *Axy* 内,梁的平衡方程为

$$\sum M_A(\boldsymbol{F}) = 0, \quad F_B \cdot l\sin 30° - Px - W \cdot \frac{l}{2} = 0$$

$$\sum F_x = 0, \quad F_{Ax} - F_B\cos 30° = 0$$

$$\sum F_y = 0, \quad F_{Ay} - W - P + F_B\sin 30° = 0$$

由上述三方程,依次得

$$F_B = \frac{2P}{l} \cdot x + W \tag{a}$$

$$F_{Ax} = \sqrt{3}\left(\frac{P}{l} \cdot x + \frac{W}{2}\right)$$

$$F_{Ay} = \frac{l-x}{l}P + \frac{1}{2}W$$

由式(a)可以看出,当 $x = l$ 时,F_B 值最大,于是得钢索拉力的最大值为

$$F_{B,\max} = 2P + W = 2(10 \text{ kN}) + 5 \text{ kN} = 25 \text{ kN}$$

例 4-5 如图 4-11a 所示,边长为 *a* 的等边三角形平板 *ABC*,用三根沿边长方位的两端铰接杆连接,*BC* 边沿水平方位,板与杆均位于铅垂平面。平板上作用力偶 *M*,平板重为 *P*,试求三杆对平板的约束力。

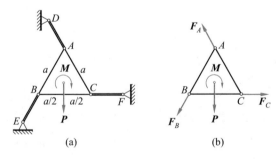

图 4-11

解:1. 问题分析

选平板 *ABC* 为研究对象,其受力图如图 4-11b 所示。约束力 F_A,F_B 与 F_C 分别沿连线 *AD*,*BE* 与 *CF*,并与力偶 *M*、重力 *P* 构成平面任意力系。可以看出,

A,B 与 C 分别为相邻两约束力的汇交点,且三点不共线,因此,宜采用三力矩形式的平衡方程求解。

2. 建立平衡方程并求解

以 A,B 与 C 为矩心,根据式(4-11),得板的平衡方程为

$$\sum M_A(\boldsymbol{F}) = 0, \quad F_C \cdot \frac{\sqrt{3}\,a}{2} - M = 0 \tag{a}$$

$$\sum M_B(\boldsymbol{F}) = 0, \quad F_A \cdot \frac{\sqrt{3}\,a}{2} - M - P \cdot \frac{a}{2} = 0 \tag{b}$$

$$\sum M_C(\boldsymbol{F}) = 0, \quad F_B \cdot \frac{\sqrt{3}\,a}{2} - M + P \cdot \frac{a}{2} = 0 \tag{c}$$

由式(a)得

$$F_C = \frac{2\sqrt{3}}{3}\,\frac{M}{a}$$

由式(b)与(c),分别得

$$F_A = \frac{2\sqrt{3}\,M}{3a} + \frac{\sqrt{3}\,P}{3}$$

$$F_B = \frac{2\sqrt{3}\,M}{3a} - \frac{\sqrt{3}\,P}{3}$$

例 4-6 塔式起重机简图如图 4-12 所示。设起重机架自重为 W,其作用线与右导轨 B 的距离为 e,载重 W_1 离右导轨 B 的最远距离为 l,平衡物或配重的重量为 W_2,其作用线与左导轨 A 的距离为 a,两导轨间的距离为 b。要求起重机在空载与满载且载重 W_1 位于最远处时均不翻倒,试求平衡物的重量 W_2。

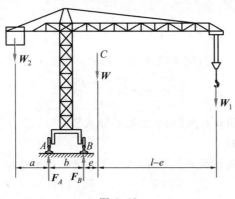

图 4-12

解：1. 问题分析

选整个起重机为研究对象，其受力如图所示，图中，F_A 与 F_B 分别为左、右导轨的约束力。当起重机处于正常运转状态时，左、右导轨的约束力均为压力，而当起重机翻倒时，在起重机滚轮与导轨的松脱处，约束力将变为零。整机在平面平行力系作用下平衡。

2. 空载不翻倒的配重条件

在空载情况下，即 $W_1 = 0$ 时，若起重机翻倒，整机将绕左导轨 A 向左翻转，这时，$F_B = 0$，可见，起重机空载不翻倒的条件为

$$F_B \geqslant 0 \tag{a}$$

由平衡方程

$$\sum M_A(\boldsymbol{F}) = 0, \quad F_B \cdot b - W(e+b) + W_2 \cdot a = 0$$

得

$$F_B = \frac{1}{b} \left[W(e+b) - W_2 a \right]$$

将上式代入式（a），得起重机空载不翻倒的配重条件为

$$W_2 \leqslant \frac{W(e+b)}{a} \tag{b}$$

说明要保证起重机空载不翻倒，平衡物不能太重。

3. 满载不翻倒的配重条件

在满载且载重 W_1 位于最远位置时，若起重机翻倒，整机将绕右导轨 B 向右翻转，这时，$F_A = 0$，因此，起重机满载不翻倒的条件为

$$F_A \geqslant 0 \tag{c}$$

由平衡方程

$$\sum M_B(\boldsymbol{F}) = 0, \quad -F_A b + W_2(a+b) - We - W_1 l = 0$$

得

$$F_A = -\frac{1}{b} \left[We + W_1 l - W_2(a+b) \right]$$

将上式代入式（c），得起重机满载不翻倒的配重条件为

$$W_2 \geqslant \frac{We + W_1 l}{a+b} \tag{d}$$

说明要保证起重机满载不翻倒，平衡物不能太轻。

4. 合理配重选择

综合考虑上述两种情况，于是由式（b）与（d），得平衡物重量的取值范围为

$$\frac{We + W_1 l}{a+b} \leqslant W_2 \leqslant \frac{W(e+b)}{a}$$

§4-4　刚体系平衡与静定、静不定概念

通过适当联结由若干刚体所组成的系统,称为**刚体系**。本节研究刚体系的平衡条件与分析方法,并结合讨论静定与静不定概念。

由若干刚体所组成的系统,不是一个刚体,如何将单一刚体的平衡条件应用于非单一刚体的刚体系,首先介绍一个重要原理,所谓刚化原理。

一、刚化原理

实践表明,若变形体在某个力系作用下处于平衡,则将该物体变成刚体即刚化时,其平衡状态不受影响,称为**刚化原理**。

例如,图 4-13a 所示柔索(变形体),在两端拉力作用下处于平衡,现将已变形的柔索固化为刚杆(图 4-13b),在原力系作用下,刚杆仍保持平衡。

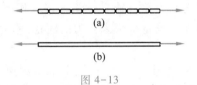

(a)

(b)

图 4-13

刚化原理的重要意义,就在于将刚体静力学的平衡条件,应用于求解处于平衡状态的变形体问题。这里所谓的变形体,既含可变形固体,也泛指非刚体,包括流体与机构等。

二、刚体系的平衡

当刚体系在外力作用下平衡时,组成该系统的各刚体均平衡。因此,可以选择各个刚体为研究对象,同时,根据刚化原理,也可将处于平衡的刚体系整体或部分刚体加以"刚化",即当作单个刚体研究其平衡问题。

求解刚体系平衡问题与求解单一刚体平衡问题的步骤基本相同,即选择研究对象、画受力图、建立平衡方程并求解。

作用在刚体系的力分为两类:其一为系统外物体作用于系统内刚体上的力,包括主动力与系统的外部约束力;其二为系统内刚体间的相互作用力,即系统内部约束力。

分析刚体系平衡问题的关键,是合理选择研究对象。一般讲,当外部约束力较少时,宜以系统整体为研究对象,或分别以系统整体以及某个或某些系内刚体为研究对象。反之,当外部约束力较多时,则宜以系内各个或某些刚体为研究对

象。所谓外部约束力较少或较多,均是相对于系统整体独立平衡方程数而言。

如前所述,当以系统整体为研究对象时,在其受力图中,所有系内约束力均不必画出。其次,当直接相连刚体被分离后,其间相互作用力分别为 F 与 F',但其值相同,即 $F=F'$,在建立或求解相关平衡方程时,宜予以注意。

三、静定与静不定概念

在求解单个刚体的平衡问题时,如果研究对象处于平面任意力系,则无论采用何种形式的平衡方程,均仅有三个独立平衡方程,只能求解三个未知量。同理,对于平面汇交力系或平面平行力系,均仅有两个独立平衡方程,平面力偶系则仅有一个独立平衡方程。

对于刚体系,设其由 n 个刚体组成,且每个刚体均处于平面任意力系,则总共可建立 $3n$ 个独立平衡方程,如果系统中某些刚体处于汇交、平行或共线等力系时,则独立平衡方程将相应减少。

当刚体或刚体系的未知力数与独立平衡方程数相同,利用平衡方程即可求解。仅仅依靠平衡方程即可确定全部未知力的问题,称为**静定问题**。反之,称为**静不定问题**。

例如图 4-14a 所示左端固定受力杆,三个未知约束力,由平衡方程即可确定,即属于静定问题。但是,如果在杆右端再增加一活动铰支座(图 4-14b),则未知约束力变为四个,显然,仅依靠平衡方程尚不能求解,即属于静不定问题。

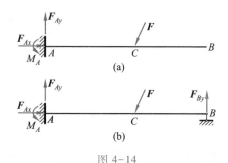

图 4-14

求解静不定问题,需要考虑物体的变形以建立补充方程,此种问题将在本书第二篇材料力学中讨论,在静力学中仅研究静定问题。

例 4-7 图 4-15a 所示组合梁,由梁 AC 与 CB 并经铰链 C 连接而成。在铰链 C 与梁 AC 上,分别作用力 F 与力偶矩为 $M=Fa$ 的力偶,试求支座 A 与 B 的约束力。

解:1. 问题分析

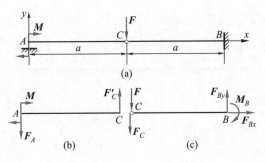

图 4-15

分别选择梁 AC 与 CB(连带铰链 C)为研究对象。根据支座的约束性质,支座 A 的约束力为 $\boldsymbol{F}_A$,支座 B 的约束力为 $\boldsymbol{F}_{Bx}$,$\boldsymbol{F}_{By}$ 与 $\boldsymbol{M}_B$。由于梁 AC 上的主动力为力偶,$\boldsymbol{F}_A$ 又为铅垂力,因此,铰链 C 对梁 AC 的约束力也必为铅垂力,并用 $\boldsymbol{F}'_C$ 表示。于是得梁 AC 与 CB 的受力图分别如图 4-15b 与 c 所示。

2. 梁 AC 的平衡分析

由图 4-15b 可以看出,在坐标系 Axy 内,梁 AC 的平衡方程为

$$\sum M_A(\boldsymbol{F})=0, \quad F'_C \cdot a - Fa = 0$$

$$\sum F_y = 0, \quad F'_C - F_A = 0$$

由上述二式分别得

$$F'_C = F, \quad F_A = F$$

3. 梁 CB 的平衡分析

由图 4-15c 可以看出,梁 CB 的平衡方程为

$$\sum F_x = 0, \quad F_{Bx} = 0$$

$$\sum F_y = 0, \quad F_{By} - F - F_C = 0 \tag{a}$$

$$\sum M_C(\boldsymbol{F}) = 0, \quad F_{By}a - M_B = 0 \tag{b}$$

由于 $F_C = F'_C$,于是由式(a)与(b)分别得

$$F_{By} = 2F, \quad M_B = 2Fa$$

4. 讨论

对于铰链(或销钉)上作用有外力的问题,在选择研究对象时,一般均将铰链(或销钉)附在与其相连的某一物体上。例如在图 4-15c 中,铰链 C 附在梁 CB 上。

例 4-8　图 4-16a 所示简易压榨机,由两端铰接杆 AB,BC 与压板 C 组成,并在铰链 B 承受铅垂力 $\boldsymbol{P}$。设二杆的长度相同,倾角均为 α,试求压板对压榨物的压力 F 的大小。

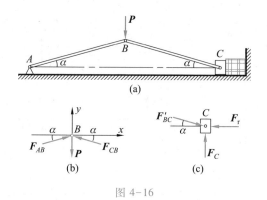

图 4-16

解：1. 问题分析

分别选铰链 B 与压板 C 为研究对象。如图 4-16b 所示，在铰链 B 上，作用有主动力 $\boldsymbol{P}$，以及杆 AB 与 BC 的约束力 $\boldsymbol{F}_{AB}$ 与 $\boldsymbol{F}_{CB}$。压板 C 的受力则如图 4-16c 所示，包括杆 BC 作用力 $\boldsymbol{F}'_{BC}$、台面约束力 $\boldsymbol{F}_C$ 以及压榨物约束力 $\boldsymbol{F}_{\mathrm{r}}$，根据三力平衡汇交定理，上述三力汇交于一点。可见，节点 B 与压板 C 均处于平面汇交力系作用下。

2. 铰接杆受力分析

由图 4-16b 可以看出，在坐标系 Bxy 内，铰链 B 的平衡方程为

$$\sum F_x = 0, \quad F_{AB}\cos \alpha - F_{CB}\cos \alpha = 0$$
$$\sum F_y = 0, \quad F_{AB}\sin \alpha + F_{CB}\sin \alpha - P = 0$$

经联立求解，得

$$F_{AB} = F_{CB} = \frac{P}{2\sin \alpha} \tag{a}$$

3. 压榨力计算

由图 4-16c，并注意到 $F'_{BC} = F_{CB}$，得压板 C 水平方位的投影平衡方程为

$$\sum F_x = 0, \quad F_{CB}\cos \alpha - F_{\mathrm{r}} = 0$$

将式(a)代入上式，于是得压榨力为

$$F = F_{\mathrm{r}} = \frac{P}{2\sin \alpha} \cdot \cos \alpha = \frac{\cot \alpha}{2}P$$

例 4-9　图 4-17a 所示结构，承受载荷 $\boldsymbol{F}$ 与重物压力 $\boldsymbol{W}$，$\boldsymbol{F}$ 垂直于杆 ED 并通过其中点，且 $F = \sqrt{3}\,W$，试求支座 A 与 E 的约束力以及杆 CD 所受之力。

解：1. 问题分析

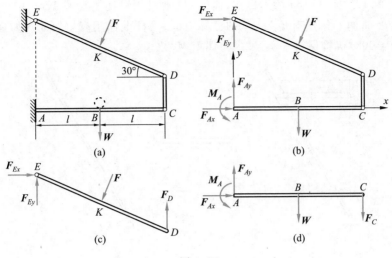

图 4-17

　　结构整体的受力图如图 4-17b 所示,包括 5 个未知力。杆 *ED* 与 *AC* 的受力则分别如图 4-17c 与 d 所示,分别存在三个未知力。根据上述情况,宜分别以杆 *ED* 与 *AC* 为研究对象,共建立 6 个平衡方程,确定 6 个待求未知力。

　　2. 杆 *ED* 的平衡分析

　　由图 4-17c 可以看出,在坐标系 *Axy* 内,杆 *ED* 的平衡方程为

$$\sum F_x = 0, \quad F_{Ex} - F\sin 30° = 0$$

$$\sum M_E(\boldsymbol{F}) = 0, \quad F_D \cdot 2l - F \cdot \frac{2l}{\sqrt{3}} = 0$$

$$\sum F_y = 0, \quad F_{Ey} + F_D - F\cos 30° = 0$$

由上述三方程,依次得

$$F_{Ex} = \frac{\sqrt{3}\,W}{2}, \quad F_D = W, \quad F_{Ey} = \frac{W}{2}$$

　　3. 杆 *AC* 的平衡分析

　　由图 4-17d 可以看出,杆 *AC* 的平衡方程为

$$\sum F_x = 0, \quad F_{Ax} = 0$$

$$\sum F_y = 0, \quad F_{Ay} - W - F_C = 0 \tag{a}$$

$$\sum M_A(\boldsymbol{F}) = 0, \quad M_A - W \cdot l - F_C \cdot 2l = 0 \tag{b}$$

杆 *CD* 为二力杆,$F_C = F_D$,于是由式(a)与(b)分别得

$$F_{Ay} = 2W, \quad M_A = 3Wl$$

例 4-10　图 4-18a 所示机构,曲柄 OA 通过销钉连接套筒 A,与摆杆 CB 光滑套合。曲柄上作用有矩为 M_1 的已知力偶,摆杆上作用有力偶 M_2,如在图示位置($\beta = 30°$)机构保持平衡,试求力偶矩 M_2 之值。

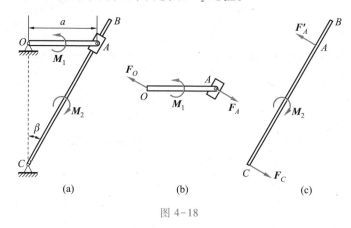

图 4-18

解:1. 问题分析

在套筒与摆杆 CB 的套合处,约束力 F_A 与 F_A' 均垂直于摆杆(图 4-18b,c)。曲柄与摆杆上的主动力分别为力偶 M_1 与 M_2,且各自仅存在两个约束力,因此,约束力 F_O 与 F_C 也垂直于摆杆,并分别与 F_A 及 F_A' 构成力偶,即(F_A,F_O) 与 (F_A',F_C)。于是得曲柄(含套筒)与摆杆的受力图分别如图 4-18b 与 c 所示,且均处于平面力偶系作用下。

2. 建立平衡方程并求解

由式(4-14),得曲柄与摆杆的平衡方程分别为

$$\sum M = 0, \quad M_1 - F_A \cdot a \sin 30° = 0$$

$$\sum M = 0, \quad -M_2 + F_A' \cdot \frac{a}{\sin 30°} = 0$$

由于 $F_A' = F_A$,联立求解上述方程组,于是得

$$M_2 = 4M_1$$

例 4-11　图 4-19a 所示组合框架 ADE,D 为光滑铰链,B 与 C 为光滑滑轮,绳索拉力为 T。试求支座 A 与 E 的约束力。

解:1. 问题分析

框架整体的受力如图 4-19a 所示,4 个未知约束力。折杆 ED 的受力如图 4-19b 所示,图中,F 代表绳索拉力。滑轮 B 与 C 的受力如图 4-19c 所示,分别对滑轮中心建立力矩平衡方程,得 $F' = F'' = F''' = T$,即环绕光滑滑轮的绳索拉力

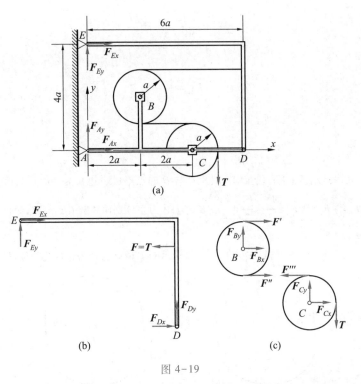

图 4-19

值保持不变。

根据上述分析,首先以框架整体为研究对象,建立 3 个平衡方程,然后以折杆 ED 为研究对象,建立平衡方程 $\sum M_D(\boldsymbol{F}) = 0$,4 个平衡方程,确定 4 个待求未知力。

2. 建立平衡方程并求解

由图 4-19a 可以看出,在坐标系 Axy 内,框架整体的平衡方程为

$$\sum M_A(\boldsymbol{F}) = 0, \quad -T \cdot 5a - F_{Ex} \cdot 4a = 0 \tag{a}$$

$$\sum F_x = 0, \quad F_{Ax} + F_{Ex} = 0 \tag{b}$$

$$\sum F_y = 0, \quad F_{Ay} + F_{Ey} - T = 0 \tag{c}$$

由式(a)与(b),分别得

$$F_{Ex} = -\frac{5T}{4}, \quad F_{Ax} = \frac{5T}{4}$$

由图 4-19b 可以看出,对于折杆 ED,以 D 点为矩心的力矩平衡方程为

$$\sum M_D(\boldsymbol{F}) = 0, \quad T \cdot 3a - F_{Ex} \cdot 4a - F_{Ey} \cdot 6a = 0$$

于是得

$$F_{Ey} = \frac{T}{2} - \frac{2F_{Ex}}{3} = \frac{4T}{3}$$

代入式(c),得

$$F_{Ay} = -\frac{T}{3}$$

思　考　题

4-1　在图示刚体的同一平面上,A,B,C 与 D 四点形成一边长为 a 的正方形,并分别作用 F_1,F_2,F_3 与 F_4,且 $F_1 = \dfrac{F_2}{2} = \dfrac{F_3}{2} = \dfrac{F_4}{4}$。试将上述力系分别向 A 与 C 点简化,简化结果如何,二者是否等效?

4-2　图示受力情况,已知 $F_1 /\!/ F_2$,$F_1 = 2F_2$,$AB = l$,试确定合力作用线的位置。

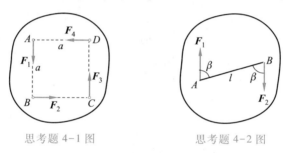

思考题 4-1 图　　　　思考题 4-2 图

习　题

4-1　试求图示各梁的支座约束力。

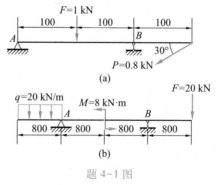

题 4-1 图

4-2　如图所示,阳台一端砌入墙内,另一端承受立柱作用力 F,阳台自重可看成是集度

为 q 的均布载荷,立柱至墙边的距离为 l,试求阳台固定端的约束力。

4-3 图示立柱,底部由杯形基础固定。已知铅垂载荷 $F = 60$ kN,风压集度 $q = 2$ kN/m,立柱自重 $G = 40$ kN,柱高 $h = 10$ m,$a = 0.5$ m,试求立柱底部的约束力。

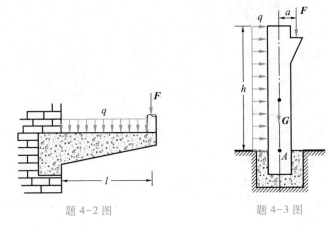

题 4-2 图　　　　　　　　　题 4-3 图

4-4 图示梁 AB,A 端固定,B 端装有滑轮,用以匀速起吊重物 D。设重物的重量为 G,梁长为 b,斜绳与铅垂线夹角为 α,试求固定端 A 的约束力。

4-5 如图所示,炼钢炉的送料机由跑车 A、操作架 D、平臂 OC 以及料斗 C 组成,跑车两轮间的距离为 2 m,并可沿桥 B 移动。设跑车、操作架与平臂等附件的总重为 P,并沿操作架轴线,料重 $W = 15$ kN,为使料斗在满载时跑车不致翻倒,试问 P 的最小值。

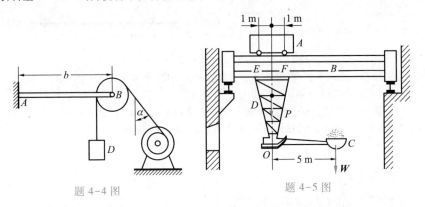

题 4-4 图　　　　　　　　　题 4-5 图

4-6 图示飞机起落架,地面法向约束力 $F_N = 30$ kN,$OA \perp AB$,试求轴销 A 与 B 处的约束力。图中,尺寸单位为 cm。

4-7 如图所示,均匀细杆 OA 通过细绳与小滑轮 B 悬挂一重物。设杆 OA 的重量为 W_1,重物的重量为 W_2,且 $W_1 = 3W_2$,$\overline{OA} = \overline{OB} = l$,滑轮半径很小可忽略不计,试求平衡时细杆的倾斜角 φ。

4-8 图示三铰拱,由半拱 AC,BC 以及铰链 A,C 与 B 组成。已知半拱重 $W = 300$ kN,$l = 32$ m,$h = 10$ m,试求支座 A 与 B 的约束力。

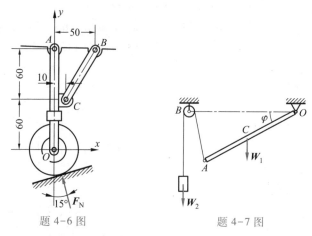

题 4-6 图   题 4-7 图

4-9 图示折梯,由梯 *AB*,*AC* 与铰链 *A* 以及绳 *DE* 组成。折梯置于光滑水平面,梯 *AB* 与 *AC* 的重量均为 *Q*,重心位于各自中点,一重为 *P* 的爬梯者立于 *F* 点处,试求绳 *DE* 的拉力以及接触点 *B* 与 *C* 处的约束力。

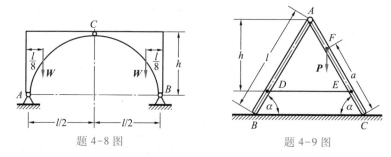

题 4-8 图   题 4-9 图

4-10 图示齿条送料机构,齿条受水平阻力 ***F*₀** 作用。已知 $F_Q = 5.0$ kN,$\overline{AB} = 500$ mm,$\overline{AC} = 100$ mm,试求移动齿条时杆端 *B* 的作用力 ***F***。

4-11 图示组合梁,由梁 *AC* 与 *CD* 组成,承受均布载荷 ***q*** 与力偶 ***M*** 作用。已知 $q = 10$ kN/m,$M = 40$ kN·m,$a = 2$ m,试求支座 *A*,*B* 与 *D* 的约束力,以及铰链 *C* 所受之力。

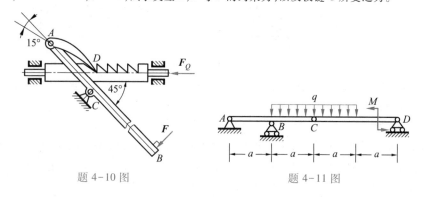

题 4-10 图   题 4-11 图

4-12 如图所示,刚架 *ACB* 与刚架 *CD* 通过铰链 *C* 连接,试求支座的约束力。

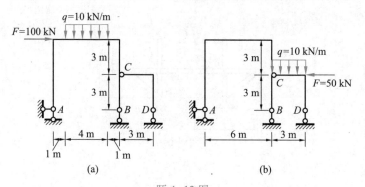

题 4-12 图

4-13 图示支架,由杆 *AB*,*BC* 与 *CE* 以及铰链 *B*,*C* 与 *D* 组成,并经由滑轮 *E* 悬挂重为 $W = 12$ kN 的物体,试求支座 *A* 与 *B* 的约束力,以及杆 *BC* 所受的力。

4-14 图示起重构架,滑轮 *E* 的直径 $d = 200$ mm,钢丝绳的倾斜部分平行于杆 *BE*,起吊重量为 $W = 10$ kN 的物体,试求铰支座 *A* 与 *B* 的约束力。图中,尺寸单位为 mm。

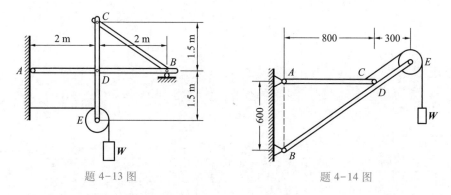

题 4-13 图　　　　　　　　题 4-14 图

4-15 图示构架,销钉 *F* 固定在杆 *DE* 上,并与杆 *AC* 的滑槽光滑接触,在水平杆 *DE* 端点作用铅垂力 *F*。已知 $\overline{AD} = \overline{DB}$,$\overline{DF} = \overline{EF}$,试求杆 *AB* 所受之力。

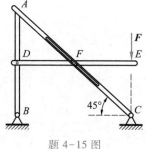

题 4-15 图

4-16 图示构架,承受水平力 $F = 2$ kN 作用,试求铰链 C, D, E 与 F 所受之力。图中,尺寸单位为 cm。

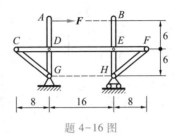

题 4-16 图

第四章 电子教案

第五章　空间任意力系

作用线在空间任意分布的力系,称为空间任意力系。空间任意力系是力系的最一般情况,所有其他各类力系均可看成是它的特殊情况。因此,研究空间任意力系具有普遍意义。

本章研究空间任意力系的简化与平衡条件,为此,首先研究空间任意力系条件下力矩的相关理论。

§5-1　力对轴之矩与力矩关系定理

刚体绕轴转动的效应,可用力对轴之矩度量。本节研究力对轴之矩,及其与力对点之矩的关系,即力矩关系定理。

一、力对轴之矩

如图 5-1a 所示,在可绕 z 轴转动的刚体任一点 A,作用有力 F。为了计算该力使刚体绕 z 轴转动的效应,将其分解为 F_1 与 F_2 两个分力,其中,F_1 平行于 z 轴,F_2 位于垂直于 z 轴并与其相交于 C 点的平面上。实践表明,在以上两个分力中,只有 F_2 才能使刚体绕 z 轴转动。所以,力 F 使刚体绕 z 轴转动的效应,可用分力 F_2 对 C 点之矩度量,称为力 F 对 z 轴之矩,并用 $M_z(F)$ 表示,即

$$M_z(F) = M_C(F_2) = \pm F_2 d$$

式中,d 代表 C 点至 F_2 作用线的垂直距离。

一般情况下,力 F 对 z 轴之矩,可通过力 F 的投影来计算。如图 5-1b 所示,设力 F 在垂直于 z 轴任一平面 xy 上的投影为 F_{xy},该平面与 z 轴相交于 O 点,则力 F 对 z 轴之矩,等于投影矢量 F_{xy} 对 O 点之矩,即

$$M_z(F) = M_O(F_{xy}) = \pm F_{xy} d \tag{5-1}$$

由此可见,力对任一轴之矩,等于力在垂直于该轴平面上的投影矢量对轴与该平面的交点之矩。力对轴之矩是代数量,其正负按右手螺旋法则确定,即拇指指向与坐标轴 z 正向一致者为正,反之为负。

由式(5-1)可知,当力的作用线通过某轴($d=0$)或与其平行($F_{xy}=0$)时,力

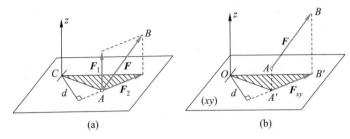

图 5-1

对该轴之矩为零。

二、力矩关系定理

如图 5-2a 所示,在坐标为 (x,y,z) 的任一点 A,作用有力 F,设该力沿坐标轴 x,y 与 z 方位的分力分别为 F_x,F_y 与 F_z,在坐标面 xy 的投影为 F_{xy},则根据式 (5-1) 可知,力 F 对坐标轴 z 之矩为

$$M_z(F) = M_O(F_{xy}) = M_O(F_x) + M_O(F_y) = -yF_x + xF_y$$

由图 5-2b 可以看出,力 F 对坐标轴 y 之矩则为

$$M_y(F) = M_O(F_{xz}) = M_O(F_x) + M_O(F_z) = zF_x - xF_z$$

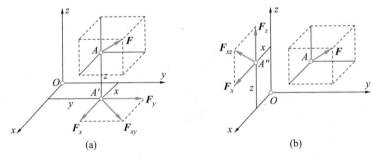

图 5-2

同理,还可建立力 F 对坐标轴 x 之矩的表达式。综上所述,于是得

$$\left. \begin{array}{l} M_x(F) = yF_z - zF_y \\ M_y(F) = zF_x - xF_z \\ M_z(F) = xF_y - yF_x \end{array} \right\} \tag{5-2}$$

此即力对坐标轴之矩的解析表示式。

现在,进一步研究力对轴之矩与力对点之矩的关系。

由图 5-3 可以看出,

$$F = F_x i + F_y j + F_z k$$

$$r = xi + yj + zk$$

根据式(3-3),得力 F 对矩心 O 之矩矢为

$$M_O(F) = r \times F = (xi + yj + zk) \times (F_x i + F_y j + F_z k)$$

由此得

$$M_O(F) = (yF_z - zF_y)i + (zF_x - xF_z)j + (xF_y - yF_x)k$$

单位矢量 i, j 与 k 前的系数,分别代表矩矢 $M_O(F)$ 在坐标轴 x, y 与 z 上的投影,所以,

$$\left.\begin{array}{l} \left[M_O(F) \right]_x = yF_z - zF_y \\ \left[M_O(F) \right]_y = zF_x - xF_z \\ \left[M_O(F) \right]_z = xF_y - yF_x \end{array}\right\} \tag{5-3}$$

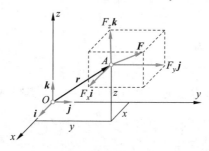

图 5-3

比较式(5-2)与式(5-3),于是得

$$\left.\begin{array}{l} \left[M_O(F) \right]_x = M_x(F) \\ \left[M_O(F) \right]_y = M_y(F) \\ \left[M_O(F) \right]_z = M_z(F) \end{array}\right\} \tag{5-4}$$

由此可见,力对点之矩矢在通过该点任一轴上的投影,等于此力对该轴之矩,称为力矩关系定理。

三、合力矩定理的一般表述

由前述合力矩定理即式(3-4)可知,空间共点力系合力对任一点 O 之矩矢,等于系内各分力对同一点之矩矢的矢量和,即

$$M_O(F_R) = \sum M_O(F)$$

将上述关系投影到通过 O 点的任意轴 s 上,根据力矩关系定理,得

$$M_s(F_R) = \sum M_s(F) \tag{5-5}$$

由此可见,合力矩定理的一般表述为:空间共点力系合力对任一点(或轴)之矩,等于系内各力对同一点(或轴)之矩的矢量和(或代数和)。

例 5-1　图 5-4a 所示正六面体,棱边的长度分别为 a,b 与 c,在 A 点并沿对角线 AB 方位,作用有力 $\boldsymbol{F}$。试求该力对坐标轴 x,y 与 z 之矩。

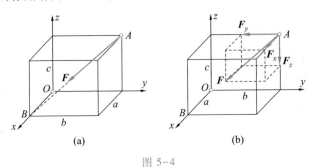

图 5-4

解:1. 分力计算

对角线 AB 的长度为

$$l=\sqrt{a^2+b^2+c^2}$$

力 $\boldsymbol{F}$ 沿坐标轴 x,y 与 z 方位的分力如图 5-4b 所示,其值依次为

$$F_x=\frac{a}{l}F,\ F_y=\frac{b}{l}F,\ F_z=\frac{c}{l}F$$

2. 力对轴之矩计算

根据合力矩定理可知,力 $\boldsymbol{F}$ 对坐标轴 x,y 与 z 之矩依次为

$$M_x(\boldsymbol{F})=F_yc-F_zb=\frac{b}{l}F\cdot c-\frac{c}{l}F\cdot b=0$$

$$M_y(\boldsymbol{F})=F_xc=\frac{a}{l}F\cdot c=\frac{ac}{l}F$$

$$M_z(\boldsymbol{F})=-F_xb=-\frac{a}{l}F\cdot b=-\frac{ab}{l}F$$

力 $\boldsymbol{F}$ 作用线通过坐标轴 x,力矩 $M_x(\boldsymbol{F})$ 自然为零。

§5-2　空间任意力系的简化

空间任意力系简化的理论基础,仍然是力的平移定理。但是,当将空间任意力系各力向同一点平移时,附加力偶将不位于同一平面,因此,附加力偶矩应改用附加力偶矩矢表示。

如图 5-5a 所示,设在刚体上 A 点作用一力 $\boldsymbol{F}$,O 是该力作用线外的任意指

定点,不难看出,为将力 $\boldsymbol{F}$ 平移至 O 点(图 5-5b),附加力偶之矩矢为

$$\boldsymbol{M} = \boldsymbol{r} \times \boldsymbol{F} = \boldsymbol{M}_O(\boldsymbol{F}) \tag{5-6}$$

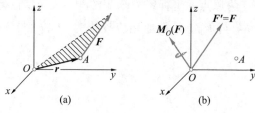

图 5-5

一、力系简化

设刚体上作用有空间任意力系($\boldsymbol{F}_1, \boldsymbol{F}_2, \cdots, \boldsymbol{F}_n$)(图 5-6a),在刚体上任选一点 O 为简化中心,将力系中各力平移到该点,根据力的平移定理,可得一空间共点力系($\boldsymbol{F}'_1, \boldsymbol{F}'_2, \cdots, \boldsymbol{F}'_n$)与一矩矢为($\boldsymbol{M}_1, \boldsymbol{M}_2, \cdots, \boldsymbol{M}_n$)的空间附加力偶系(图 5-6b),其中,

$$\boldsymbol{F}'_i = \boldsymbol{F}_i \quad (i = 1, 2, \cdots, n)$$
$$\boldsymbol{M}_i = \boldsymbol{M}_O(\boldsymbol{F}_i) \quad (i = 1, 2, \cdots, n)$$

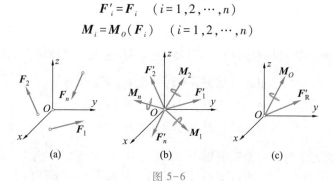

图 5-6

空间共点力系可合成为一个作用于简化中心 O 的合力,其力矢为

$$\boldsymbol{F}'_R = \sum \boldsymbol{F}' = \sum \boldsymbol{F} \tag{5-7}$$

力矢 $\boldsymbol{F}'_R$ 等于原力系各力的矢量和,即力系的主矢(图 5-6c)。

空间力偶系可合成为一力偶,其力偶矩矢为

$$\boldsymbol{M}_O = \sum \boldsymbol{M} = \sum \boldsymbol{M}_O(\boldsymbol{F}) \tag{5-8}$$

力偶矩矢 $\boldsymbol{M}_O$ 等于力系各力对简化中心 O 之矩矢的矢量和,即力系对简化中心 O 的主矩(图 5-6c)。

由此可见:空间任意力系向任一点简化,一般可得一个力与一个力偶。该力作用于简化中心,其力矢即力系的主矢,等于力系各力的矢量和;该力偶的力偶矩矢,即力系对简化中心的主矩,等于力系各力对简化中心之矩矢的矢量和。

二、主矢与主矩的解析表达式

在以简化中心 O 为原点的坐标系 $Oxyz$ 内,设主矢 $\boldsymbol{F}'_\mathrm{R}$ 在坐标轴 x,y 与 z 上的投影分别为 $F'_{\mathrm{R}x},F'_{\mathrm{R}y}$ 与 $F'_{\mathrm{R}z}$,力 $\boldsymbol{F}_i$ 的相应投影为 F_{ix},F_{iy} 与 $F_{iz}(i=1,2,\cdots,n)$,则由式(5-7)可知,

$$\left.\begin{aligned} F'_{\mathrm{R}x} &= \sum F_x \\ F'_{\mathrm{R}y} &= \sum F_y \\ F'_{\mathrm{R}z} &= \sum F_z \end{aligned}\right\} \tag{5-9}$$

于是得 $\boldsymbol{F}'_\mathrm{R}$ 的大小与方向余弦分别为

$$F'_\mathrm{R} = \sqrt{(\sum F_x)^2+(\sum F_y)^2+(\sum F_z)^2} \tag{5-10}$$

$$\left.\begin{aligned} \cos(\boldsymbol{F}'_\mathrm{R},\boldsymbol{i}) &= \frac{F'_{\mathrm{R}x}}{F'_\mathrm{R}} = \frac{\sum F_x}{F'_\mathrm{R}} \\ \cos(\boldsymbol{F}'_\mathrm{R},\boldsymbol{j}) &= \frac{F'_{\mathrm{R}y}}{F'_\mathrm{R}} = \frac{\sum F_y}{F'_\mathrm{R}} \\ \cos(\boldsymbol{F}'_\mathrm{R},\boldsymbol{k}) &= \frac{F'_{\mathrm{R}z}}{F'_\mathrm{R}} = \frac{\sum F_z}{F'_\mathrm{R}} \end{aligned}\right\} \tag{5-11}$$

根据力矩关系定理即式(5-4)可知,主矩 $\boldsymbol{M}_O$ 在三个坐标轴上的投影依次为

$$\left.\begin{aligned} M_{Ox} &= [\sum \boldsymbol{M}_O(\boldsymbol{F})]_x = \sum M_x(\boldsymbol{F}) \\ M_{Oy} &= [\sum \boldsymbol{M}_O(\boldsymbol{F})]_y = \sum M_y(\boldsymbol{F}) \\ M_{Oz} &= [\sum \boldsymbol{M}_O(\boldsymbol{F})]_z = \sum M_z(\boldsymbol{F}) \end{aligned}\right\} \tag{5-12}$$

于是得 $\boldsymbol{M}_O$ 的大小与方向余弦分别为

$$M_O = \sqrt{[\sum M_x(\boldsymbol{F})]^2+[\sum M_y(\boldsymbol{F})]^2+[\sum M_z(\boldsymbol{F})]^2} \tag{5-13}$$

$$\left.\begin{aligned} \cos(\boldsymbol{M}_O,\boldsymbol{i}) &= \frac{M_{Ox}}{M_O} = \frac{\sum M_x(\boldsymbol{F})}{M_O} \\ \cos(\boldsymbol{M}_O,\boldsymbol{j}) &= \frac{M_{Oy}}{M_O} = \frac{\sum M_y(\boldsymbol{F})}{M_O} \\ \cos(\boldsymbol{M}_O,\boldsymbol{k}) &= \frac{M_{Oz}}{M_O} = \frac{\sum M_z(\boldsymbol{F})}{M_O} \end{aligned}\right\} \tag{5-14}$$

例 5-2 图 5-7a 所示拐轴,$\overline{AB}=a$,A 点承受铅垂力 $\boldsymbol{F}_1$ 与水平力 $\boldsymbol{F}_2$ 作用,将上述二力向轴端 B 点简化,试求主矢与主矩之值。

解:1. 力系简化

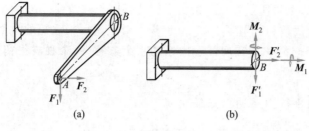

图 5-7

如图 5-7b 所示,将 F_1 向 B 点平移,得铅垂力 F_1' 与水平附加力偶矩矢 M_1;将 F_2 向 B 点平移,得水平力 F_2' 与铅垂附加力偶矩矢 M_2。F_1' 与 F_2' 组成作用于 B 点的汇交力系,M_1 与 M_2 组成附加力偶系。

显然,

$$F_1' = F_1, \qquad M_1 = F_1 a$$
$$F_2' = F_2, \qquad M_2 = F_2 a$$

2. 主矢与主矩计算

根据式(5-10)与(5-13),得主矢的大小为

$$F_R' = \sqrt{F_1'^2 + F_2'^2} = \sqrt{F_1^2 + F_2^2}$$

而主矩的大小则为

$$M_B = \sqrt{M_1^2 + M_2^2} = \sqrt{(F_1 a)^2 + (F_2 a)^2} = a\sqrt{F_1^2 + F_2^2}$$

§5-3 空间任意力系的平衡条件

本节研究空间任意力系的平衡条件与平衡方程,并由此建立空间平行力系与空间力偶系的平衡方程。

一、空间任意力系的平衡条件

由前述分析可知,空间任意力系平衡的必要充分条件是:力系的主矢与对任一点 O 的主矩均为零。于是,由式(5-10)与(5-13),得

$$\left. \begin{array}{l} \sum F_x = 0 \\ \sum F_y = 0 \\ \sum F_z = 0 \\ \sum M_x(\boldsymbol{F}) = 0 \\ \sum M_y(\boldsymbol{F}) = 0 \\ \sum M_z(\boldsymbol{F}) = 0 \end{array} \right\} \qquad (5\text{-}15)$$

由此可见,空间任意力系解析法平衡的必要充分条件是:力系各力在三个坐标轴上投影的代数和分别等于零,力系各力对三坐标轴之矩的代数和分别等于零。方程组(5-15)称为**空间任意力系的平衡方程**,六个独立平衡方程,可求解六个未知量。

二、空间平行力系的平衡条件

设刚体上作用有空间平行力系($F_1, F_2, \cdots, F_n$)(图5-8),选坐标轴 z 与各力作用线平行的坐标系 $Oxyz$。显然,各力在坐标轴 x 与 y 上的投影均为零,对坐标轴 z 之矩也为零,即

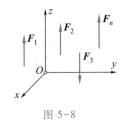

图 5-8

$$\sum F_x \equiv 0, \quad \sum F_y \equiv 0, \quad \sum M_z(F) \equiv 0$$

于是,由式(5-15)得空间平行力系的平衡方程为

$$\left. \begin{array}{l} \sum F_z = 0 \\ \sum M_x(F) = 0 \\ \sum M_y(F) = 0 \end{array} \right\} \tag{5-16}$$

三个独立平衡方程,求解三个未知量。

三、空间力偶系的平衡条件

设刚体上作用有空间力偶系($M_1, M_2, \cdots, M_n$),由于

$$\sum F_x \equiv 0, \quad \sum F_y \equiv 0, \quad \sum F_z \equiv 0$$

于是,由式(5-15)得空间力偶系的平衡方程为

$$\left. \begin{array}{l} \sum M_x = 0 \\ \sum M_y = 0 \\ \sum M_z = 0 \end{array} \right\} \tag{5-17}$$

即空间力偶系各力偶矩矢分别在三个坐标轴投影的代数和等于零。三个独立平衡方程,求解三个未知量。

由空间任意力系的平衡方程(5-15),可以导出所有其他各种力系的平衡方程。

例 5-3　图 5-9a 所示转动轴,在力 F_P 与 F 作用下处于平衡状态。已知 $F_P = 1.5 \text{ kN}, R_1 = 100 \text{ mm}, R_2 = 150 \text{ mm}$,试求轴承 A 与 B 的约束力。

解:1. 问题分析

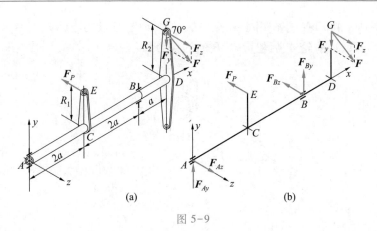

图 5-9

选轴为研究对象,并选坐标系 $Axyz$ 如图 5-9a 所示。作用在轴上的主动力为 $\boldsymbol{F}_P$(图 5-9b),从动力为 $\boldsymbol{F}$,约束力为 $\boldsymbol{F}_{Ay}$ 与 $\boldsymbol{F}_{Az}$ 以及 $\boldsymbol{F}_{By}$ 与 $\boldsymbol{F}_{Bz}$,即未知力为 $\boldsymbol{F}$ 与 4 个约束力。

所有各力均位于或平行于 yz 平面,平衡方程 $\sum F_x \equiv 0$。因此,根据式(5-15)可建立 5 个独立平衡方程,恰好确定 5 个未知力。

2. 建立平衡方程并求解

根据轴的力矩平衡方程

$$\sum M_x(\boldsymbol{F}) = 0, \quad F_z \cdot R_2 - F_P \cdot R_1 = 0$$

得

$$F_z = \frac{R_1}{R_2} F_P = \frac{0.100 \text{ m}}{0.150 \text{ m}} \times (1500 \text{ N}) = 1.00 \text{ kN}$$

并由此得

$$F_y = F_z \tan 20° = (1000\text{N}) \cdot \tan 20° = 364 \text{ N}$$

轴的平衡方程尚有:

$$\sum M_y(\boldsymbol{F}) = 0, \quad F_P \cdot 2a + F_{Bz} \cdot 4a - F_z \cdot 5a = 0$$
$$\sum M_z(\boldsymbol{F}) = 0, \quad F_{By} \cdot 4a - F_y \cdot 5a = 0$$
$$\sum F_y = 0, \quad F_{Ay} + F_{By} - F_y = 0$$
$$\sum F_z = 0, \quad F_{Az} - F_P - F_{Bz} + F_z = 0$$

由上述方程,依次解得

$$F_{Bz} = 500 \text{ N}, \quad F_{By} = 455 \text{ N}$$
$$F_{Ay} = -91 \text{ N}, \quad F_{Az} = 1000 \text{ N}$$

所得 F_{Ay} 为负,说明其实际方向与图中所设方向相反。

例 5-4 图 5-10 所示为停于机坪的飞机底架示意图,$a = 2.4$ m,$b = 3.0$ m,

飞机重量 $W = 480$ kN,并作用于 C 点,在 xy 平面内,C 点的坐标为 $x_C = -0.02$ m, $y_C = 0.20$ m,试求前轮 A、后轮 B 与 D 的约束力。

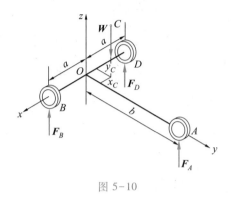

图 5-10

解:1. 问题分析

选飞机底架为研究对象,作用其上的外力有重力 W,以及轮 A,B 与 D 处的铅垂约束力 F_A,F_B 与 F_D。底架处于空间平行力系作用下,3 个独立平衡方程,确定 3 个未知约束力。

2. 列平衡方程并求解

由式(5-16)可知,在坐标系 $Oxyz$ 内,飞机底架的平衡方程为

$$\sum F_z = 0, \quad F_A + F_B + F_D - W = 0 \tag{a}$$

$$\sum M_x(\boldsymbol{F}) = 0, \quad F_A \cdot b - W \cdot y_C = 0 \tag{b}$$

$$\sum M_y(\boldsymbol{F}) = 0, \quad -F_B \cdot a + F_D \cdot a - W \cdot x_C = 0 \tag{c}$$

由式(b)得

$$F_A = \frac{W y_C}{b} = \frac{(480 \text{ kN})(0.20 \text{ m})}{3.0 \text{ m}} = 32 \text{ kN}$$

代入式(a),得

$$F_B + F_D - 448 \text{ kN} = 0 \tag{d}$$

联立求解式(c)与(d),于是得

$$F_B = 222 \text{ kN}$$

$$F_D = 226 \text{ kN}$$

例 5-5 图 5-11a 所示镗刀杆,在坐标系 $Axyz$ 内,刀尖 B 的坐标 $x = 200$ mm,$y = 75$ mm,$z = 0$,当镗削工件时,刀尖承受切向力 $\boldsymbol{F}_z$、径向力 $\boldsymbol{F}_y$ 与轴向力 $\boldsymbol{F}_x$ 作用,其值分别为 $F_z = 5.0$ kN,$F_y = 1.50$ kN,$F_x = 750$ N,试求镗刀杆根部的约束力。

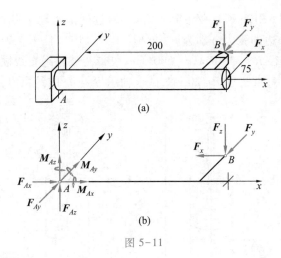

图 5-11

解：1. 问题分析

刀杆左端为固定端,夹持部分的约束力是空间分布力。将其向刀杆端面的圆心 A 简化,得主矢与主矩,在坐标系 $Axyz$ 内,再将其沿坐标轴分解,得分力 F_{Ax},F_{Ay} 与 F_{Az},以及分力偶 M_{Ax},M_{Ay} 与 M_{Az}(图 5-11b)。可见,在空间任意力系作用下,固定端的约束力可用三个正交约束分力与三个正交约束分力偶表示。

镗刀杆处于空间任意力系作用下,可建立 6 个独立平衡方程,恰好确定 6 个未知约束力。

2. 建立平衡方程并求解

由式(5-15)可知,在坐标系 $Axyz$ 内,镗刀杆的平衡方程为

$$\sum F_x = 0, \quad F_{Ax} - F_x = 0$$
$$\sum F_y = 0, \quad F_{Ay} - F_y = 0$$
$$\sum F_z = 0, \quad F_{Az} - F_z = 0$$
$$\sum M_x(\boldsymbol{F}) = 0, \quad M_{Ax} - F_z \times (0.075 \text{ m}) = 0$$
$$\sum M_y(\boldsymbol{F}) = 0, \quad M_{Ay} + F_z \times (0.200 \text{ m}) = 0$$
$$\sum M_z(\boldsymbol{F}) = 0, \quad M_{Az} + F_x \times (0.075 \text{ m}) - F_y \times (0.200 \text{ m}) = 0$$

由上述 6 个方程,依次解得

$$F_{Ax} = F_x = 750 \text{ N}$$
$$F_{Ay} = F_y = 1.50 \text{ kN}$$
$$F_{Az} = F_z = 5.0 \text{ kN}$$
$$M_{Ax} = (5.0 \text{ kN})(0.075 \text{ m}) = 375 \text{ N} \cdot \text{m}$$
$$M_{Ay} = -(5.0 \text{ kN})(0.200 \text{ m}) = -1.00 \text{ kN} \cdot \text{m}$$
$$M_{Az} = -(0.750 \text{ kN})(0.075 \text{ m}) + (1.50 \text{ kN})(0.200 \text{ m}) = 244 \text{ N} \cdot \text{m}$$

例 5-6　图 5-12a 所示胶带鼓轮机构,通过光滑滑轮 E 用绳提升重物。已知胶带紧边与松边的张力分别为 $\boldsymbol{F}_1$ 与 $\boldsymbol{F}_2$(图 5-14b),且 $F_1 = 2F_2$,带轮半径 $r = 100$ mm,鼓轮半径 $R = 250$ mm,$a = 500$ mm,胶带与鼓轮绳直线段的夹角 $\alpha = 20°$,鼓轮重 $W = 10$ kN,重物重 $P = 20$ kN,试求轴承 B 与 D 的约束力。

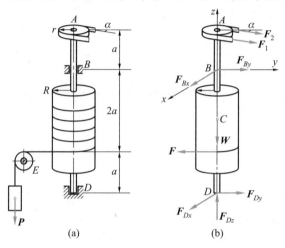

图 5-12

解:1. 问题分析

假想地将鼓轮绳切断,而以胶带鼓轮机构的主体为研究对象,其分离体与受力图如图 5-12b 所示。在坐标系 $Bxyz$ 内,轴承 B 的约束力用 $\boldsymbol{F}_{Bx}$ 与 $\boldsymbol{F}_{By}$ 表示,止推轴承 D 的约束力用 $\boldsymbol{F}_{Dx}$,$\boldsymbol{F}_{Dy}$ 与 $\boldsymbol{F}_{Dz}$ 表示。设鼓轮绳的张力为 $\boldsymbol{F}$,由于环绕光滑滑轮的绳索张力值保持不变[①],所以,$F = P$。

主体系统处于空间任意力系作用下,独立平衡方程 6 个。未知力则包括 5 个约束力与胶带张力 F_1(或 F_2),也恰好是 6 个。

2. 建立平衡方程并求解

在坐标系 $Bxyz$ 内,主体系统的平衡方程为

$$\sum M_z(\boldsymbol{F}) = 0, \quad -FR + F_1 r - F_2 r = 0$$

$$\sum M_y(\boldsymbol{F}) = 0, \quad F_1 \sin \alpha \cdot a + F_2 \sin \alpha \cdot a - F_{Dx} \cdot 3a = 0$$

$$\sum M_x(\boldsymbol{F}) = 0, \quad -F_1 \cos \alpha \cdot a - F_2 \cos \alpha \cdot a - F \cdot 2a + F_{Dy} \cdot 3a = 0$$

$$\sum F_x = 0, \quad (F_1 + F_2) \sin \alpha + F_{Bx} + F_{Dx} = 0$$

$$\sum F_y = 0, \quad F_{Dy} - F + F_{By} + (F_1 + F_2) \cos \alpha = 0$$

$$\sum F_z = 0, \quad F_{Dz} - W = 0$$

---

① 参阅第 4 章例 4-11。

注意到

$$F_1 = 2F_2, \qquad F = P$$

由式(a)得

$$F_2 = \frac{R}{r} \cdot P = \frac{0.250 \text{ m}}{0.100 \text{ m}} \cdot (20 \text{ kN}) = 50 \text{ kN}$$

$$F_1 = 2F_2 = 2(50 \text{ kN}) = 100 \text{ kN}$$

由上述平衡方程组的其余 5 个方程,依次解得

$$F_{Dx} = 17.1 \text{ kN}, \qquad F_{Dy} = 60.3 \text{ kN}$$

$$F_{Bx} = -68.4 \text{ kN}, \qquad F_{By} = -181.3 \text{ kN}$$

$$F_{Dz} = 10 \text{ kN}$$

思 考 题

5-1 图中所示四力,其值均为 F,尺寸 a 为已知,试问哪个力对哪个坐标轴之矩为零?

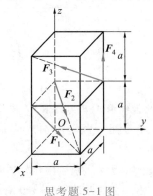

思考题 5-1 图

5-2 试从空间任意力系的平衡方程,推导空间汇交力系、空间力偶系与平面任意力系的平衡方程。

习 题

5-1 图 a 所示起重机,机身重量 $G = 12.5$ kN,并作用在 C_1 点处,吊重 $W = 5$ kN。机身尺寸如图 b 所示,$a = 0.9$ m,$b = 2$ m,$c = 1.3$ m,$x = 0.2$ m,$y = 0.6$ m。试求地面对车轮的约束力。

5-2 图示电线杆 AB,顶端受水平力作用。杆底端 A 为球链,并由钢索 BD 与 BE 维持杆的平衡。试求钢索拉力与铰链 A 的约束力。

5-3 图示重量 $P = 260$ N 匀质矩形板 $ABCD$,通过球铰 A、蝶形铰链 B 与杆 CE 支持在水平位置。试求 A,B 与 C 处的约束力。图中,尺寸单位为 cm。

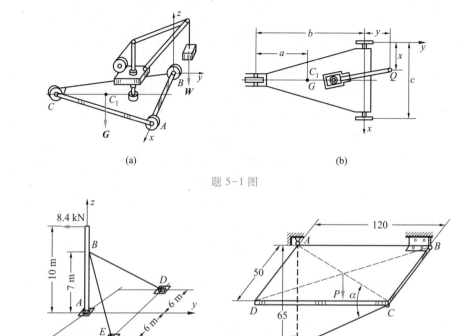

(a)   (b)

题 5-1 图

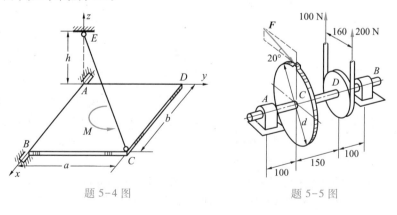

题 5-2 图   题 5-3 图

5-4 图示匀质薄板,通过止推轴承 A,B 与绳索 CE 支持在水平位置。板的重量 $W =$ 1.0 kN,同时,板面作用一矩为 M 的力偶。已知 $a = 3$ m,$b = 4$ m,$h = 5$ m,$M = 2.0$ kN·m,试求绳索拉力以及轴承 A 与 B 的约束力。

5-5 图示传动轴 AB,在齿轮啮合力 F 与胶带拉力作用下,作匀速转动。齿轮的节圆直径 $d = 240$ mm,胶带紧边与松边的拉力分别为 200 N 与 100 N,试求力 F 以及轴承 A 与 B 的约束力。图中,尺寸单位为 mm。

题 5-4 图   题 5-5 图

5-6 图示传动轴,在齿轮啮合力 F 与法兰盘力偶 M 作用下,作匀速转动。已知齿轮的节圆直径 $d = 17.3$ cm,$M = 1.030$ kN·m,试求力 F 以及轴承 A 与 B 的约束力。图中,尺寸单位为 cm。

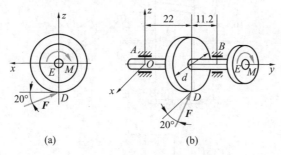

(a)　　　　　　　(b)

题 5-6 图

5-7 如图所示,作用在踏板上的铅垂力 F_1,使位于铅垂方位的连杆产生拉力 $F = 400$ N。图中,$\alpha = 30°$,$a = 60$ mm,$b = 100$ mm,$c = 120$ mm,试求力 F_1 以及轴承 A 与 B 的约束力。

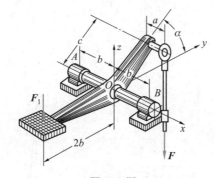

题 5-7 图

5-8 图示鼓轮绳索装置,在垂直于径向杠杆的推力 F 作用下,使重为 $W_1 = 1$ kN 的小车沿斜面匀速上升。已知鼓轮重 $W = 1$ kN,直径 $d = 24$ cm,试求推力 F 以及轴承 A 与 B 的约束力。

5-9 如图所示,长为 l 重为 G 的杆 AB,A 端通过球铰固定在地面,B 端连接绳索 CB 并与光滑铅垂墙面接触。已知 $G = 200$ N,$a = 0.7$ m,$c = 0.4$ m,$\tan \alpha = 3/4$,$\theta = 45°$,试求绳索拉力与 B 点处的约束力。

5-10 图示匀质杆 AB,两端用绳索悬挂于 C 与 D 点。在位于杆平面的力偶 M 作用下,杆绕铅垂轴线旋转 α 角。已知 $\overline{AB} = \overline{CD} = 2r$,绳长为 l,杆重为 P,试求力偶矩 M 以及绳索拉力 F_{AC} 与 F_{BD}。

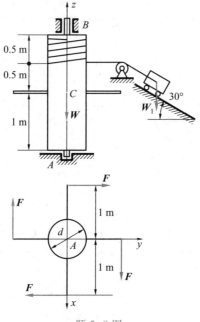

题 5-8 图

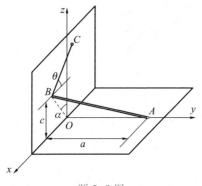

题 5-9 图

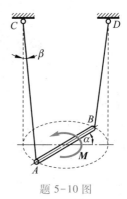

题 5-10 图

第五章 电子教案

第六章　静力学专题

本章研究静力学的几个专门问题,包括重心、形心、桁架与摩擦。

重心是一个重要概念,在工程实际与日常生活中应用甚广。将重心概念延伸至几何形体与平面图形,建立了所谓形心的概念,在构件的强度、刚度与稳定性计算中,确定平面图形的形心位置,具有重要意义。桁架是工程中的一种常见结构,在桁架一节中,主要介绍桁架的概念、简化假设与桁架内力分析的基本方法,包括节点法与截面法。摩擦包括滑动摩擦与滚动摩擦,重点介绍滑动摩擦,以及考虑滑动摩擦的物体平衡问题。上述几个专门问题,既是工程实际与日常生活中的重要问题,也是静力学平衡理论的重要应用。

§6-1　重　　心

重心是物体的一个重要属性,对于物体的平衡与运动,重心的位置具有重要作用。本节研究重心的概念与重心位置的确定。

一、重心概念

在地球表面及其附近空间,物体各个部分均受到地心引力作用。与地球相比,物体的体积极微小,且距离地心又极远,因此,物体各部分所受地心引力,组成一空间平行力系,其合力 P,称为重力。

物体重力作用线的位置,有其固有规律。如图 6-1a 所示,设在物体表面任一点 A,用柔细绳索将其悬挂,当物体平衡时,沿悬挂线的延长线画直线 AA',依次将悬挂点改为 B 与 D(图 6-1b,c),并分别沿悬挂线画直线 BB' 与 DD',实际上,上述各延长线即重力作用线。试验表明,不论悬挂点位于物体表面何处,各延长线或重力作用线均汇交于某一确定点 C(图 6-1c)。相对地球处于不同方位的同一物体,相应各重力作用线的汇交点,称为重心。

如前所述,对于物体的平衡与运动,重心的位置具有重要作用。例如,当起重机起吊重物时,若系统重心控制失当,将造成重大事故。又如,飞行器的飞行性能与运动稳定性,也与重心位置密切相关。因此,研究物体重心的位置具有重

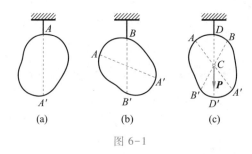

图 6-1

要意义。

二、重心坐标

考虑图 6-2a 所示任意物体,其重力为 P,体积为 V,$Oxyz$ 为固连于物体的直角坐标系,且坐标轴 z 位于铅垂方位。在坐标为 (x, y, z) 的任一点处,取体积为 dV 的无限小元素即微体,设物体在该点处的密度为 ρ,则微体重力 dP 与物体重力 P 的大小分别为

$$dP = \rho g dV$$

$$P = \int_V \rho g dV$$

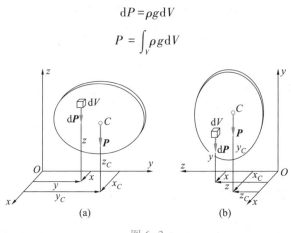

图 6-2

设重力 P 的作用线与坐标面 Oxy 交点的坐标为 (x_C, y_C),并计算重力 P 与所有微重力 dP 对坐标轴 x 之矩,则根据合力矩定理可知,

$$y_C \int_V \rho g dV = \int_V y \rho g dV$$

于是得

$$y_C = \frac{\int_V y \rho dV}{\int_V \rho dV}$$

同理,对坐标轴 y 取矩,则

$$x_C = \frac{\int_V x\rho\,\mathrm{d}V}{\int_V \rho\,\mathrm{d}V}$$

为了确定坐标 z_C,将物体连同坐标系 $Oxyz$,绕坐标轴 x 旋转 90°(图 6-2b),使坐标轴 y 位于铅垂方位,根据合力矩定理,得

$$z_C = \frac{\int_V z\rho\,\mathrm{d}V}{\int_V \rho\,\mathrm{d}V}$$

根据上述分析,得物体重心坐标的一般公式为

$$x_C = \frac{\int_V x\rho\,\mathrm{d}V}{\int_V \rho\,\mathrm{d}V}, \quad y_C = \frac{\int_V y\rho\,\mathrm{d}V}{\int_V \rho\,\mathrm{d}V}, \quad z_C = \frac{\int_V z\rho\,\mathrm{d}V}{\int_V \rho\,\mathrm{d}V} \tag{6-1}$$

当密度 ρ = 常数,即对于匀质物体,则有

$$x_C = \frac{\int_V x\,\mathrm{d}V}{V}, \quad y_C = \frac{\int_V y\,\mathrm{d}V}{V}, \quad z_C = \frac{\int_V z\,\mathrm{d}V}{V} \tag{6-2}$$

三、重心坐标组合公式

很多情况下,物体可看成是由若干典型或简单形状物体所组成的,即所谓组合体。例如,哑铃可近似看成是由两个圆球与一个圆柱组成的。现在研究组合体的重心位置。

设组合体由 n 部分组成,组成部分 i 的重量为 P_i,重心坐标为 (x_i, y_i, z_i),则根据式(6-1),得组合体的重心坐标为

$$x_C = \frac{\sum_{i=1}^{n} P_i x_i}{\sum_{i=1}^{n} P_i}, \quad y_C = \frac{\sum_{i=1}^{n} P_i y_i}{\sum_{i=1}^{n} P_i}, \quad z_C = \frac{\sum_{i=1}^{n} P_i z_i}{\sum_{i=1}^{n} P_i} \tag{6-3}$$

此即重心坐标的组合公式。

例 6-1 图 6-3a 所示匀质正圆锥体,顶部半径为 r,高为 h,试确定圆锥体重心 C 的位置。

解:选坐标系 $Oxyz$,且坐标轴 z 位于圆锥体的轴线上,显然,

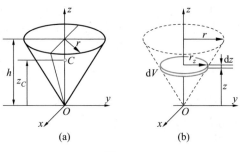

图 6-3

$$x_C = y_C = 0$$

由图 6-3b 可以看出,在纵坐标 z 处,圆锥体横截面的半径为

$$r_z = \frac{z}{h}r$$

因此,如果在该处选高为 dz、半径为 r_z 的薄圆盘为微元素,其体积则为

$$dV = \pi r_z^2 dz = \pi \frac{r^2}{h^2} z^2 dz \tag{a}$$

由式(6-2)可知,

$$z_C = \frac{\int_V z dV}{V} = \frac{\int_V z dV}{\int_V dV}$$

将式(a)代入上式,于是得

$$z_C = \frac{\int_0^h z^3 dz}{\int_0^h z^2 dz} = \frac{h^4}{4} \cdot \frac{3}{h^3} = \frac{3h}{4} \tag{6-4}$$

例 6-2　图 6-4a 所示匀质曲面薄板即匀质薄壳,厚度为 δ,试确定其重心位置。

解: 为了确定薄壳的重心,画薄壳的厚度平分面即所谓中面,在中面上坐标为 (x,y,z) 的任一点处(图 6-4b),取无限小面积即微面积 dA,设中面的面积为 A,则由式(6-2)得

$$x_C = \frac{\int_A x \delta dA}{\int_A \delta dA} = \frac{\int_A x dA}{A} \tag{6-5a}$$

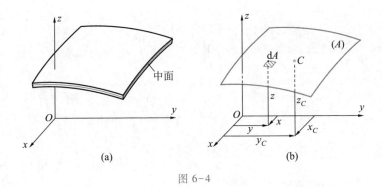

图 6-4

同理得

$$y_C = \frac{\int_A y\,\mathrm{d}A}{A}, \ z_C = \frac{\int_A z\,\mathrm{d}A}{A} \tag{6-5b}$$

显然,重心一般不在壳体内。

§6-2 形 心

物体存在重心,对于几何形体,也相应存在所谓形心。本节介绍形心的概念,重点讨论平面图形形心的位置确定。

一、形心概念

式(6-2)表明,匀质物体的重心位置,仅取决于物体的几何形状与尺寸,而与物体的重量无关。

对于几何形体,由匀质物体重心公式计算所得几何对应点,称为**形心**。

均质物体的重心与相应几何形体的形心重合,但对于非匀质物体,其重心与相应形心则一般不重合。

二、平面图形的形心

考虑图 6-5a 所示厚度为 δ 的板状几何体,显然,其形心 C 位于该板中面。设中面的面积为 A(图 6-5b),Oxy 为位于中面的任意直角坐标系,在坐标为 (x, y) 的任一点处,取微面积 $\mathrm{d}A$,则由式(6-2)可知,平板形心在 xy 平面的坐标为

$$x_C = \frac{\int_V x\,\mathrm{d}V}{V} = \frac{\int_A x\delta\,\mathrm{d}A}{A\delta}$$

$$y_C = \frac{\int_V y \, \mathrm{d}V}{V} = \frac{\int_A y \delta \, \mathrm{d}A}{A\delta}$$

于是得

$$x_C = \frac{\int_A x \, \mathrm{d}A}{A} , \quad y_C = \frac{\int_A y \, \mathrm{d}A}{A} \tag{6-6}$$

上式表明,形心的坐标 x_C 及 y_C 均与板厚无关。

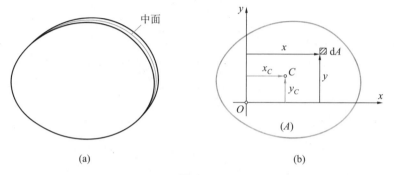

图 6-5

平面图形可看成是无限薄的板状几何体,所以,式(6-6)同样适用于确定平面图形的形心位置。实际上,图 6-5b 所示平板中面的图形,即为一平面图形。

通过平面图形形心的坐标轴,称为形心轴。

三、形心坐标组合公式

设平面图形由 n 部分组成,组成部分 i 的面积为 $A_i (i=1,2,\cdots,n)$,其形心的坐标为 (x_i,y_i),则由式(6-6)得形心 C 的坐标为

$$x_C = \frac{\sum_{i=1}^{n} A_i x_i}{\sum_{i=1}^{n} A_i} , \quad y_C = \frac{\sum_{i=1}^{n} A_i y_i}{\sum_{i=1}^{n} A_i} \tag{6-7}$$

此即形心坐标的组合公式。

几种典型形状平面图形的形心位置,列于本书附录 A 中。

例 6-3 图 6-6a 所示半圆图形,半径为 R,坐标系 Oxy 如图所示,试计算形心 C 的纵坐标 y_C。

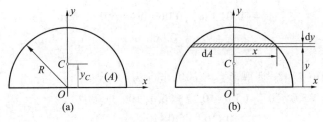

图 6-6

解: 在纵坐标 y 处(图 6-6b),图形的半宽度为

$$x = \sqrt{R^2 - y^2}$$

因此,如果取图示高为 dy、宽为 $2x$ 的狭长矩形为微面积,则

$$dA = 2x dy = 2\sqrt{R^2 - y^2}\, dy$$

将上式代入式(6-6),得形心 C 的纵坐标为

$$y_C = \frac{\displaystyle\int_A y\, dA}{A} = \frac{2}{\pi R^2}\int_0^R 2y\sqrt{R^2 - y^2}\, dy$$

于是得

$$y_C = \frac{4R}{3\pi}$$

例 6-4 图 6-7a 所示平面图形,试确定形心 C 的位置。

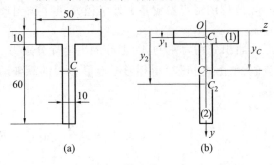

图 6-7

解: 选坐标系 Oyz 如图 6-7b 所示,并将图形划分为矩形 1 与矩形 2 两部分。

矩形 1 的面积与形心 C_1 的纵坐标分别为

$$A_1 = (0.050\ \text{m})(0.010\ \text{m}) = 5.0 \times 10^{-4}\,\text{m}^2$$

$$y_1 = \frac{0.010\ \text{m}}{2} = 5.0 \times 10^{-3}\,\text{m}$$

矩形 2 的面积与形心 C_2 的纵坐标则分别为

$$A_2 = (0.010 \text{ m})(0.060 \text{ m}) = 6.0 \times 10^{-4} \text{m}^2$$

$$y_2 = 0.010 \text{ m} + \frac{0.060 \text{ m}}{2} = 0.040 \text{ m}$$

根据式(6-7),于是得形心 C 的纵坐标为

$$y_C = \frac{(5.0 \times 10^{-4})(5.0 \times 10^{-3}) + (6.0 \times 10^{-4})(0.040)}{5.0 \times 10^{-4} + 6.0 \times 10^{-4}} \text{m} = 0.0241 \text{ m}$$

显然,形心 C 位于对称轴 y 上,即

$$z_C = 0$$

例 6-5 图 6-8a 所示环形图形,内、外半径分别为 R_i 与 R_o,坐标系 Oxy 如图所示,试计算形心 C 的纵坐标 y_C。

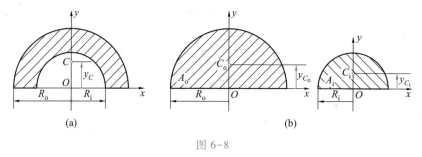

图 6-8

解:1. 问题分析

如图 6-8b 所示,环形图形可看成是由外半径 R_o 的半圆图形,挖去内半径为 R_i 的半圆图形所形成。

设上述两图形的面积分别为 A_o 与 A_i,形心的纵坐标分别为 y_{C_o} 与 y_{C_i},并将挖去部分的面积取负值,则由式(6-7)得环形图形形心 C 的纵坐标为

$$y_C = \frac{A_o y_{C_o} - A_i y_{C_i}}{A_o - A_i} \tag{a}$$

通过挖除图形以形成目标图形,并将其面积取负值确定形心位置的计算方法,称为**负面积法**。

2. 纵坐标 y_C 计算

根据例 6-3 可知,

$$y_{C_o} = \frac{4R_o}{3\pi}, \qquad y_{C_i} = \frac{4R_i}{3\pi}$$

将上述表达式代入式(a),得

$$y_C = \left(\frac{\pi R_o^2}{2} \cdot \frac{4R_o}{3\pi} - \frac{\pi R_i^2}{2} \cdot \frac{4R_i}{3\pi} \right) \left(\frac{\pi R_o^2}{2} - \frac{\pi R_i^2}{2} \right)^{-1}$$

于是得

$$y_C = \frac{4}{3\pi}\left(\frac{R_o^2 - R_o R_i + R_i^2}{R_o + R_i}\right)$$

试将 $R_o = 0$ 或 $R_i = 0$ 代入上式,根据计算结果,以判断上述解的正确性。

§6-3 桁 架

桁架是通过铰链连接杆件组成的杆系结构。例如,图 6-9 所示屋架与图 4-13 所示起重机结构,即可简化为桁架。在工程结构中,桁架得到广泛应用。

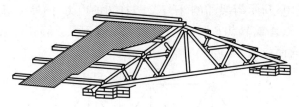

图 6-9

杆件横截面形心的连接线,称为**轴线**。杆件轴线与外力作用线均位于同一平面的桁架,称为**平面桁架**,否则称为**空间桁架**。各杆间的连接点,称为**节点**。本节主要介绍平面桁架的基本概念与桁架内力分析的基本方法。

一、桁架分析的基本假设

对于平面桁架的内力分析,工程中通常采用下述简化假设:

1. 节点为光滑铰链连接;

2. 各杆件均为直杆,且其轴线通过节点中心;

3. 载荷与外约束力均作用在节点,且其作用线位于桁架的轴线平面。

上述理想化桁架与实际桁架存在一定差异。但试验与实践表明,根据上述假设计算所得结果符合工程要求。由于理想桁架与实际桁架存在差异所引起的附加内力,以及桁架分析的一般理论,属于"结构力学"的研究范畴。

二、节点法与截面法

静定桁架内力分析主要有两种方法,即节点法与截面法。

1. 节点法

在外力作用下,桁架各节点与各杆件均处于平衡状态。

以节点为研究对象,通过平衡条件,求解作用在节点上的杆件内力或外约束力的方法,称为**节点法**。

对于平面桁架,一般宜首先以桁架整体为研究对象,求出其外约束力,然后,逐个选节点为研究对象,画受力图,并应用平面汇交力系平衡方程求解。

设静定平面桁架的节点数为 n,则共有 $2n$ 个独立平衡方程。如果在求解时,已以桁架整体为研究对象建立三个平衡方程,则在节点的平衡方程中,将有三个平衡方程不再独立,但可用于解答校核。

在分析桁架内力时,一般假设杆件承受拉力,即按背离节点的方向绘制杆件内力。于是,仅从内力计算结果的正负,即可判定内力的性质。例如,内力计算结果为正,杆件受拉,否则受压。

2. 截面法

对于图 6-10a 所示桁架,需求杆 1,2 与杆 3 的内力,如果应用节点法逐点求解,则无论从节点 A 或节点 B 开始,计算过程均很冗长。在这种情况下,应用截面法求解将较简便。

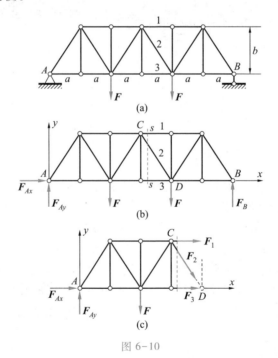

图 6-10

用截面法分析桁架内力的要点是:首先,以桁架整体为研究对象,确定其外约束力;然后,用一假想截面 s-s,将包含待求内力在内的一些杆件切开(图 6-10b),并选切开后的任一部分为研究对象;最后,画所选研究对象的受力图(图 6-10c),并应用平面任意力系平衡方程确定被切杆内力。

当仅需求解桁架部分杆件的内力时,截面法通常是一种较好的选择。

应该指出,截面法是内力分析的一般方法①,并非仅用于桁架的内力分析。

例 6-6 图 6-11a 所示平面桁架,承受水平力 **F** 作用,试用节点法求各杆内力。

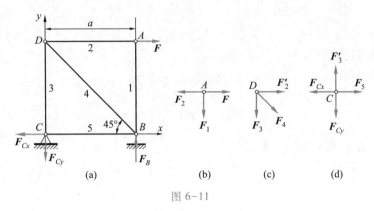

图 6-11

解:1. 外约束力计算

以桁架整体为研究对象,画受力图如图 6-11a 所示。

在坐标系 Cxy 内,桁架整体的平衡方程为

$$\sum M_C(\boldsymbol{F}) = 0, \quad F_B \cdot a - F \cdot a = 0$$
$$\sum F_y = 0, \quad F_B - F_{Cy} = 0$$
$$\sum F_x = 0, \quad F - F_{Cx} = 0$$

由上述方程,依次得

$$F_B = F, \quad F_{Cy} = F, \quad F_{Cx} = F$$

2. 杆件内力计算

在节点 A 上,仅作用有两个未知内力,所以,首先选节点 A 为研究对象,其受力图如图 6-11b 所示。然后,依次选节点 D 与 C 为研究对象,其受力图则分别如图 6-11c 与 d 所示。

桁架由 5 根杆组成,5 个待求内力,节点 A,D 与 C 均在平面汇交力系作用下,可建立 6 个平衡方程,选择其中 5 个方程即可求解。

节点 A 的平衡方程为

$$\sum F_x = 0, \quad F - F_2 = 0$$
$$\sum F_y = 0, \quad -F_1 = 0$$

由上述方程依次得

---

① 在本书材料力学篇将进一步论述。

$$F_2 = F \text{（拉）}, \quad F_1 = 0$$

节点 D 的平衡方程为

$$\sum F_x = 0, \quad F_2' + F_4 \cos 45° = 0$$
$$\sum F_y = 0, \quad -F_3 - F_4 \sin 45° = 0$$

注意到

$$F_2 = F_2'$$

由上述平衡方程依次得

$$F_4 = -\sqrt{2}\, F_2 = -\sqrt{2}\, F \text{（压）}$$

$$F_3 = -\frac{F_4}{\sqrt{2}} = F \text{（拉）}$$

节点 C 的水平投影平衡方程为

$$\sum F_x = 0, \quad F_5 - F_{Cx} = 0$$

于是得

$$F_5 = F_{Cx} = F \text{（拉）}$$

各杆内力均已确定，节点 C 的平衡方程 $\sum F_y = 0$ 与节点 B 的平衡方程 $\sum F_x = 0$ 与 $\sum F_y = 0$，则可用于校核所得解的正确性。

例 6-7 图 6-12a 所示桁架，承受载荷 F 作用，试用截面法确定杆 1，2 与杆 3 的内力。

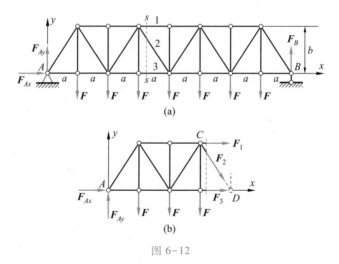

图 6-12

解：1. 外约束力计算

以桁架整体为研究对象，其受力图如图 6-12a 所示。

在坐标系 Axy 内,桁架整体的平衡方程为

$$\sum F_x = 0, \quad F_{Ax} = 0$$
$$\sum M_A(\boldsymbol{F}) = 0, \quad F_B \cdot 8a - F(a+2a+3a+4a+5a+6a+7a) = 0$$
$$\sum F_y = 0, \quad F_B + F_{Ay} - 7F = 0$$

由上述方程依次得

$$F_{Ax} = 0, \quad F_B = \frac{7}{2}F, \quad F_{Ay} = \frac{7}{2}F$$

2. 杆件内力计算

用假想截面 s-s,将杆 1,2 与杆 3 切开,并选切开后的左边部分为研究对象,其受力图如图 6-12b 所示。

在坐标系 Axy 内,桁架左边部分的平衡方程为

$$\sum M_D(\boldsymbol{F}) = 0, \quad -F_1 \cdot b - F_{Ay} \cdot 4a + F(a+2a+3a) = 0$$
$$\sum M_C(\boldsymbol{F}) = 0, \quad F_3 \cdot b - F_{Ay} \cdot 3a + F(a+2a) = 0$$
$$\sum F_y = 0, \quad F_{Ay} - 3F - F_2 \cdot \frac{b}{\sqrt{a^2+b^2}} = 0$$

由上述方程依次得

$$F_1 = -\frac{8a}{b}F, \quad F_3 = \frac{15a}{2b}F, \quad F_2 = \frac{\sqrt{a^2+b^2}}{2b}F$$

§6-4 滑 动 摩 擦

摩擦是一种普遍存在的物理现象,人行走、车行驶与机械运转,无一不存在摩擦。在前面所讨论的问题中,均假设物体之间是光滑接触,即均未考虑摩擦。当接触面足够光滑并有较好润滑时,上述简化假设是合理的。然而,在有些情况下,摩擦对物体的平衡与运动有重要影响,例如,胶带靠摩擦传递运动,制动器靠摩擦刹车等,在这种情况下,必须考虑摩擦的作用。

摩擦包括滑动摩擦与滚动摩擦。本节研究滑动摩擦,包括滑动摩擦的规律,以及考虑滑动摩擦时物体的平衡分析。下一节则研究滚动摩擦问题。

一、滑动摩擦概念

相互接触的两个物体,当其间产生相对滑动或滑动趋势时,接触面间出现阻碍相对滑动的力,称为**滑动摩擦力**。相互接触物体具有相对滑动趋势,但尚未滑动即仍处于平衡状态时的滑动摩擦力,称为**静滑动摩擦力**,简称**静摩擦力**,并用 F 表示(图 6-13)。

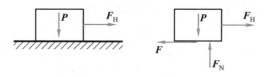

图 6-13

如图 6-13 所示,对物体施加水平力 $\boldsymbol{F}_\mathrm{H}$,并逐渐增大。试验表明,当水平力较小时,静摩擦力 $\boldsymbol{F}$ 与水平力始终保持平衡,并随水平力增大而增大,但是,当水平力增大到某一限度时,物体则不再保持平衡而开始滑动,说明静摩擦力 $\boldsymbol{F}$ 存在一极限值。静摩擦力的极限值,称为**最大静摩擦力**,并用 $\boldsymbol{F}_{\max}$ 表示。可见,静摩擦力之值为

$$0 \leqslant F \leqslant F_{\max} \tag{6-8}$$

并由物体的平衡条件确定。

当静摩擦力等于最大静摩擦力时物体的平衡状态,称为**临界平衡状态**。这时,物体间处于将滑动而未滑动的状态。

试验表明,最大静摩擦力值 $F_{\max}$ 与接触面的法向压力值 F_N 成正比,即

$$F_{\max} = f_\mathrm{s} F_\mathrm{N} \tag{6-9}$$

称为**库仑摩擦定律**。比例系数 f_s,称为**静摩擦因数**,它是一个量纲为一的正数。静摩擦因数 f_s 之值,与接触物体的材料、接触面的粗糙程度以及润滑情况有关,甚至与温度及湿度有关,一般情况下与接触面积的大小无关。几种常用材料的静摩擦因数值如表 6-1 所示。

表 6-1 常用材料的静摩擦因数

摩擦材料	静摩擦因数	摩擦材料	静摩擦因数
钢对钢	0.15	皮革对铸铁	0.3~0.5
钢对铸铁	0.3	木材对木材	0.6
钢对青铜	0.15	砖对混凝土	0.76

当主动力沿接触面的切向分量,超过最大静摩擦力时,物体间产生相对滑动,即有了相对速度(图 6-14)。物体间产生相对滑动时,接触面间的滑动摩擦力,称为**动滑动摩擦力**,简称**动摩擦力**,并用 F_d 表示。动摩擦力一般小于最大静摩擦力 $F_{\max}$,并可看成是一个常值。

试验表明,动摩擦力 F_d 与接触面的法向压力值 F_N 成正比,即

$$F_\mathrm{d} = f_\mathrm{d} F_\mathrm{N} \tag{6-10}$$

比例系数 f_d,称为**动摩擦因数**。其值与接触面材料、表面状态以及相对滑动速度

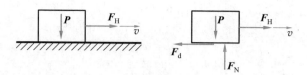

图 6-14

等有关,一般小于静摩擦因数 f_s。

二、计及滑动摩擦的平衡问题分析

当存在摩擦的情况下,物体的平衡分析既应满足平衡条件,又应服从摩擦规律。

在画受力图时,注意在物体摩擦接触点公切线的法线方位,画法向约束压力,在接触点的公切线方位,并沿相对滑动或滑动趋势的反方向,画摩擦力。

关键是正确选用摩擦力 F 与法向约束压力 F_N 间的物理关系。

当物体间存在相对滑动趋势而未滑动时,摩擦力 $F < f_s F_N$,即所谓静摩擦力,其值由平衡条件确定;当物体间将滑动而未滑动即处于临界平衡状态时,摩擦力最大,其值为 $F_{max} = f_s F_N$,即所谓最大静摩擦力;当物体间发生相对滑动时,摩擦力 $F_d = f_d F_N$,即所谓动摩擦力。

在上述分析判断的基础上,建立摩擦力 F 与法向约束压力 F_N 间的物理关系方程,同时,根据物体的受力情况,建立含摩擦力的平衡方程,最后,联立求解摩擦关系方程与平衡方程。

*三、摩擦角与摩擦自锁

当考虑摩擦时,物体接触面间的约束力,包括法向约束力 F_N 与切向约束力即摩擦力 F(图 6-15a)。法向约束力与切向约束力的合力 F_R,称为**全约束力**,其值为

$$F_R = \sqrt{F_N^2 + F^2} \tag{6-11}$$

全约束力的作用线与接触面法线的夹角用 φ 表示。

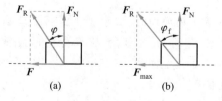

图 6-15

当物体处于临界平衡状态时(图 6-15b),$F = F_{max}$,夹角 φ 达到最大值,称为**摩擦角**,并用 φ_f 表示,其正切为

$$\tan \varphi_f = \frac{F_{max}}{F_N} = \frac{f_s F_N}{F_N} = f_s \qquad (6-12)$$

即摩擦角的正切等于静摩擦因数。

设作用在物体上主动力的合力为 $\boldsymbol{F}_A$(图 6-16a),且当其作用线与接触面法线的夹角 α 小于或至多等于摩擦角 φ_f 时,则不论该力多大,必能产生与其等值、反向与共线的全约束力 $\boldsymbol{F}_R$,使物体保持静止。当主动力合力的作用线位于摩擦角内,能使物体保持静止的现象,称为**摩擦自锁**。可见,摩擦自锁条件为

$$\alpha \leqslant \varphi_f \qquad (6-13)$$

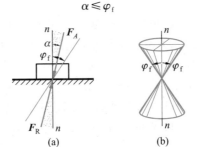

图 6-16

当物体沿接触面各个方向的静摩擦因数相等,以法线 n-n 为轴、摩擦角 φ_f 为半顶角的圆锥(图 6-16b),称为**摩擦锥**。因此,当主动力合力的作用线位于摩擦锥内时,不论其值为何,物体均可保持静止。

摩擦自锁现象在日常生活与工程实际中比较常见。例如,在木器上钉楔、千斤顶举重与螺栓连接等,相反,一些运动机械则需尽量避免出现自锁现象。

例 6-8 图 6-17a 所示均质梯,长为 l,重 $P_2 = 200$ N,A 点处的静摩擦因数 $f_{sA} = 1/3$,梯与地面的夹角为 θ,且 $\tan \theta = 4/3$。今有一体重 $P_1 = 600$ N 的爬梯者,若要安全爬到梯顶且梯不滑倒,试求 B 点处的静摩擦因数 f_{sB} 至少为何值。

解:1. 问题分析

按照题意,当爬梯者爬到梯顶时,要求梯子虽有下滑趋势但又不致滑倒,即梯子处于临界平衡状态,这时,接触点 A 与 B 处的静摩擦力分别达最大值即 F_{Amax} 与 F_{Bmax},于是得梯子的受力如图 6-17b 所示。图中,$\boldsymbol{F}_{NA}$ 与 $\boldsymbol{F}_{NB}$ 分别为接触点 A 与 B 处的法向约束力。

2. 利用平衡方程与库仑摩擦定律求解

在坐标系 Oxy 内,梯子的平衡方程为

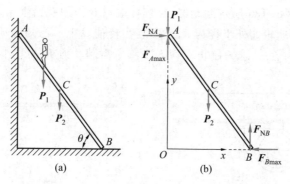

图 6-17

$$\sum M_B(\boldsymbol{F}) = 0, \quad P_2 \cdot \frac{l}{2}\cos\theta + P_1 \cdot l\cos\theta - F_{NA} \cdot l\sin\theta - F_{A\max} \cdot l\cos\theta = 0$$

或
$$P_2 + 2P_1 - 2F_{NA}\tan\theta - 2F_{A\max} = 0 \tag{a}$$

$$\sum M_A(\boldsymbol{F}) = 0, \quad -F_{B\max} \cdot l\sin\theta + F_{NB} \cdot l\cos\theta - P_2 \cdot \frac{l}{2}\cos\theta = 0$$

或
$$-2F_{B\max}\tan\theta + 2F_{NB} - P_2 = 0 \tag{b}$$

$$\sum F_x = 0, \quad F_{NA} - F_{B\max} = 0 \tag{c}$$

根据式（6-9）即库仑摩擦定律，得

$$F_{A\max} = f_{sA}F_{NA} = \frac{F_{NA}}{3} \tag{d}$$

$$F_{B\max} = f_{sB}F_{NB} \tag{e}$$

5 个方程，恰好确定 $F_{NA}, F_{NB}, F_{A\max}, F_{B\max}$ 与 f_{sB} 等五个未知量。

将式（d）代入式（a），得

$$F_{NA} = \frac{3P_2 + 6P_1}{10} = \frac{3(200\ \text{N}) + 6(600\ \text{N})}{10} = 420\ \text{N}$$

由式（c），得

$$F_{B\max} = F_{NA} = 420\ \text{N}$$

由式（b），得

$$F_{NB} = \frac{P_2}{2} + \frac{4F_{B\max}}{3} = \frac{200\ \text{N}}{2} + \frac{4(420\ \text{N})}{3} = 660\ \text{N}$$

最后，根据式（e），于是得接触点 B 处的静摩擦因数为

$$f_{sB} = \frac{F_{B\max}}{F_{NB}} = \frac{420\ \text{N}}{660\ \text{N}} = 0.64$$

可见，爬梯者要安全到达梯顶，梯与地面间的摩擦因数应大于 0.64。

例 6-9 图 6-18a 所示制动器,在杠杆端点 B 作用有铅垂制动力 F_1,重物 E 的重量为 W,制动轮的外半径为 R,且安装在转轴 O 上。已知制动轮与制动块之间的摩擦因数为 f_s,试求为制止重物 E 下移所需制动力 F_1 的最小值。

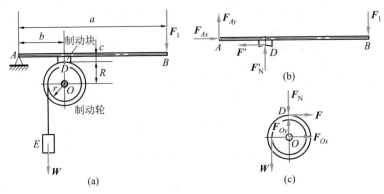

图 6-18

解:1. 问题分析

这是一个计及摩擦的物体系平衡问题,要考虑系内各物体间的摩擦,需将系统拆开以进行分析。

选制动杆与制动轮为研究对象,其受力图分别如图 6-18b 与 c 所示。在主动力 W 作用下,制动轮所受摩擦力 F 的指向向右。此外,轮、杆之间的摩擦力 F 与 F',以及法向约束力 F_N 与 F'_N,均为作用与反作用关系。

2. 利用平衡方程与库仑摩擦定律求解

制动轮的力矩平衡方程为

$$\sum M_O(\boldsymbol{F}) = 0, \quad W \cdot r - F \cdot R = 0 \tag{a}$$

制动杆的力矩平衡方程则为

$$\sum M_A(\boldsymbol{F}) = 0, \quad F'_N \cdot b - F' \cdot c - F_{1\min} \cdot a = 0 \tag{b}$$

根据库仑摩擦定律,当系统处于临界平衡状态时,

$$F = f_s F_N \tag{c}$$

由式(a)得

$$F = \frac{r}{R} W$$

注意到

$$F' = F = \frac{r}{R} W$$

$$F'_N = F_N$$

由式(b)得

$$F_N = \frac{1}{b}\left(F_{1min}a + \frac{r}{R}Wc\right)$$

由上式与式(c),得

$$\frac{r}{R}W = \frac{f_s}{b}\left(F_{1min}a + \frac{r}{R}Wc\right)$$

于是得制动力 $\boldsymbol{F}_1$ 的最小值为

$$F_{1min} = \frac{r}{Ra}\left(\frac{b}{f_s} - c\right)W$$

例 6-10　图 6-19a 所示抽屉 $ABCD$,宽为 b,长为 l,与导轨间的静摩擦因数为 f_s,E 与 G 代表抽屉拉手,其中线与抽屉侧边的距离为 d。为了用一个拉手也能将抽屉顺利拉出,试问应如何选择抽屉尺寸 b,l 与 d。

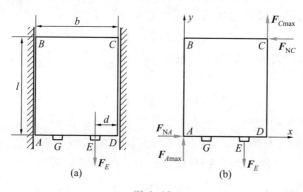

图 6-19

解:1. 问题分析

首先,考虑到抽屉与导轨间存在一定间隙,因此,当以力 $\boldsymbol{F}_E$ 拉动抽屉时,抽屉将发生转动,从而使其角点 A,C 与导轨接触,而角点 B,D 则脱离导轨。其次,考虑到抽屉在拉出时处于临界平衡状态,角点 A,C 处的静摩擦力均达到最大值。根据上述分析,抽屉的受力如图 6-19b 所示。

2. 利用平衡方程与库仑摩擦定律求解

在坐标系 Axy 内,抽屉的平衡方程为

$$\sum F_x = 0, \quad F_{NA} - F_{NC} = 0 \tag{a}$$

$$\sum F_y = 0, \quad F_{Amax} + F_{Cmax} - F_E = 0 \tag{b}$$

$$\sum M_A(\boldsymbol{F}) = 0, \quad F_{NC}l + F_{Cmax}b - F_E(b-d) = 0 \tag{c}$$

根据库仑摩擦定律,角点 A 与 C 处的最大静摩擦力分别为

$$F_{Amax} = f_s F_{NA} \tag{d}$$

$$F_{C\max} = f_s F_{NC} \qquad\qquad (e)$$

由式(a)得

$$F_{NA} = F_{NC}$$

将上式与方程(d)与(e)代入式(b)与(c),分别得

$$2f_s F_{NC} - F_E = 0$$
$$(l + f_s b) F_{NC} - F_E(b - d) = 0$$

联立求解上述方程组,于是得

$$l = f_s(b - 2d)$$

此即抽屉处于临界平衡状态时的长度值。

3. 抽屉尺寸选择

由上述关系式可知:当抽屉长度 l 小于上述临界值时,将出现自锁现象,不论 F_E 为何值,均不能将抽屉拉出;而当抽屉长度 l 大于上述临界值时,则可顺利拉出抽屉。因此,顺利拉出抽屉的尺寸关系为

$$l > f_s(b - 2d)$$

可见,抽屉的尺寸 l,以较长为佳。

*§6-5　滚动摩擦

当物体沿另一物体表面作相对滚动或具有滚动趋势时产生的摩擦,称为**滚动摩擦**。本节介绍滚动摩擦的概念及其与滑动摩擦的比较。

一、滚动摩擦概念

如图 6-20a 所示,在水平平台上,放置一重量为 P、半径为 r 的圆轮,并在轮心 O 施加水平力 F_H。

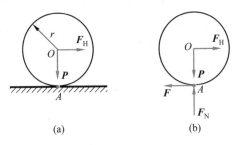

(a)　　　　　　(b)

图 6-20

试验表明,当 F_H 较小时,圆轮保持静止,而当 F_H 增大至一定值时,圆轮则开始滚动。然而,当将圆轮与平台均视为刚体时,二者仅在切点 A 接触,圆轮的受

力如图 6-20b 所示,由于 $\sum M_A(\boldsymbol{F}) \neq 0$,因此,即使 F_H 值非常小,圆轮也不可能平衡,又何以能保持静止。

实际上,在圆轮与平台的接触部位,因接触力产生局部变形,圆轮与平台之间是面接触,而非仅在切点 A 接触。因此,在重力 $\boldsymbol{P}$ 与水平力 $\boldsymbol{F}_H$ 作用时,接触面的约束力为分布力(图 6-21a),将其向 A 点简化,得一力 $\boldsymbol{F}_R$ 与一力偶矩为 M_f 的力偶(图 6-21b)。约束力 $\boldsymbol{F}_R$ 可进一步分解为法向约束力 $\boldsymbol{F}_N$ 与滑动摩擦力 $\boldsymbol{F}$ 两个分力。约束力偶的转向与圆轮滚动趋势或角速度的方向相反。阻碍圆轮滚动的约束力偶,称为**滚动摩擦力偶**或**滚阻力偶**,其矩 M_f 称为**滚动摩擦力偶矩**或**滚阻力偶矩**。

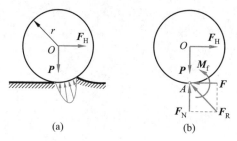

图 6-21

水平力 $\boldsymbol{F}_H$ 对 A 点之矩即主动力矩 $F_H r$。当主动力矩增大时,滚动摩擦力偶矩 M_f 也相应增大,一直到某一极限值为止。滚动摩擦力偶矩的极限值,称为**最大滚动摩擦力偶矩**,并用 M_{fmax} 表示。当主动力矩等于最大滚动摩擦力偶矩时,圆轮处于将滚动而未滚动的临界平衡状态。可见,在滚动发生前,滚动摩擦力偶矩之值由圆轮的平衡条件决定,其取值范围为

$$0 \leqslant M_f \leqslant M_{fmax} \tag{6-14}$$

试验表明,最大滚动摩擦力偶矩 M_{fmax} 与法向约束力 F_N 成正比,即

$$M_{fmax} = \delta F_N \tag{6-15}$$

称为**滚动摩擦定律**。比例系数 δ,称为**滚动摩擦系数**。其量纲为长度的一次方,即 L,其值与接触面材料的硬度及温度等有关,几种材料的滚动摩擦系数如表 6-2 所示。

表 6-2　滚动摩擦系数

摩擦材料	滚动摩擦系数/cm	摩擦材料	滚动摩擦系数/cm
软钢与软钢	0.005	木材与钢	0.03～0.04
淬火钢与淬火钢	0.001	木材与木材	0.05～0.08
铸铁与铸铁	0.005	淬火车轮与钢轨	0.05

二、滚动摩擦与滑动摩擦之比较

现在,进一步研究使圆轮分别开始滚动与开始滑动所需驱使力 F_H 之比较。

图 6-20a 所示置于水平平台的圆轮,为使其滑动,F_H 必须达到最大静摩擦力 F_{max} 之值,即要求

$$F_{Hs} = f_s F_N \tag{a}$$

为使圆轮滚动,则要求 F_H 对 A 点的力矩 $F_{Hr}r$,达到最大滚动摩擦力偶矩之值,即要求

$$F_{Hr}r = \delta F_N \tag{b}$$

比较式(a)与(b),于是得

$$\frac{F_{Hs}}{F_{Hr}} = \frac{f_s}{\dfrac{\delta}{r}}$$

一般讲,$\delta/r \ll f_s$,因此,$F_{Hr} \ll F_{Hs}$,即使圆轮滚动所需之驱使力 F_{Hr},远小于使其滑动所需之驱使力 F_{Hs}。

在工程实际中,广泛采用滚动方式替代滑动方式以传递力或运动,例如用滚动轴承替代滑动轴承,既省力又降低能耗。

圆轮在水平力 F_H 作用下,在未发生滑动前即已开始的滚动,称为**纯滚动**。当圆轮纯滚动时,其上滑动摩擦力 F 显然小于最大静摩擦力 F_{max}。

例 6-11　如图 6-22a 所示,一重量为 P、半径为 r 的圆轮,在平行于斜面的拉力 F_T 作用下,沿斜面匀速向上滚动。圆轮与斜面间的滚动摩擦系数为 δ,斜面的倾角为 θ,试求拉力 F_T 与滑动摩擦力 F 之值。

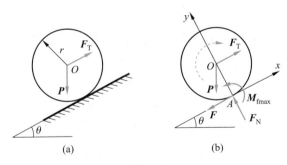

图 6-22

解：1. 问题分析

选圆轮为研究对象，其受力图如图 6-22b 所示。图中，F_N 为法向约束力，F 为滑动摩擦力，M_f 为滚动摩擦力偶矩，其转向与圆轮滚动的方向相反。

2. 利用平衡方程与滚动摩擦定律求解

圆轮匀速向上运动，即处于平衡状态，且 $M_f = M_{fmax}$，所以，圆轮的平衡方程为

$$\sum F_x = 0, \quad F_T - P\sin\theta - F = 0 \tag{a}$$

$$\sum F_y = 0, \quad F_N - P\cos\theta = 0 \tag{b}$$

$$\sum M_A(\boldsymbol{F}) = 0, \quad P\sin\theta \cdot r - F_T \cdot r + M_{fmax} = 0 \tag{c}$$

根据式（6-15）即滚动摩擦定律，得补充方程

$$M_{fmax} = \delta F_N \tag{d}$$

4 个方程恰好确定 F_T，F，F_N 与 M_{fmax} 4 个未知量。

由式（b），得

$$F_N = P\cos\theta$$

代入式（d），得

$$M_{fmax} = \delta P\cos\theta$$

最后，分别由式（c）与（a），得拉力为

$$F_T = P\left(\sin\theta + \frac{\delta}{r}\cos\theta\right)$$

而滑动摩擦力则为

$$F = P\frac{\delta}{r}\cos\theta$$

思 考 题

6-1 图 a 与 b 分别表示平胶带与三角胶带的胶带轮，如两种情况的材料、表面粗糙度与压力 $\boldsymbol{F}$ 均相同，试求平带与三角带摩擦力的比值。

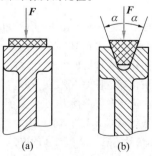

(a)　　　　(b)

思考题 6-1 图

6-2 重心与形心有何区别,物体重心是否一定位于物体内部。

6-3 试分析自行车前、后轮的受力情况。

习 题

6-1 图示匀质半截正圆锥体,试确定其重心 C 的纵坐标 y_C。

6-2 图示等厚度匀质平板,试确定其重心的纵坐标 y_C。

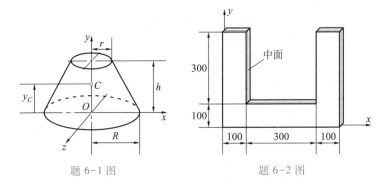

题 6-1 图   题 6-2 图

6-3 图示各平面图形,试确定形心 C 的横坐标 x_C。

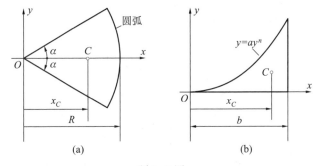

(a)   (b)

题 6-3 图

6-4 图示各平面图形,试确定形心坐标。图中,尺寸单位为 mm。

6-5 图示各平面图形,试确定形心 C 的坐标。图中,尺寸单位为 mm。

6-6 图示桁架,试用节点法计算各杆的内力。

6-7 图示桁架,试用节点法计算各杆的内力。

6-8 图示桁架,试用节点法计算各杆的内力。

6-9 图示桁架,试用截面法计算杆 1,2 与 3 的内力。

6-10 图示桁架,试用截面法计算杆 1,2,3 与 4 的内力。

6-11 图示桁架,试用截面法计算杆 1,2 与 3 的内力。

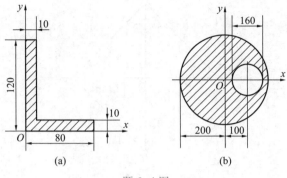

题 6-4 图

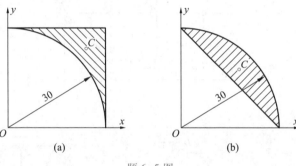

题 6-5 图

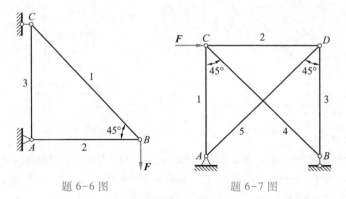

题 6-6 图   题 6-7 图

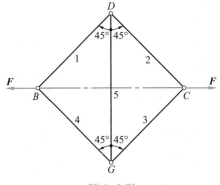

题 6-8 图

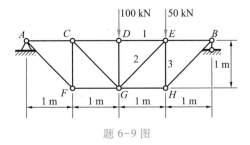

题 6-9 图

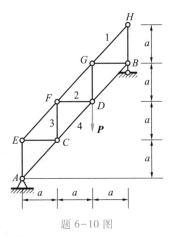

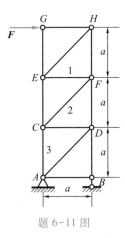

题 6-10 图   题 6-11 图

6-12 物块重 $W = 100$ N(图 a),斜面倾角 $\alpha = 30°$,物块与斜面间的摩擦因数为 $f_s = 0.38$, $f_d = 0.37$,试求物块与斜面间的摩擦力,并判断物体在斜面上是静止、下滑还是上滑。如欲使物块沿斜面向上运动(图 b),试求斜面平行力 F 至少多大。

6-13 如图所示,一长为 l、重为 P 的匀质梯,B 端靠在光滑铅垂墙面。已知梯与地面的静摩擦因数为 f_{sA},试求平衡时梯与地面的夹角 θ。

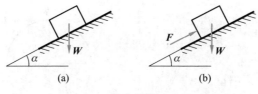

题 6-12 图

6-14 如图所示,一半径为 R、重为 P 的半圆柱体,承受水平力 F 作用。已知重心 C 至圆心 O 的距离 $a = 4R/(3\pi)$,圆柱体与水平面间的摩擦因数为 f_s,试求圆柱体的偏转角 θ。

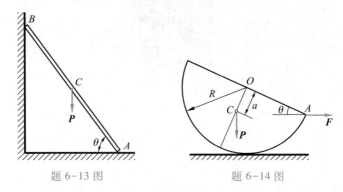

题 6-13 图   题 6-14 图

6-15 如图所示,在 V 型槽内放置一棒料。已知棒料重 $G = 400$ N,直径 $D = 25$ cm,而且,欲转动该棒料,需施加一矩为 $M = 1500$ N·cm 的力偶,试求棒料与 V 型槽间的摩擦因数 f_s。

6-16 如图所示,一重量为 W 的圆轮,放在水平面上,并与垂直墙面相接触。已知接触面的静摩擦因数为 f_s,试求使圆轮开始转动所需力偶矩 M。

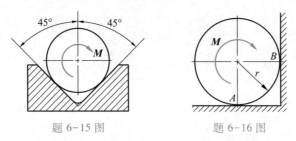

题 6-15 图   题 6-16 图

6-17 如图所示,折梯位于铅垂面内,且梯 AC 中点悬挂一重 $W = 500$ N 的物体。已知接触点 A 与 B 处的摩擦因数分别为 $f_{sA} = 0.2$ 与 $f_{sB} = 0.6$,试问折梯能否平衡,如果平衡,试计算该二点处的摩擦力。

6-18 如图所示,一半径为 R 的圆轮,在其顶端作用水平力 F。已知轮与水平面间的滚动摩擦因数为 δ,试问:欲使圆轮只滚不滑,轮与水平面间的滑动摩擦因数应满足何种条件。

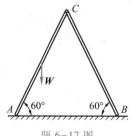

题 6-17 图

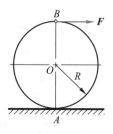

题 6-18 图

第六章 电子教案

第二篇　材料力学

第七章 材料力学基础

本章主要介绍材料力学的研究对象与基本假设,材料力学关于外力、内力、应力与应变的概念,以及杆件变形的主要形式。关于内力、应力与应变的概念与理论,是材料力学的重要基础。

§7-1 材料力学的研究对象

材料力学的主要任务:研究构件在外力作用下的变形、受力与破坏或失效的规律,为合理设计构件提供有关强度、刚度与稳定性分析的基本理论与方法。

工程实际中的构件,形状多种多样,主要可分为杆件与板件。

一方向尺寸远大于其他两方向尺寸的构件(图 7-1),称为**杆件**或**杆**。杆件是工程中最常见、最基本的构件。例如图 0-1 所示齿轮传动轴与图 0-2 所示联杆,均为杆件的实例。

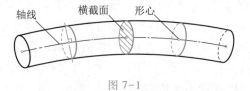

图 7-1

杆件的形状与尺寸由其轴线与横截面确定,轴线通过横截面的形心,横截面与轴线相正交。根据轴线与横截面的特征,杆件可分为等截面杆与变截面杆(图 7-2a,b),直杆与曲杆(图 7-2c)。等截面直杆的分析计算原理,一般也可近似用于曲率较小的曲杆与截面无显著变化的变截面杆。

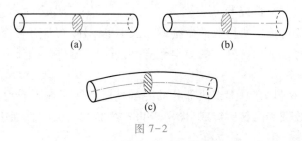

图 7-2

一方向尺寸远小于其他两方向尺寸的构件(图 7-3),称为**板件**。平分板件厚度的几何面,称为**中面**。中面为平面的板件,称为**板**(图 7-3a);中面为曲面的板件,称为**壳**(图 7-3b)。

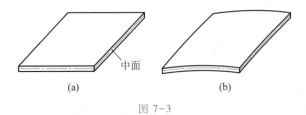

图 7-3

材料力学的主要研究对象是杆,以及由若干杆组成的简单杆系,同时也研究一些形状与受力均比较简单的板与壳。至于一般较复杂的杆系与板壳问题,属于结构力学与弹性力学等的研究范畴。

§7-2　材料力学的基本假设

制作构件所用材料多种多样,其具体组成与微观结构则更是非常复杂。为便于进行强度、刚度与稳定性的理论分析,现根据工程材料的主要性质对其作如下假设。

1. 连续性假设

假设在构件所占有的空间内毫无空隙地充满了物质,即认为是密实的。按此假设,构件中的一些力学量(例如各点的位移),即可用坐标的连续函数表示,并可采用无限小的数学分析方法。至于空隙或缺陷的影响不能忽略的情况,将在有关章节中专门讨论。

应该指出,连续性假设不仅适用于构件变形前,也适用于变形后,即构件内变形前相邻近的质点变形后仍保持邻近,既不产生新的空隙或孔洞,也不出现重叠现象。

2. 均匀性假设

材料在外力作用下所表现的性能,称为**力学性能**或**机械性能**。在材料力学中,假设材料的力学性能与其在构件中的位置无关,即认为是均匀的。按此假设,从构件内任何部位所切取的微小或无限小单元体,均具有与构件完全相同的性质。同样,通过试样所测得的力学性能,也可用于构件内的任何部位。无限小的单元体即微体。

对于实际材料,其基本组成部分的力学性能往往存在不同程度的差异。例如,金属由无数微小晶粒所组成(图 7-4),各个晶粒的力学性能不完全相同,晶粒交界处的晶界物质与晶粒本身的力学性能也不完全相同。但是,由于构件的尺寸远大于其组成部分的尺寸,例如 1 mm³ 的钢材中,包含数万甚至数十万个晶粒,因此,按照统计学观点,仍可将材料看成是均匀的。

3. 各向同性假设

假设材料沿各个方向具有相同力学性能,即认为是各向同性的。沿各个方向具有相同力学性能的材料,称为**各向同性材料**。例如玻璃即为典型的各向同性材料。金属的各个晶粒,均属于各向异性体,但由于金属构件所含晶粒极多,而且在构件内的排列又是随机的,因此,宏观上仍可将金属看成是各向同性材料。至于由增强纤维(碳纤维、玻璃纤维等)与基体材料(环氧树脂、陶瓷等)制成的复合材料,则属于各向异性材料,图 7-5 所示为纤维增强复合材料的微观断面示意图。

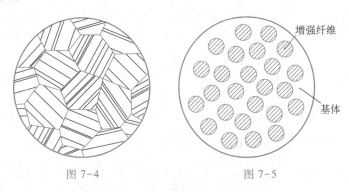

图 7-4　　　　　　　　　图 7-5

综上所述,在材料力学中,一般将实际材料看作是连续、均匀与各向同性的可变形固体。实践表明,在此基础上所建立的理论与分析计算结果,符合工程要求。本书也将简要涉及各向异性、非均匀以及含裂纹构件等问题,但是,如果没有专门说明,则研究对象均属于连续、均匀与各向同性的可变形固体。

§7-3　外力与内力

构件的强度、刚度及稳定性与其所受之力密切相关。

一、外力及其分类

材料力学的研究对象是构件。对于所研究的构件,其他构件或物体作用于其上的力均为外力,包括载荷与约束力。

按照外力在构件表面的分布情况,可分为分布力与集中力。连续分布在构件表面某一范围的力即所谓分布力。如果分布力的作用范围远小于构件的表面面积,或沿杆件轴线的分布范围远小于杆件长度,则可将分布力简化为作用于一点处的力。作用于构件表面一点处的力即所谓**集中力**。

按照载荷随时间变化的情况,可分为静载荷与动载荷。随时间变化极缓慢或不变化的载荷,称为**静载荷**。其特征是在加载过程中,构件的加速度很小可以忽略不计。随时间显著变化或使构件各质点产生明显加速度的载荷,称为**动载荷**。例如,锻造时汽锤锤杆受到的冲击力为动载荷。

构件在静载荷与动载荷作用下的力学表现或行为不同,分析方法也不完全相同,但前者是后者的基础。

二、内力与截面法

在外力作用下,构件发生变形,同时,构件内部相连部分之间产生相互作用力。由于外力作用,构件内部相连部分之间的相互作用力,称为**内力**[①]。构件的强度、刚度及稳定性,与内力的大小及其在构件内的分布情况密切相关。因此,内力分析是解决构件强度、刚度与稳定性问题的基础。

由刚体静力学可知,为了分析两物体之间的相互作用力,必须将该二物体分离。同样,要分析构件的内力,例如要分析图 7-6a 所示杆件横截面 $m-m$ 上的内力,也必须沿该截面假想地将杆件切开,于是得切开截面的内力如图 7-6b 所示。由连续性假设可知,内力是作用在切开截面上的连续分布力。

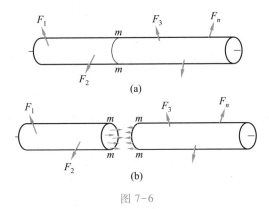

图 7-6

---

① 首先,静力学与材料力学的研究对象不同,前者是物体与物体系,后者是构件,因此,二者关于内力的定义不完全相同。其次,构件是由分子、原子与电子等所组成,当不受外力作用时,构件内即已存在相互作用力。按此情况,因外力作用所引起的内力,属于上述相互作用力的改变量,即"附加"内力。但是,根据材料力学的基本假设,构件是由连续介质组成的密实体,未受外力时件内相连部分之间不存在相互作用力,因此应将内力定义为"由于外力作用,构件内部相连部分之间的相互作用力"。

应用力系简化理论,将上述分布内力向横截面的任一点例如形心 C 简化,得主矢 F_R 与主矩 M(图 7-7a)。为了分析内力,沿截面轴线方向建立坐标轴 x,在所切横截面内建立坐标轴 y 与 z,并将主矢 F_R 与主矩 M 沿上述三轴分解(图7-7b),得内力分量 F_N,F_{Sy} 与 F_{Sz},以及内力偶矩分量 M_x,M_y 与 M_z。

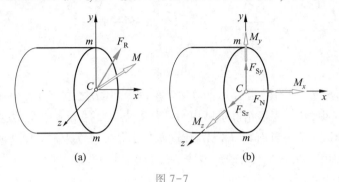

图 7-7

显然,横截面上的上述内力及内力偶矩分量,与作用在切开杆段上的外力保持平衡,因此,由平衡方程

$$\sum F_x = 0, \quad \sum F_y = 0, \quad \sum F_z = 0$$
$$\sum M_x = 0, \quad \sum M_y = 0, \quad \sum M_z = 0$$

即可建立内力与外力间的关系,或由外力确定内力。为叙述简单,以后将内力分量与内力偶矩分量统称为内力分量。

将杆件假想地切开以显示内力,并由平衡条件建立内力与外力间的关系或由外力确定内力的方法,称为**截面法**,它是杆件内力分析的一般方法。

应该指出,在很多情况下,杆件横截面上仅存在一种、两种或三种内力分量。

§7-4　正应力与切应力

如上所述,内力是构件内部相连两部分之间的相互作用力,并沿截面连续分布。为了描写内力的分布情况,现引入内力分布集度即应力的概念。

一、平均应力与应力

如图 7-8a 所示,在截面 $m-m$ 上任一点 k 的周围取一微小面积 ΔA,并设作用在该面积上的内力为 ΔF,则 ΔF 与 ΔA 的比值,称为 ΔA 内的平均应力,并用 p_{av} 表示,即

$$p_{av} = \frac{\Delta F}{\Delta A} \tag{7-1}$$

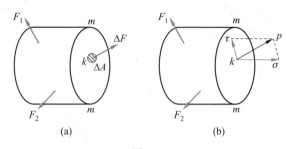

图 7-8

一般情况下,内力沿截面并非均匀分布,平均应力之值及其方向将随所取面积 ΔA 的大小而异。为了精确描写内力在任一点 k 处的分布集度,宜使 ΔA 无限减小并趋于该点 k。当面积 ΔA 无限减小并趋于任一点 k 时,平均应力的极限值,称为截面 $m\text{-}m$ 上 k 点处的**应力**或**总应力**,并用 p 表示,即

$$p = \lim_{\Delta A \to 0} \frac{\Delta F}{\Delta A} \tag{7-2}$$

二、正应力与切应力

应力 p 的方向即 ΔF 的极限方向。为了分析方便,通常将应力 p 沿截面法向与切向分解为两个分量(图 7-8b)。沿截面法向的应力分量,称为**正应力**,并用 σ 表示;沿截面切向的应力分量,称为**切应力**,并用 τ 表示。显然,

$$p^2 = \sigma^2 + \tau^2 \tag{7-3}$$

在我国法定计量单位中,力与面积的基本单位分别为 N 与 m^2,应力的单位为 Pa,其名称为"帕斯卡(Pascal)",$1\ Pa = 1\ N/m^2$。应力的常用单位为 MPa(兆帕)[1],其值为

$$1\ MPa = 10^6\ Pa \tag{7-4}$$

§7-5 正应变与切应变

在外力作用下,构件发生变形,同时引起应力。为了研究构件的变形及其内部的应力分布,需要了解构件内部各点处的变形。为此,假想地将构件分割成许多微小单元体。

构件受力后,各单元体的位置发生变化,同时,单元体棱边的长度以及相邻棱边之夹角一般也发生改变。

---

[1] 在我国法定计量单位中,词头 M(mega)代表 10^6,其名称为"兆"。

一、正应变

考虑图 7-9a 所示构件内任一点 k 处的单元体 $kabc$,设棱边 ka 的原长为 Δs,变形后(图 7-9b),k 与 a 分别位移至 k' 与 a',棱边 ka 的长度变为 $\Delta s + \Delta u$,即长度改变量为 Δu,则 Δu 与 Δs 的比值,称为棱边 ka 的**平均正应变**,并用 ε_{av} 表示,即

$$\varepsilon_{av} = \frac{\Delta u}{\Delta s} \tag{7-5}$$

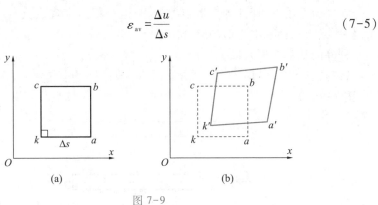

图 7-9

一般情况下,棱边 ka 各点处的变形程度并不相同,平均正应变的大小将随 ka 的长度而改变。为了精确计算 k 点沿 ka 方位的变形,宜使 Δs 无限减小并趋于 k。当棱边长度 Δs 无限减小并趋于 k 点时,平均正应变 ε_{av} 的极限值,称为 k 点沿棱边 ka 方位的**正应变**,并用 ε 表示,即

$$\varepsilon = \lim_{\Delta s \to 0} \frac{\Delta u}{\Delta s} \tag{7-6}$$

采用类似方法,还可确定 k 点处沿其他任一方位的正应变。

二、切应变

在外力作用下,单元体互垂棱边所夹直角一般也发生改变(图 7-9b)。考虑到单元体的棱边可能由直线变为曲线,因此,要精确计算一点处互垂棱边所夹直角的改变量,宜选取边长为无限小的单元体即微体为研究对象。微体互垂棱边所夹直角的改变量,称为**切应变**,并用 γ 表示。在图 7-9b 中,单元体 k 点处的切应变即为

$$\gamma = \lim_{\substack{\overline{ka} \to 0 \\ \overline{kc} \to 0}} \left(\angle a'k'c' - \frac{\pi}{2} \right) \tag{7-7}$$

切应变的单位为 rad(弧度)。

显然,正应变与切应变均为量纲为一的量。

综上所述,构件的整体变形,是各微体的局部变形的组合结果,而微体的局部变形,则可用正应变与切应变度量。

§7–6　杆件变形的基本形式

在外力作用下,杆件的变形多种多样,但分析后发现,它们或为下述基本变形之一,或为几种基本变形的组合。

杆件的基本变形有以下三种。

轴向拉压　在作用线沿杆轴的外力作用下,杆件轴向伸长(图 7–10a),或缩短(图 7–10b)。

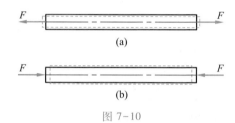

图 7–10

扭转　在作用面垂直于杆轴的外力偶作用下,杆件各横截面绕轴线相对旋转(图 7–11)。

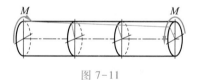

图 7–11

弯曲　在垂直于杆轴的外力或矢量垂直于杆轴的外力偶作用下(图 7–12a),杆件轴线由直线变为曲线(图 7–12b)。

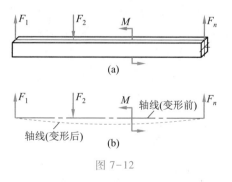

图 7–12

由两种或三种不同基本变形组成的变形形式,称为**组合变形**。例如图 7-13a 所示螺旋桨,桨轴 *AB* 的受力如图 7-13b 所示,即属于轴向拉伸与扭转的组合变形,简称为拉扭组合变形。

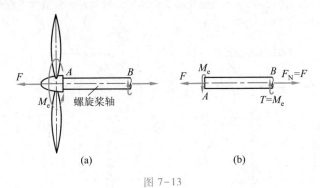

图 7-13

本篇首先研究杆件变形的基本形式,然后研究其组合形式。

思 考 题

7-1 杆件的轴线与横截面之间有何关系?

7-2 材料力学的基本假设是什么?均匀性假设与各向同性假设有何区别?能否说"均匀性材料一定是各向同性材料"?

7-3 一构件在外力作用下作等速直线运动,能否说"该构件处于动载荷作用下"?

7-4 何谓内力?何谓截面法?一般情况下,横截面上的内力可用几个分量表示?

7-5 何谓应力?何谓正应力与切应力?应力的量纲与单位是什么?能否说"内力是应力的合力"?

7-6 何谓正应变与切应变?它们的量纲是什么?切应变的单位是什么?

习 题

7-1 图示圆截面杆,两端承受一对方向相反、力偶矩矢量沿轴线且大小均为 *M* 的力偶作用。试问横截面 *m—m* 上存在何种内力分量,并确定其大小。

7-2 如图所示,在杆件的斜截面 *m—m* 上,任一点 *A* 处的总应力 $p = 120$ MPa,其方位角 $\theta = 20°$,试求该点处的正应力 σ 与切应力 τ。

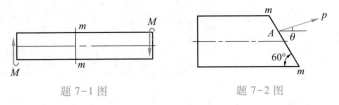

题 7-1 图   题 7-2 图

7-3 图示杆件,横截面上的内力主矢与主矩分别为 F_R 与 M,且均位于 x-y 平面内。试问横截面上存在何种内力分量,并确定其大小。图中,C 为截面形心。

7-4 图示矩形截面杆,横截面上的正应力沿截面高度线性分布,截面顶边各点处的正应力均为 $\sigma_{max} = 100$ MPa,底边各点处的正应力均为零。试问杆件横截面上存在何种内力分量,并确定其大小。图中,C 为截面形心。

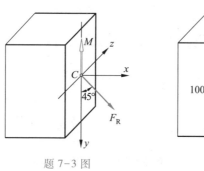 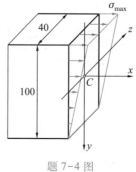

题 7-3 图   题 7-4 图

7-5 图示微体,虚线表示其位移或变形后的情况。试确定微体在 A 点处直角 BAC 的切应变。

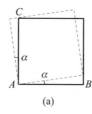 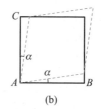

(a)   (b)

题 7-5 图

第七章 电子教案

第八章 轴向拉伸与压缩

§8-1 引 言

在机械与工程结构中,许多构件受到拉伸与压缩的作用。例如,图 8-1a 所示操纵杆,图 8-1b 所示联杆,即分别为杆件受拉伸与压缩的实例。

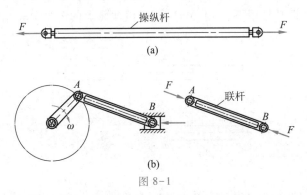

图 8-1

上述受力构件的共同特点是:构件是直杆;外力或其合力作用线沿杆件轴线。在这种情况下,杆件的主要变形为轴向伸长或缩短,但轴线仍为直线(图 8-2)。

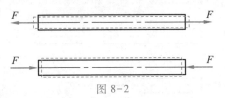

图 8-2

以轴向伸长或缩短为主要特征的变形形式,称为**轴向拉压**。以轴向拉压为主要变形的杆件,称为**拉压杆**。作用线或其合力作用线沿杆件轴线的载荷,称为**轴向载荷**。

有一些直杆,例如图 8-3 所示杆,受到两个以上的轴向载荷作用,这种杆仍属于拉压杆。

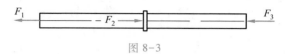

图 8-3

本章研究拉压杆的内力、应力、变形以及材料在拉伸与压缩时的力学性能，并在此基础上，分析拉压杆的强度与刚度问题，研究对象涉及拉压静定与静不定问题。此外，本章还将研究拉压杆连接部分的强度计算。

§8-2　轴力与轴力图

为了分析拉压杆的强度与刚度，首先分析拉压杆的内力。

一、轴力

在轴向载荷 F 作用下（图 8-4a），杆件横截面上的内力分量沿杆件轴线（图 8-4b）。横截面上沿杆件轴线的内力分量，称为**轴力**，并用 F_N 表示。

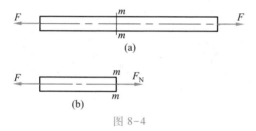

图 8-4

轴力或为拉力，或为压力（图 8-5），为区别起见，通常规定拉力为正，压力为负。按此规定，图 8-4b 所示轴力为正，其值则为

$$F_N = F$$

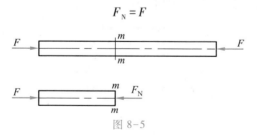

图 8-5

二、轴力计算

图 8-6a 所示拉压杆，承受三个轴向载荷。由于在横截面 B 处作用有外力，杆段 AB 与 BC 的轴力将不相同，需分段研究。

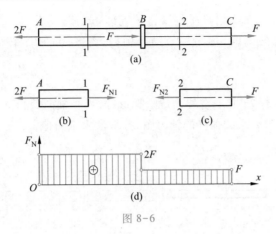

图 8-6

利用截面法,在杆段 AB 任一横截面 1-1 处将杆切开,设该截面的轴力为 F_{N1},并选切开后的左段为研究对象(图 8-6b),则由平衡方程①

$$\sum F_x = 0, \qquad F_{N1} - 2F = 0$$

得

$$F_{N1} = 2F$$

对于杆段 BC,仍用截面法,在任一横截面 2-2 处将杆切开,设该截面的轴力为 F_{N2},并为计算简单,选切开后的右段为研究对象(图 8-6c),则由平衡方程

$$\sum F_x = 0, \qquad F - F_{N2} = 0$$

得

$$F_{N2} = F$$

综上所述,可将计算轴力的方法概述如下:

(1)在需求轴力的横截面处,假想地将杆切开,并选切开后的任一杆段为研究对象;

(2)画所选杆段的受力图,为计算简便,可将轴力假设为拉力,即采用所谓设正法;

(3)建立所选杆段的平衡方程,由已知外力计算切开截面上的未知轴力。

三、轴力图

上述算例表明,杆段 AB 与 BC 的轴力不同。为了形象地表示轴力沿杆轴(即杆件轴线)的变化情况,常采用图线表示法。

作图时,以平行于杆轴的坐标 x 表示横截面的位置,垂直于杆轴的另一坐标

---

① 在材料力学中,一般均选坐标轴 x 沿杆件轴线的坐标系。

F_N 表示轴力,于是,轴力沿杆轴的变化情况即可用图线表示。在 x-F_N 平面内,轴力沿杆轴变化的图线,称为**轴力图**。例如,图 8-6a 所示杆的轴力图即如图 8-6d所示。

例 8-1 图 8-7a 所示右端固定阶梯形杆,承受轴向载荷 F_1 与 F_2 作用,已知 $F_1 = 20$ kN,$F_2 = 50$ kN,试画杆的轴力图,并求最大轴力值。

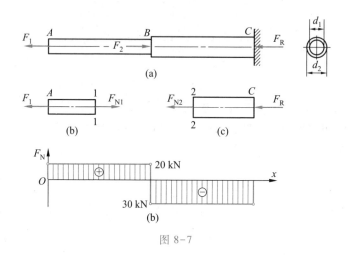

图 8-7

解:1. 计算支反力

设杆右端的支反力为 F_R,则由整个杆的平衡方程

$$\sum F_x = 0, \quad F_2 - F_1 - F_R = 0$$

得

$$F_R = F_2 - F_1 = 50 \text{ kN} - 20 \text{ kN} = 30 \text{ kN}$$

2. 分段计算轴力

设杆段 AB 与 BC 的轴力均为拉力,并分别用 F_{N1} 与 F_{N2} 表示,则由图 8-7b 与 c 可知,

$$F_{N1} = F_1 = 20 \text{ kN}$$
$$F_{N2} = -F_R = -30 \text{ kN}$$

所得 F_{N2} 为负,说明相应轴力为压力。

3. 画轴力图

根据上述轴力值,画轴力图如图 8-7d 所示。可见,轴力的最大绝对值为

$$|F_N|_{\max} = 30 \text{ kN}$$

§8-3　拉压杆的应力

内力确定后,现在研究拉压杆的应力,包括横截面与斜截面上的应力。

一、拉压杆横截面上的应力

首先观察拉压杆的变形。图 8-8a 所示为一等截面直杆,试验前,在杆表面画两条垂直于杆轴的横线 1-1 与 2-2,然后,在杆两端施加一对大小相等、方向相反的轴向载荷 F。从试验中观察到[①]:横线 1-1 与 2-2 仍为直线,且仍垂直于杆件轴线,只是间距增大,分别平移至图示 1′-1′与 2′-2′位置。

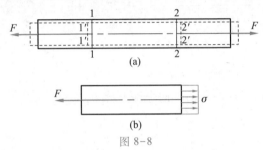

图 8-8

根据上述现象,对杆内变形作如下假设:变形后,横截面仍保持平面,且仍与杆轴垂直,只是横截面间沿杆轴相对平移,称为拉压平面假设。

设想杆件是由无数纵向"纤维"所组成,则由上述假设可知,杆内各纵向纤维的变形相同。对于均匀性材料,如果变形相同,则受力也相同。由此可见,横截面上各点处仅存在正应力 σ,并沿截面均匀分布(图 8-8b)。

设杆件横截面的面积为 A,轴力为 F_N,则根据上述假设可知,横截面上各点处的正应力均为

$$\sigma = \frac{F_N}{A} \tag{8-1}$$

式(8-1)已为试验所证实,适用于横截面为任意形状的等截面拉压杆。

由式(8-1)可知,正应力与轴力具有相同的正负符号,即拉应力为正,压应力为负。

二、拉压杆斜截面上的应力

为了更全面地了解杆内的应力情况,现在研究斜截面上的应力。

---

① 例如,用橡皮作试样,其表面变形即能清晰地看到。

考虑图 8-9a 所示拉压杆,利用截面法,沿任一斜截面 $m\text{-}m$ 将杆切开,该截面的方位以其外法线 On 与 x 轴的夹角 α 表示。由前述分析可知,杆内各纵向纤维的变形相同,因此,在相互平行的截面 $m\text{-}m$ 与 $m'\text{-}m'$ 之间,各纤维的变形也相同。因此,斜截面 $m\text{-}m$ 上的应力 p_α 沿截面均匀分布(图 8-9b),且其作用线与杆轴平行。

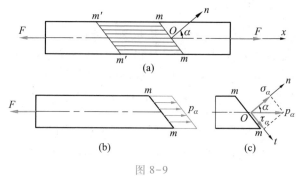

图 8-9

根据上述分析,得杆左段的轴向平衡方程为

$$p_\alpha \frac{A}{\cos\alpha} - F = 0$$

由此得

$$p_\alpha = \frac{F\cos\alpha}{A} = \sigma_0 \cos\alpha \tag{a}$$

式中,$\sigma_0 = F/A$,代表杆件横截面上的正应力。

将应力 p_α 沿截面法向与切向分解(图 8-9c),得斜截面上的正应力与切应力分别为

$$\sigma_\alpha = p_\alpha\cos\alpha = \sigma_0 \cos^2\alpha \tag{8-2}$$

$$\tau_\alpha = p_\alpha\sin\alpha = \frac{\sigma_0}{2}\sin 2\alpha \tag{8-3}$$

可见,在拉压杆的任一斜截面上,不仅存在正应力,而且存在切应力,其大小则均随截面方位变化。

由式(8-2)可知,当 $\alpha = 0°$ 时,正应力最大,其值为

$$\sigma_{\max} = \sigma_0 \tag{8-4}$$

即拉压杆的最大正应力发生在横截面上,其值为 σ_0。

由式(8-3)可知,当 $\alpha = 45°$ 时,切应力最大,其值为

$$\tau_{\max} = \frac{\sigma_0}{2} \tag{8-5}$$

即拉压杆的最大切应力发生在与杆轴成 45° 的斜截面上,其值为 $\sigma_0/2$。

对于方位角与切应力的正负符号,兹规定如下:以 x 轴为始边,方位角 α 为逆时针转向者为正;将截面外法线 On 沿顺时针方向旋转 90°,与该方向同向的切应力 τ_α 为正。按此规定,图 8-9c 所示之 α 与 τ_α 均为正。

三、圣维南原理

当作用在杆端的轴向外力,沿横截面非均匀分布时,外力作用点附近各截面的应力,也为非均匀分布。研究表明,力作用于杆端的分布方式,仅影响杆端局部范围的应力分布,影响区的轴向范围约离杆端 1~2 个杆的横向尺寸,称为圣维南(Saint-Venant)原理。

例如,图 8-10a 所示承受集中力 F 作用的拉压杆,其截面宽度为 h,厚度为 δ,平均应力 $\overline{\sigma} = F/(h\delta)$,在 $x = h/4$ 与 $h/2$ 的横截面 1-1 与 2-2 上,应力虽为非均匀分布(图 8-10b,c),但在 $x = h$ 的横截面 3-3 上,应力分布则趋向均匀(图 8-10d)。

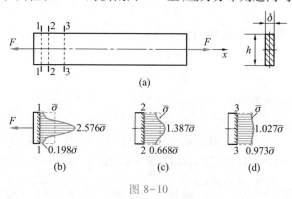

图 8-10

例 8-2 例 8-1 所示阶梯形圆截面杆,杆段 AB 与 BC 的直径分别为 $d_1 = 20$ mm,$d_2 = 30$ mm,试计算杆内横截面上的最大正应力。

解:1. 问题分析

根据例 8-1 的分析,杆段 AB 与 BC 的轴力分别为

$$F_{N1} = 20 \text{ kN （拉力）}$$

$$F_{N2} = -30 \text{ kN （压力）}$$

杆段 AB 的轴力较小,但横截面面积也较小,杆段 BC 的轴力虽较大,但横截面面积也较大,因此,应对上述两杆段的应力进行计算。

2. 应力计算

由式(8-1)可知,杆段 AB 与 BC 内任一横截面的正应力分别为

$$\sigma_1 = \frac{F_{N1}}{A_1} = \frac{4F_{N1}}{\pi d_1^2} = \frac{4(20 \times 10^3 \text{N})}{\pi (20 \times 10^{-3} \text{m})^2} = 6.37 \times 10^7 \text{ Pa} = 63.7 \text{ MPa (拉应力)}$$

$$\sigma_2 = \frac{4F_{N2}}{\pi d_2^2} = \frac{4(-30 \times 10^3 \text{N})}{\pi (30 \times 10^{-3} \text{m})^2} = -4.24 \times 10^7 \text{Pa} = -42.4 \text{ MPa (压应力)}$$

可见,杆内横截面上的最大正应力为

$$\sigma_{max} = \sigma_1 = 63.7 \text{ MPa}$$

例 8-3 图 8-11a 所示轴向受压等截面杆,横截面面积 $A = 400$ mm^2,载荷 $F = 50$ kN,试求斜截面 m-m 上的正应力与切应力。

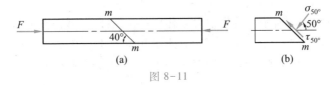

图 8-11

解:杆件横截面上的正应力为

$$\sigma_0 = \frac{F_N}{A} = \frac{-50 \times 10^3 \text{N}}{400 \times 10^{-6} \text{m}^2} = -1.25 \times 10^8 \text{Pa}$$

斜截面 m-m 的方位角为

$$\alpha = 50°$$

于是,由式(8-2)与(8-3),得斜截面 m-m 上的正应力与切应力分别为

$$\sigma_{50°} = (-1.25 \times 10^8 \text{Pa}) \cos^2 50° = -5.16 \times 10^7 \text{Pa} = -51.6 \text{ MPa}$$

$$\tau_{50°} = \frac{-1.25 \times 10^8 \text{Pa}}{2} \sin 100° = -6.16 \times 10^7 \text{Pa} = -61.6 \text{ MPa}$$

其方向则如图 8-11b 所示。

§8-4 材料拉压力学性能

构件的强度、刚度与稳定性,不仅与构件的形状、尺寸及所受外力有关,而且与材料的力学性能有关,本节研究材料在轴向拉伸与压缩时的力学性能。

一、拉伸试验与应力-应变图

材料的力学性能由试验测定。拉伸试验是研究材料力学性能最基本、最常用的试验。标准拉伸试样如图 8-12 所示,标记 m 与 n 之间的杆段为试验段。拉伸试样试验段的初始长度 l,称为标距。对于试验段直径为 d 的圆截面试样

（图 8-12a），通常规定①

$$l = 10d \quad 或 \quad l = 5d$$

而对于试验段横截面面积为 A 的矩形截面试样（图 8-12b），则规定

$$l = 11.3\sqrt{A} \quad 或 \quad l = 5.65\sqrt{A}$$

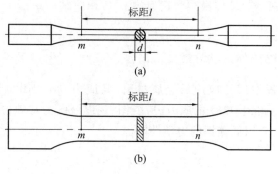

图 8-12

　　试验时，首先将试样安装在材料试验机的上、下夹头内（图 8-13），并在标记 m 与 n 处安装测量轴向变形的仪器。然后开动机器，缓慢加载。随着载荷 F 的增大，试样逐渐被拉长，试验段的拉伸变形用 Δl 表示。拉力 F 与拉伸变形 Δl 间的关系曲线，称为拉伸图。试验一直进行到试样断裂为止。

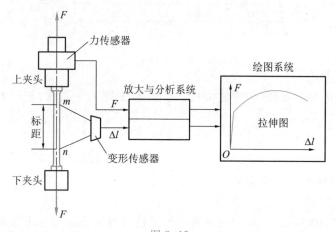

图 8-13

　　显然，拉伸图不仅与试样的材料有关，而且与试样的横截面尺寸及标距的大

---

① 参阅 GB/T 228.1—2010《金属材料 拉伸试验 第 1 部分：室温试验方法》。

小有关。例如,试验段的横截面面积愈大,将其拉断所需之拉力愈大;在同一拉力 F 作用下,标距愈大,拉伸变形 Δl 也愈大。因此,不宜用试样的拉伸图表征材料的力学性能。

将拉力 F 除以试样横截面的原面积 A,得正应力 σ,将拉伸变形 Δl 除以标距 l,得轴向正应变 ε。试样横截面正应力 σ 与相应轴向应变 ε 间的关系曲线,称为应力-应变图。

二、低碳钢的拉伸力学性能

低碳钢是工程中广泛应用的金属材料,其应力-应变图也极具典型意义。图 8-14 所示为低碳钢 Q235 的应力-应变图,现以该图为基础,并结合试验过程中观察到的现象,介绍低碳钢的力学性能。

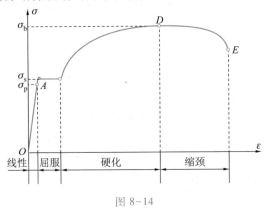

图 8-14

1. 线性阶段

在拉伸的初始阶段(图中之 OA),应力-应变图为一直线,正应力与正应变成正比,即

$$\sigma \propto \varepsilon$$

应力-应变图线性阶段最高点所对应的正应力,称为**比例极限**,并用 σ_p 表示。Q235 的比例极限 $\sigma_p \approx 200$ MPa。

2. 屈服阶段

超过比例极限之后,应力与应变不再保持线性关系。当应力增加至某一定值时,应力应变图出现水平线段(可能有微小波动),材料失去抵抗继续变形的能力。当应力达到一定值时,应力几乎不变,而变形却急剧增长的现象,称为屈服。使材料发生屈服的正应力,称为**屈服应力**或**屈服极限**,并用 σ_s 表示。Q235 的屈服应力 $\sigma_s \approx 235$ MPa。如果试样表面光滑,则当材料屈服时,试样表面将出现与轴线约成 45° 的线纹(图 8-15)。在拉压杆的 45° 斜截面上,作用有最大切应力,因此,上述线纹可能是材料沿该方位产生**滑移**所造成的。材料屈服时试样表面出现的线纹,称为**滑移线**。

3. 硬化阶段

经过屈服阶段之后,要使材料继续变形需要增大应力。屈服滑移后,材料重新呈现抵抗继续变形的能力,称为**应变硬化**。硬化阶段最高点所对应的正应力,称为**强度极限**,并用 σ_b 表示。强度极限是材料所能承受的最大正应力。Q235 的强度极限 $\sigma_b \approx 380$ MPa。

4. 颈缩阶段

当应力增长至强度极限 σ_b 之后,试样的某一局部显著收缩(图 8-16)。试样拉伸时局部显著收缩的现象,称为**颈缩**。颈缩出现后,使试样继续变形所需之拉力减小,应力-应变曲线相应呈现下降,最后导致试样在颈缩处断裂。

图 8-15   图 8-16

综上所述,在整个拉伸过程中,材料经历了线性、屈服、硬化与颈缩四个阶段,并存在三个特征点,相应应力依次为比例极限、屈服应力与强度极限。

5. 卸载与再加载规律

试验表明,如果当应力小于比例极限时停止加载,并将载荷逐渐减小至零,即卸去载荷,则在卸载过程中,应力-应变曲线沿直线 AO 回到 O 点(图 8-17),变形完全消失。这种仅产生弹性变形的现象,一直持续到应力-应变曲线的某点 B。使材料仅发生弹性变形的最大正应力,称为**弹性极限**,并用 σ_e 表示。对于钢与一般金属材料,其弹性极限与比例极限非常接近,因此,线性阶段又常称为**线弹性阶段**。

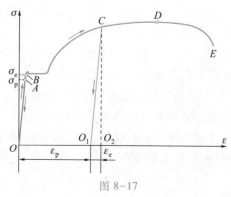

图 8-17

在超过弹性极限之后,例如在硬化阶段某一点 C 逐渐减小载荷,则卸载过程中的应力-应变曲线如图中的 CO_1 所示,该直线与 OA 几乎平行。线段 $\overline{O_1O_2}$ 代表随卸载而消失的应变,即弹性应变;而线段 $\overline{OO_1}$ 则代表应力减小至零时残留的应变,即塑性应变。由此可见,当应力超过弹性极限后,材料的应变包括弹性应变与塑性应变。

6. 材料的塑性

试样断裂时的残余变形最大。材料能经受较大塑性变形而不破坏的能力,称为塑性。材料的塑性用延伸率或断面收缩率度量。

设断裂时试验段的残余变形为 Δl_0,则残余变形 Δl_0 与标距 l 的比值,即

$$\delta = \frac{\Delta l_0}{l} \times 100\% \qquad (8-6)$$

称为延伸率;如果试验段横截面的原面积为 A,断裂后断口的横截面面积为 A_1,则断口横截面面积收缩量 $A-A_1$ 与原面积 A 的比值,即

$$\psi = \frac{A-A_1}{A} \times 100\% \qquad (8-7)$$

称为断面收缩率。Q235 的延伸率 $\delta \approx 25\% \sim 30\%$,断面收缩率 $\psi \approx 60\%$。

塑性好的材料,在轧制或冷压成型时不易断裂,并能承受较大的冲击载荷。通常,将延伸率 $\delta \geqslant 5\%$ 的材料,称为塑性材料,否则为脆性材料。结构钢与硬铝等为塑性材料;而工具钢、灰口铸铁与陶瓷等则属于脆性材料。

三、其他材料的拉伸力学性能

图 8-18 所示为铬锰硅钢与硬铝等金属材料拉伸时的应力-应变图。可以看出,它们断裂时均具有较大的残余变形,即均属于塑性材料。不同的是,有些材料不存在明显的屈服阶段。

至于脆性材料,从开始受力直至断裂,变形始终很小,既不存在屈服阶段,也无颈缩现象。图 8-19 所示为灰口铸铁拉伸时的应力-应变曲线,断裂时的应变仅为 $0.4\% \sim 0.5\%$,断口则垂直于试样轴线,即断裂发生在最大拉应力作用面。

近年来,复合材料得到广泛应用。复合材料具有强度高、刚度大与比重小的特点。碳/环氧(即碳纤维增强环氧树脂基体)是一种常用复合材料,图 8-20 所示为某种碳/环氧复合材料沿纤维方位与垂直于纤维方位的拉伸应力-应变图。可以看出,材料的力学性能随加力方位变化,即为各向异性,而且,断裂时残余变形很小。其他复合材料也具有类似特点。

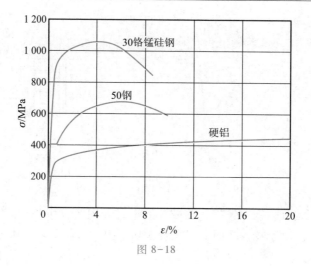

图 8-18

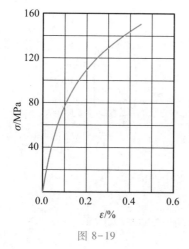

图 8-19

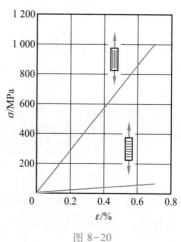

图 8-20

四、材料压缩力学性能

材料受压时的力学性能由压缩试验测定。一般细长杆压缩时容易产生失稳现象,因此在金属压缩试验中,常采用短粗圆柱形试样。

低碳钢压缩时的应力-应变曲线如图 8-21a 中的虚线所示,为便于比较,图中还画出了拉伸时的应力-应变曲线。可以看出,在屈服之前,压缩曲线与拉伸曲线基本重合,压缩与拉伸时的屈服应力大致相同。不同的是,随着压力不断增大,低碳钢试样将愈压愈"扁平"(图 8-21b)。

灰口铸铁压缩时的应力-应变曲线如图 8-22a 所示,压缩强度极限远高于拉伸强度极限。其他脆性材料如混凝土与石料等也具有上述特点,所以,脆性材

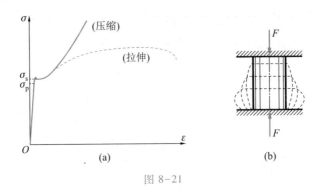

图 8-21

料宜用作承压构件。灰口铸铁压缩破坏的形式如图 8-22b 所示,断口的方位角约为 55°～60°。由于在该截面上存在较大切应力,所以,灰铸铁压缩破坏的方式是剪断。

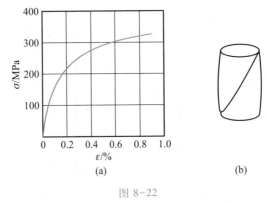

图 8-22

几种常用材料在常温与静载荷作用下的力学性能详见附录 B。

§8-5　应力集中概念

由于构造、连接或使用等方面的需要,许多构件常常带有沟槽(如螺纹)、孔与圆角(构件由粗到细的过渡圆角)等。本节研究沟槽、孔与圆角等对构件应力分布与强度的影响。

一、应力集中

在外力作用下,构件中邻近沟槽、孔或圆角的局部范围内,应力急剧增大。例如,图 8-23a 所示受拉板件,在圆孔处的截面 A-A 与圆角处的截面 B-B 上,正应力分布分别如图 8-23b 与 c 所示,最大正应力显著超过该截面的平均应力。

由于截面急剧变化所引起的应力局部增大现象,称为**应力集中**。

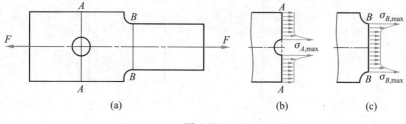

图 8-23

不考虑应力集中计算所得应力,称为**名义应力**,并用 σ_n 表示。例如上述受拉板件,若截面 A-A 处的圆孔直径为 d,板宽为 b,板厚为 δ,则该截面各点处的名义正应力均为

$$\sigma_n = \frac{F}{(b-d)\delta}$$

应力集中处的最大局部应力 σ_{max} 与相应名义应力 σ_n 的比值,称为**应力集中因数**,并用 K 表示,即

$$K = \frac{\sigma_{max}}{\sigma_n} \qquad (8-8)$$

最大局部应力由解析理论(例如弹性力学)与试验或数值方法(例如有限单元法)确定。应力集中因素与构件外形及受力形式等有关,例如,含圆孔板件轴向受力时的应力集中因数如图 8-24 所示。可以看出,圆孔半径愈小,应力集中因数愈大。

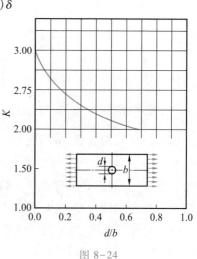

图 8-24

二、应力集中对构件强度的影响

对于由脆性材料制成的构件,随着载荷的增加,应力集中现象将一直保持到最大局部应力 σ_{max} 到达强度极限之前。因此,在设计脆性材料构件时,应考虑应力集中的影响。

对于由塑性材料制成的构件,当最大局部应力 σ_{max} 达到屈服应力 σ_s 之后,如果继续增大载荷,则所增加的载荷将由同一截面的未屈服部分承担,以致屈服区域不断扩大(图 8-25a),应力分布逐渐趋于均匀化(图 8-25b)。所以,在研究塑性材料构件的静强度问题时,通常可以不考虑应力集中的影响。

在工程实际中,许多构件承受随时间循环变化的应力,即所谓循环应力。例

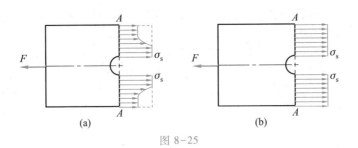

图 8-25

如图 8-1b 所示联杆,所受压力 F 随时间循环变化,即承受循环应力。试验表明,在循环应力作用下的构件,虽然所受应力小于材料的强度极限,但经过应力的多次循环后,构件将产生可见裂纹或完全断裂,即所谓疲劳破坏。试验表明,应力集中促使疲劳裂纹形成与扩展,因而对构件(包括塑性与脆性材料构件)的疲劳强度影响极大。所以,在工程设计中,要特别注意减小构件的应力集中。

§8-6 拉压强度条件

拉压杆的应力与材料的力学性能确定后,本节研究拉压杆的强度问题。

一、失效与许用应力

前述拉压试验表明,当正应力达到强度极限 σ_b 时,会引起断裂;当正应力达到屈服应力 σ_s 时,将产生屈服或出现显著塑性变形。构件工作时发生断裂或显著塑性变形,一般都是不容许的。断裂是构件破坏或失效的一种形式,同样,屈服或出现显著塑性变形,也是构件失效的一种形式,一种广义的破坏。

强度极限与屈服应力,统称为极限应力,并用 σ_u 表示。对于脆性材料,强度极限为其唯一强度指标,因此以强度极限作为极限应力;对于塑性材料,由于其屈服应力小于强度极限,则通常以屈服应力作为极限应力。

根据分析计算所得构件之应力,称为工作应力。在理想情况下,为了充分利用材料的强度,似可使构件的工作应力接近材料的极限应力。但实际上不可能,原因是:作用在构件上的外力常常估计不准确;计算所得应力通常均带有一定程度的近似性;实际材料的组成与品质等难免存在差异,不能保证构件所用材料与标准试样具有完全相同的力学性能,更何况由标准试样测得的力学性能,本身也带有一定分散性,这种差别在脆性材料中尤为显著;等等。所有这些因素,都有可能使构件的实际工作条件比设想的要偏于不安全的一面。除上述原因外,为了确保安全,构件还应具有适当的强度储备,特别是对于因破坏将带来严重后果的构件,更应给予较大的强度储备。

由此可见,构件工作应力的最大容许值,必须低于材料的极限应力。对于由一定材料制成的具体构件,工作应力的最大容许值,称为**许用应力**,并用$[\sigma]$表示。许用应力与极限应力的关系为

$$[\sigma] = \frac{\sigma_u}{n} \tag{8-9}$$

式中,n 为大于 1 的因数,称为**安全因数**。

各种材料在不同工作条件下的安全因数或许用应力,可从有关规范或设计手册中查到。在一般强度计算中,对于塑性材料,按屈服应力所规定的安全因数 n_s,通常取为 1.5~2.2;对于脆性材料,按强度极限所规定的安全因数 n_b,通常取为 3.0~5.0,甚至更大。

二、强度条件

根据以上分析,为保证拉压杆在工作时不致因强度不够而失效,杆内的最大工作应力 σ_{max} 不得超过许用应力 $[\sigma]$,即要求

$$\sigma_{max} = \left(\frac{F_N}{A}\right)_{max} \leqslant [\sigma] \tag{8-10}$$

称为**拉压强度条件**。对于等截面拉压杆,上式则变为

$$\frac{F_{N,max}}{A} \leqslant [\sigma] \tag{8-11}$$

利用上述条件,可以解决以下几类强度问题。

1. 校核强度

当已知拉压杆的截面尺寸、许用应力与所受外力时,通过比较工作应力与许用应力的大小,以判断该杆在所述外力作用下能否安全工作。

2. 选择截面尺寸

如果已知拉压杆所受外力与许用应力,根据拉压强度条件可以确定该杆所需横截面面积。例如对于等截面拉压杆,其所需横截面面积为

$$A \geqslant \frac{F_{N,max}}{[\sigma]} \tag{8-12}$$

3. 确定承载能力

如果已知拉压杆的截面尺寸与许用应力,根据拉压强度条件可以确定该杆所能承受的最大轴力,其值为

$$[F_N] = A[\sigma] \tag{8-13}$$

最后还应指出,如果工作应力 σ_{max} 超过了许用应力 $[\sigma]$,但只要超过量(即

$\sigma_{\max}$ 与 $[\sigma]$ 之差)不大,例如不超过许用应力的 5%,在工程计算中通常是允许的。

例 8-4 一空心圆截面杆,两端承受轴向拉力 $F = 20$ kN 作用。已知杆的外径 $D = 20$ mm,内径 $d = 15$ mm,材料的屈服应力 $\sigma_{\mathrm{s}} = 235$ MPa,安全因数 $n_{\mathrm{s}} = 1.5$,试校核杆的强度。

解:杆件横截面上的正应力为

$$\sigma = \frac{4F}{\pi(D^2 - d^2)}$$

代入相关数据,得

$$\sigma = \frac{4(20 \times 10^3 \, \mathrm{N})}{\pi[(0.020 \, \mathrm{m})^2 - (0.015 \, \mathrm{m})^2]} = 1.45 \times 10^8 \, \mathrm{Pa} = 145 \, \mathrm{MPa}$$

根据式(8-9)可知,材料的许用应力为

$$[\sigma] = \frac{\sigma_{\mathrm{s}}}{n_{\mathrm{s}}} = \frac{235 \times 10^6 \, \mathrm{Pa}}{1.5} = 1.56 \times 10^8 \, \mathrm{Pa} = 156 \, \mathrm{MPa}$$

可见,工作应力小于许用应力,说明杆件能够安全工作。

例 8-5 图 8-26a 所示吊环,由圆截面斜杆 AB,AC 与横梁 BC 所组成。已知吊环的最大吊重 $F = 500$ kN,斜杆用锻钢制成,许用应力 $[\sigma] = 120$ MPa,斜杆与拉杆轴线的夹角 $\alpha = 20°$,试确定斜杆的直径。

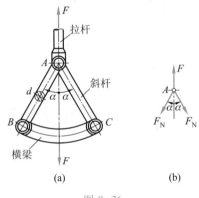

图 8-26

解:1. 斜杆轴力分析

斜杆为二力杆,设其轴力为 F_{N},则节点 A 的受力如图 8-26b 所示,其平衡方程为

$$\sum F_y = 0, \quad F - 2F_N\cos\alpha = 0$$

由此得

$$F_N = \frac{F}{2\cos\alpha} = \frac{500\times10^3\,\text{N}}{2\cos 20°} = 2.66\times10^5\,\text{N}$$

2. 截面设计

由式(8−12),得斜杆横截面所需面积为

$$A \geqslant \frac{F_N}{[\sigma]}$$

或要求

$$\frac{\pi d^2}{4} \geqslant \frac{F_N}{[\sigma]}$$

由此得

$$d \geqslant \sqrt{\frac{4F_N}{\pi[\sigma]}} = \sqrt{\frac{4(2.66\times10^5\,\text{N})}{\pi(120\times10^6\,\text{Pa})}} = 5.31\times10^{-2}\,\text{m}$$

取斜杆的截面直径为

$$d = 53\ \text{mm}$$

例 8−6　图 8−27a 所示结构,由直杆 1 与 2 并在其轴线端点用铰链连接而成。在铰链或节点 B 承受载荷 F 作用。已知两杆的横截面面积均为 $A = 100\ \text{mm}^2$,许用拉应力为 $[\sigma_t] = 200\ \text{MPa}$,许用压应力为 $[\sigma_c] = 150\ \text{MPa}$[1],试计算载荷 F 的最大允许值。载荷 F 的最大允许值,称为**许用载荷**,并用 $[F]$ 表示。

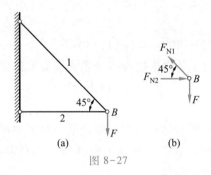

图 8−27

解:1.桁架与桁架内力

通过铰链连接杆轴端点、并仅在铰链或节点承受外力的杆系结构,即所谓

---

① 本章至第十四章,均暂不具体考虑轴向受压杆件的稳定性问题,稳定性问题将在第十五章专门研究。

桁架①。由于杆件轴线均通过节点,且外力也作用于节点,因此,桁架各杆内力均为轴力。

2. 轴力分析

取节点 B 为研究对象,并设杆 1 轴向受拉,杆 2 轴向受压,其轴力分别用为 F_{N1} 与 F_{N2} 表示,于是得节点 B 的受力如图 8-27b 所示,节点 B 的平衡方程则为

$$\sum F_x = 0, \quad F_{N2} - F_{N1}\cos45° = 0$$
$$\sum F_y = 0, \quad F_{N1}\sin45° - F = 0$$

由此得

$$F_{N1} = \sqrt{2}\,F \text{（拉力）}$$
$$F_{N2} = F \text{（压力）}$$

3. 确定 F 的许用值

杆 1 的强度条件为

$$\frac{\sqrt{2}\,F}{A} \leqslant [\sigma_t]$$

由此得

$$F \leqslant \frac{A[\sigma_t]}{\sqrt{2}} = \frac{(100\times10^{-6}\,\text{m}^2)(200\times10^6\,\text{Pa})}{\sqrt{2}} = 1.414\times10^4\,\text{N} \qquad (\text{a})$$

杆 2 的强度条件为

$$\frac{F}{A} \leqslant [\sigma_c]$$

由此得

$$F \leqslant A[\sigma_c] = (100\times10^{-6}\,\text{m}^2)(150\times10^6\,\text{Pa}) = 1.50\times10^4\,\text{N} \qquad (\text{b})$$

比较式(a)与(b),于是得桁架所能承受的最大载荷即许用载荷为

$$[F] = 14.14\ \text{kN}$$

例 8-7　图 8-28a 所示结构,AC 为刚性梁,BD 为斜撑杆,载荷 F 可沿梁 AC 水平移动。已知梁长为 l,节点 A 与 D 的距离为 h,为使斜撑杆的重量最轻,试确定斜撑杆与梁间夹角 θ 的最佳值。

解:1. 轴力分析

如图 8-28b 所示,设斜撑杆的轴力为 F_N,载荷 F 的位置用坐标 x 表示,则由平衡方程

_____

① 参阅 §6-3 桁架。

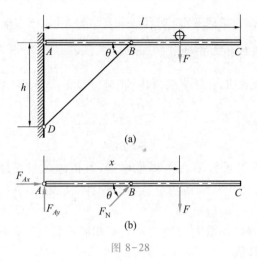

图 8-28

$$\sum M_A = 0, \quad F_N h\cos\theta - Fx = 0$$

得

$$F_N = \frac{Fx}{h\cos\theta}$$

显然，当 $x = l$ 时，轴力 F_N 最大，其值为

$$F_{N,\max} = \frac{Fl}{h\cos\theta}$$

2. 夹角 θ 的最佳值

根据强度要求，斜撑杆所需之最小横截面面积为

$$A_{\min} = \frac{F_{N,\max}}{[\sigma]} = \frac{Fl}{[\sigma]h\cos\theta}$$

由此得斜撑杆的体积为

$$V = A_{\min} l_{BD} = \frac{Fl}{[\sigma]h\cos\theta} \frac{h}{\sin\theta} = \frac{2Fl}{[\sigma]\sin 2\theta}$$

显然，要使斜撑杆的重量最轻，应使其体积最小。由上式，得

$$\sin 2\theta = 1$$

于是得夹角 θ 的最佳值为

$$\theta_{\text{opt}} = 45°$$

§8-7 胡克定律与拉压杆的变形

当杆件承受轴向载荷时，其轴向与横向尺寸均发生变化（图 8-2）。杆件沿

轴线方位的变形,称为**轴向变形**;垂直轴线方位的变形,称为**横向变形**。

一、轴向变形与胡克定律

轴向拉压试验表明,在比例极限内,正应力与正应变成正比,即

$$\sigma \propto \varepsilon$$

引进比例系数 E,则

$$\sigma = E\varepsilon \tag{8-14}$$

称为**胡克定律**。比例系数 E 称为**弹性模量**,其值随材料而异,并由试验测定。实际上,应力-应变图中线性阶段直线 OA 的斜率(图 8-14),即等于弹性模量之值。

由上式可知,弹性模量 E 与应力 σ 具有相同的量纲。弹性模量的常用单位为 GPa(吉帕)[①],其值为

$$1\ GPa = 10^9 Pa \tag{8-15}$$

现在,利用胡克定律研究拉压杆的轴向变形。

设杆件原长为 l(图 8-29),横截面的面积为 A,在轴向拉力 F 作用下,杆长变为 l_1,则杆的轴向变形与轴向正应变分别为

$$\Delta l = l_1 - l$$

$$\varepsilon = \frac{\Delta l}{l} \tag{a}$$

横截面上的正应力则为

$$\sigma = \frac{F}{A} = \frac{F_N}{A} \tag{b}$$

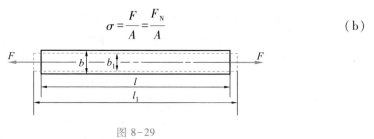

图 8-29

将式(a)与(b)代入式(8-14),于是得

$$\Delta l = \frac{F_N l}{EA} \tag{8-16}$$

上述关系式仍称为胡克定律,适用于等截面常轴力拉压杆。它表明,在比例极限

[①] 在我国法定计量单位中,词头 G(giga)代表 10^9,其名称为"吉"。

内,拉压杆的轴向变形 Δl 与轴力 F_N 及杆长 l 成正比,与乘积 EA 成反比。乘积 EA 称为截面拉压刚度,简称为拉压刚度。显然,对于一给定长度的杆,在一定轴向载荷作用下,拉压刚度愈大,杆的轴向变形愈小。由上式可知,轴向变形 Δl 与轴力 F_N 具有相同的正负号,即伸长为正,缩短为负。

二、横向变形与泊松比

如图 8-29 所示,设杆件的原宽度为 b,在轴向拉力作用下,杆件宽度变为 b_1,则杆的横向变形与横向正应变分别为

$$\Delta b = b_1 - b$$

$$\varepsilon' = \frac{\Delta b}{b} \tag{8-17}$$

试验表明,轴向拉伸时,杆沿轴向伸长,其横向尺寸减小,轴向压缩时,杆沿轴向缩短,其横向尺寸则增大(图 8-2),即横向正应变 ε' 与轴向正应变 ε 恒为异号。试验还表明,在比例极限内,横向正应变与轴向正应变成正比。

综上所述,在比例极限内,

$$\varepsilon' \propto -\varepsilon$$

引进比例系数 μ,于是得

$$\varepsilon' = -\mu\varepsilon \tag{8-18}$$

比例系数 μ 称为泊松比。在比例极限内,泊松比 μ 是一个常数,其值随材料而异,由试验测定。对于绝大多数各向同性材料,$0<\mu<0.5$。

将式(8-14)代入式(8-18),得

$$\varepsilon' = -\frac{\mu\sigma}{E} \tag{8-19}$$

几种常用材料的弹性模量 E 与泊松比 μ 之值如表 8-1 所示。

表 8-1　材料的弹性模量与泊松比

	钢与合金钢	铝合金	铜	铸铁	木(顺纹)
E/GPa	200~220	70~72	100~120	80~160	8~12
μ	0.25~0.30	0.26~0.34	0.33~0.35	0.23~0.27	

三、叠加原理简介

考虑图 8-30a 所示杆 AC,同时承受轴向载荷 F_B 与 F_C 作用。

设杆段 AB 与 BC 的轴力均为拉力,并分别用 F_{N1} 与 F_{N2} 表示,则利用截面法得

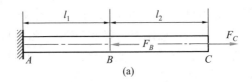

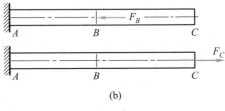

图 8-30

$$F_{N1} = F_C - F_B$$

$$F_{N2} = F_C$$

根据式(8-16)可知,杆段 AB 与 BC 的轴向变形分别为

$$\Delta l_{AB} = \frac{F_{N1} l_1}{EA} = \frac{(F_C - F_B) l_1}{EA}$$

$$\Delta l_{BC} = \frac{F_{N2} l_2}{EA} = \frac{F_C l_2}{EA}$$

所以,杆 AC 的轴向变形为

$$\Delta l = \Delta l_{AB} + \Delta l_{BC} = \frac{(F_C - F_B) l_1}{EA} + \frac{F_C l_2}{EA}$$

于是得

$$\Delta l = \frac{F_C (l_1 + l_2)}{EA} - \frac{F_B l_1}{EA}$$

上式表明,变形 Δl 与载荷 F_B 及 F_C 成线性齐次关系。

上述问题也可换用另一种方法求解。

如果分别考虑载荷 F_B 与 F_C 单独作用时杆 AC 的轴向变形(图 8-30b),则载荷 F_B 与 F_C 引起的轴向变形分别为

$$\Delta l_{F_B} = -\frac{F_B l_1}{EA}$$

$$\Delta l_{F_C} = \frac{F_C (l_1 + l_2)}{EA}$$

二者之和为

$$\Delta l = \Delta l_{F_B} + \Delta l_{F_C} = \frac{F_C(l_1+l_2)}{EA} - \frac{F_B l_1}{EA}$$

所得结果与考虑载荷 F_B 及 F_C 同时作用的解答相同。

由此可见，几个载荷同时作用产生的效果，等于各载荷单独作用产生的效果的总和（代数和或矢量和），称为**叠加原理**。还可以看出，当因变量与自变量成线性齐次关系时，即可应用叠加原理。

在线弹性范围内，且当变形很小时，杆的内力、应力、变形及位移，一般均与载荷成正比，因此，叠加原理的应用范围甚广。关于叠加原理的成立条件与具体应用，将在后续有关章节中进一步论述。

例 8-8 图 8-31a 所示钢螺栓，内径 $d = 15.3$ mm，被连接部分 AB 的总长 $l = 54$ mm，拧紧螺母时其伸长变形 $\Delta l = 0.04$ mm，钢的弹性模量 $E = 200$ GPa，泊松比 $\mu = 0.30$，试计算螺栓横截面上的正应力、螺栓的横向变形以及螺帽与螺母所受之力。

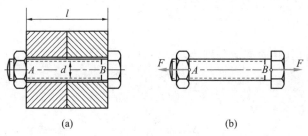

(a)   (b)

图 8-31

解：1. 螺栓横截面上的正应力

螺栓的轴向正应变为

$$\varepsilon = \frac{\Delta l}{l} = \frac{0.04 \times 10^{-3} \text{m}}{54 \times 10^{-3} \text{m}} = 7.41 \times 10^{-4}$$

根据胡克定律，得螺栓横截面上的正应力为

$$\sigma = E\varepsilon = (200 \times 10^9 \text{Pa})(7.41 \times 10^{-4}) = 1.482 \times 10^8 \text{Pa} = 148.2 \text{ MPa}$$

2. 螺栓的横向变形

根据式（8-18），螺栓的横向正应变为

$$\varepsilon' = -\mu\varepsilon = -0.30 \times 7.41 \times 10^{-4} = -2.22 \times 10^{-4}$$

由此得螺栓的横向变形为

$$\Delta d = \varepsilon' d = (-2.22 \times 10^{-4})(15.3 \times 10^{-3} \text{m}) = -0.003\,4 \text{ mm}$$

即螺栓直径缩小 0.003 4 mm。

3. 螺栓的受力分析

螺栓的受力如图 8-31b 所示,作用在螺帽与螺母上的力即所谓预紧力为

$$F = \sigma \frac{\pi d^2}{4} = (148.2 \times 10^6 \text{Pa}) \frac{\pi (15.3 \times 10^{-3} \text{ m})^2}{4} = 27.3 \text{ kN}$$

例 8-9 图 8-32 所示圆截面杆,已知 $F = 4$ kN,$l_1 = l_2 = 100$ mm,弹性模量 $E = 200$ GPa。为保证杆件正常工作,要求其轴向总变形不超过 0.10 mm,即许用轴向变形 $[\Delta l] = 0.10$ mm。试根据上述要求确定杆径 d。

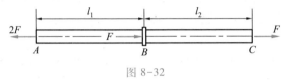

图 8-32

解:1. 变形分析

杆段 AB 与 BC 的轴力分别为

$$F_{N1} = 2F$$
$$F_{N2} = F$$

由式(8-16)得其轴向变形分别为

$$\Delta l_1 = \frac{F_{N1} l_1}{EA} = \frac{8Fl_1}{E\pi d^2}$$

$$\Delta l_2 = \frac{F_{N2} l_2}{EA} = \frac{4Fl_1}{E\pi d^2}$$

所以,杆 AC 的轴向总变形为

$$\Delta l = \Delta l_1 + \Delta l_2 = \frac{8Fl_1}{E\pi d^2} + \frac{4Fl_1}{E\pi d^2} = \frac{12Fl_1}{E\pi d^2} \quad (\text{a})$$

2. 按刚度要求确定杆径

按照设计要求,轴向总变形 Δl 不得超过许用轴向变形 $[\Delta l]$,即要求

$$\Delta l \leqslant [\Delta l]$$

称为拉压刚度条件。

将式(a)代入上式,得

$$\frac{12Fl_1}{E\pi d^2} \leqslant [\Delta l]$$

由此得

$$d \geqslant \sqrt{\frac{12Fl_1}{E\pi [\Delta l]}} = \sqrt{\frac{12(4 \times 10^3 \text{ N})(100 \times 10^{-3} \text{ m})}{\pi (200 \times 10^9 \text{ Pa})(0.10 \times 10^{-3} \text{ m})}} = 8.7 \times 10^{-3} \text{ m}$$

取

$$d = 9.0 \ \text{mm}$$

例 8-10 图 8-33a 所示桁架,节点 A 承受铅垂载荷 $F = 10$ kN 作用。杆 1 用钢制成,弹性模量 $E_1 = 200$ GPa,横截面面积 $A_1 = 100 \ \text{mm}^2$,杆长 $l_1 = 1$ m;杆 2 用硬铝制成,弹性模量 $E_2 = 70$ GPa,横截面面积 $A_2 = 250 \ \text{mm}^2$。试求节点 A 的位移。

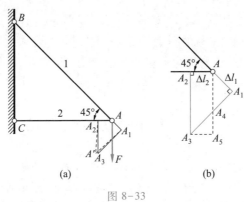

(a)   (b)

图 8-33

解:1. 计算杆件的轴向变形

根据节点 A 的平衡条件,求得杆 1 与杆 2 的轴力分别为

$$F_{N1} = \sqrt{2} F = \sqrt{2} (10 \times 10^3 \text{N}) = 1.414 \times 10^4 \text{N} \ (\text{拉力})$$

$$F_{N2} = F = 1.0 \times 10^4 \text{N} \ (\text{压力})$$

如图 8-33a 所示,设杆 1 的伸长为 Δl_1,并用 $\overline{AA_1}$ 表示,杆 2 的缩短为 Δl_2,并用 $\overline{AA_2}$ 表示,则由胡克定律可知:

$$\Delta l_1 = \frac{F_{N1} l_1}{E_1 A_1} = \frac{(1.414 \times 10^4 \text{N})(1.0 \ \text{m})}{(200 \times 10^9 \text{Pa})(100 \times 10^{-6} \text{m}^2)} = 7.07 \times 10^{-4} \text{m} = 0.707 \ \text{mm}$$

$$\Delta l_2 = \frac{F_{N2} l_2}{E_2 A_2} = \frac{(1.0 \times 10^4 \text{N})(1.0\cos 45° \text{m})}{(70 \times 10^9 \text{Pa})(250 \times 10^{-6} \text{m}^2)} = 4.04 \times 10^{-4} \text{m} = 0.404 \ \text{mm}$$

2. 确定节点 A 位移后的位置

加载前,杆 1 与杆 2 在节点 A 相连;加载后,各杆的长度虽然改变,但仍连接在一起。因此,为了确定节点 A 位移后的位置,可分别以 B 与 C 为圆心,以 BA_1 与 CA_2 为半径作圆,其交点 A' 即为节点 A 的新位置。

通常,杆的变形均很小(例如 Δl_1 仅为 l_1 的 0.070 7%),弧线 $A_1 A'$ 与 $A_2 A'$ 必很短,因而可近似地用其切线代替。于是,过 A_1 与 A_2 分别作 BA_1 与 CA_2 的垂线(图

8-33b),其交点 A_3 亦可视为节点 A 的新位置。

3. 计算节点 A 的位移

由图可知,节点 A 的水平与铅垂位移分别为

$$\Delta_{Ax} = \overline{AA_2} = \Delta l_2 = 0.404 \text{ mm}$$

$$\Delta_{Ay} = \overline{AA_4} + \overline{A_4 A_5} = \frac{\Delta l_1}{\sin 45°} + \frac{\Delta l_2}{\tan 45°} = 1.404 \text{ mm}$$

4. 讨论

与结构原尺寸相比为很小的变形,称为**小变形**。在小变形的条件下,通常即可按结构原有几何形状与尺寸计算约束力与内力,并可采用以切线代替圆弧的方法确定位移。因此,小变形为一重要概念,利用此概念,可使许多问题的分析计算大为简化。

§8-8　简单拉压静不定问题

在前面所讨论的问题中,约束力与轴力均可通过平衡方程确定。由平衡方程可确定全部未知力(包括约束力与内力)的问题,即所谓静定问题。本节研究拉压静不定问题的分析原理与方法。

一、静不定问题与静不定度

图 8-34a 所示桁架为一静定问题。然而,如果在上述桁架中增加一杆 AD(图 8-34b),则未知轴力变为三个(F_{N1},F_{N2} 与 F_{N3}),但独立平衡方程仍然只有两个,显然,仅由两个平衡方程不能确定三个未知轴力。根据静力平衡方程尚不能确定全部未知力的问题,即所谓静不定问题。

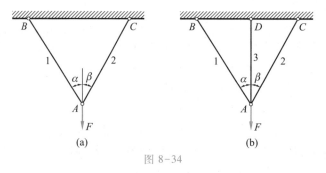

图 8-34

静不定问题的未知力数与独立或有效平衡方程数之差,称为**静不定度**。可见,图 8-34b 所示桁架为一度静不定。

二、静不定问题分析

为了确定静不定问题的未知力,除应利用平衡方程外,还必须研究变形,并借助变形与内力间的关系,以建立补充方程。现以图 8-35a 所示静不定桁架为例,介绍分析方法。

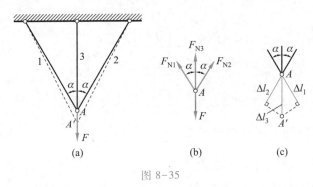

图 8-35

设杆 1 与杆 2 各横截面的拉压刚度均相同,均为 $E_1 A_1$,杆 3 各横截面的拉压刚度均为 $E_3 A_3$,杆 1 的长度为 l_1。在载荷 F 作用下,三杆均伸长,故可设三杆均受拉,节点 A 的受力如图 8-35b 所示,其平衡方程为

$$\sum F_x = 0, \quad F_{N2}\sin\alpha - F_{N1}\sin\alpha = 0 \tag{a}$$

$$\sum F_y = 0, \quad F_{N1}\cos\alpha + F_{N2}\cos\alpha + F_{N3} - F = 0 \tag{b}$$

三杆原交于一点 A,因由铰链相连,变形后它们仍应交于一点。此外,由于杆 1 与杆 2 的受力及拉压刚度均相同,节点 A 应沿铅垂下移,各杆的变形关系如图 8-35c 所示。可以看出,为保证三杆变形后仍交于一点,即保证结构的连续性,杆 1、杆 2 的变形 Δl_1 与杆 3 的变形 Δl_3 之间应满足如下关系:

$$\Delta l_1 = \Delta l_3 \cos\alpha \tag{c}$$

保证结构连续性所应满足的变形几何关系,称为**变形协调条件**或**变形协调方程**。变形协调条件即为求解静不定问题的补充条件。

设三杆均处于线弹性范围,则由胡克定律可知,各杆的变形与轴力间的关系为

$$\Delta l_1 = \frac{F_{N1} l_1}{E_1 A_1}$$

$$\Delta l_3 = \frac{F_{N3} l_1 \cos\alpha}{E_3 A_3}$$

将上述关系式代入式(c),得到以轴力表示的变形协调方程,即补充方程为

$$F_{N1} = \frac{E_1 A_1}{E_3 A_3} \cos^2\alpha \cdot F_{N3} \qquad\qquad (\text{d})$$

最后,联立求解平衡方程(a)、方程(b)与补充方程(d),于是得

$$\left.\begin{array}{l} F_{N1} = F_{N2} = \dfrac{F\cos^2\alpha}{\dfrac{E_3 A_3}{E_1 A_1} + 2\cos^3\alpha} \\[4mm] F_{N3} = \dfrac{F}{1 + 2\dfrac{E_1 A_1}{E_3 A_3}\cos^3\alpha} \end{array}\right\} \qquad (\text{e})$$

所得结果均为正,说明各杆轴力均为拉力的假设是正确的。

三、静不定问题求解要点与特点

综上所述,求解静不定问题的要点是:满足平衡方程;满足变形协调条件;符合力与变形间的物理关系(如在线弹性范围内,即符合胡克定律)。概言之,即应综合考虑静力学、几何与物理三方面。材料力学的许多基本理论,也正是从这三方面进行综合分析后建立的。

与静定拉压杆或杆系结构相比,静不定拉压杆或杆系结构具有以下特点:

首先,由式(e)可以看出,杆的轴力 F_{Ni} 不仅与载荷 F 有关,而且与杆的拉压刚度有关。一般说来,增大静不定拉压杆或杆系结构某杆(或杆段)的拉压刚度,该杆(或杆段)的轴力亦相应增大。

其次,在静不定拉压杆或杆系结构中,各杆(或杆段)的变形必须服从变形协调条件,因此,当各杆(或杆段)因温度变化或杆长存在制造误差时,一般将引起应力。例如图 8-36a 所示静不定桁架,由于杆 3 的实际长度比设计长度稍短(长度误差为 δ),经强制安装后,各杆将位于图示虚线位置,杆 1 与 2 轴向受压(图 8-36b),杆 3 轴向受拉。由于温度变化或杆长存在制造误差,构件或结构未承载时即已存在的应力,分别称为**热应力**与**预应力**。

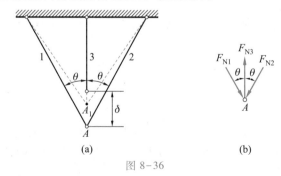

图 8-36

例 8-11 图 8-37a 所示杆 AB,两端固定,在横截面 C 处承受轴向载荷 F 作用。设截面拉压刚度 EA 为常数,试求杆端的约束力或支反力。

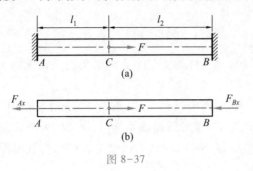

图 8-37

解:1. 静力学方面

在载荷 F 作用下,杆段 AC 伸长,杆段 CB 缩短,杆端支反力 F_{Ax} 与 F_{Bx} 的方向如图 8-37b 所示,并与载荷 F 组成一共线力系,其平衡方程为

$$\sum F_x = 0, \quad F - F_{Ax} - F_{Bx} = 0 \tag{a}$$

两个未知力,一个平衡方程,故为一度静不定。

2. 几何方面

根据杆端的约束条件可知,受力后各杆段虽然变形,但杆的总长不变。设杆段 AC 与 CB 的轴向变形分别为 Δl_{AC} 与 Δl_{CB},则变形协调条件为

$$\Delta l_{AC} + \Delta l_{CB} = 0 \tag{b}$$

3. 物理方面

由图 8-37b 可以看出,杆段 AC 与 CB 的轴力分别为

$$F_{N1} = F_{Ax}$$

$$F_{N2} = -F_{Bx}$$

根据胡克定律,于是有

$$\Delta l_{AC} = \frac{F_{N1}l_1}{EA} = \frac{F_{Ax}l_1}{EA} \tag{c}$$

$$\Delta l_{CB} = \frac{F_{N2}l_2}{EA} = -\frac{F_{Bx}l_2}{EA} \tag{d}$$

4. 支反力计算

将式(c)与式(d)代入式(b),即得补充方程为

$$F_{Ax}l_1 - F_{Bx}l_2 = 0 \tag{e}$$

最后,联立求解平衡方程(a)与补充方程(e),于是得

$$F_{Ax} = \frac{Fl_2}{l_1 + l_2}$$

$$F_{Bx} = \frac{Fl_1}{l_1 + l_2}$$

所得结果均为正,说明关于杆端支反力方向的假设是正确的。

　　例 8-12　图 8-38a 所示结构,承受载荷 $F = 50$ kN 作用。杆 1 与杆 2 的材料相同,弹性模量均为 E,横截面面积均为 A,梁 BD 为刚体,许用拉应力 $[\sigma_t] = 160$ MPa,许用压应力 $[\sigma_c] = 120$ MPa,试确定各杆的横截面面积。

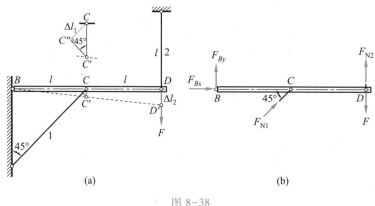

图 8-38

　　解:1. 问题分析

　　未知轴力与支反力各两个,即未知力共四个,但是,由于独立平衡方程只有三个,故为一度静不定。

　　在载荷 F 作用下,梁 BD 将绕 B 点沿顺时针方向微小转动,杆 1 缩短,杆 2 伸长。与此相应,杆 1 受压,杆 2 受拉,梁 BD 的受力如图 8-38b 所示。

　　2. 建立平衡方程

　　由平衡方程

$$\sum M_B = 0, \quad F_{N1} \sin 45° \cdot l + F_{N2} \cdot 2l - F \cdot 2l = 0$$

得

$$F_{N1} + 2\sqrt{2} F_{N2} - 2\sqrt{2} F = 0 \tag{a}$$

　　在本例中,因只需求轴力 F_{N1} 与 F_{N2},而另外两个平衡方程($\sum F_x = 0$, $\sum F_y = 0$),将包括未知反力 F_{Bx} 与 F_{By},故可不必列出。

　　3. 建立补充方程

　　由变形图可以看出,

$$\Delta l_2 = 2\,\overline{CC'} = 2\,\frac{\Delta l_1}{\cos 45°}$$

即变形协调条件为

$$\Delta l_2 = 2\sqrt{2}\,\Delta l_1 \qquad\qquad (b)$$

根据胡克定律,

$$\Delta l_1 = \frac{F_{N1}l_1}{EA} = \frac{\sqrt{2}\,F_{N1}l}{EA}$$

$$\Delta l_2 = \frac{F_{N2}l_2}{EA} = \frac{F_{N2}l}{EA}$$

将上述关系代入式(b),得补充方程为

$$F_{N2} = 4F_{N1} \qquad\qquad (c)$$

4. 轴力计算与截面设计

联立求解平衡方程(a)与补充方程(c),得

$$F_{N1} = \frac{2\sqrt{2}\,F}{8\sqrt{2}+1} = \frac{2\sqrt{2}\,(50\times10^3\,\text{N})}{8\sqrt{2}+1} = 1.149\times10^4\,\text{N}$$

$$F_{N2} = \frac{8\sqrt{2}\,F}{8\sqrt{2}+1} = \frac{8\sqrt{2}\,(50\times10^3\,\text{N})}{8\sqrt{2}+1} = 4.59\times10^4\,\text{N}$$

由此得杆 1 与杆 2 所需之横截面积分别为

$$A_1 \geqslant \frac{F_{N1}}{[\sigma_c]} = \frac{1.149\times10^4\,\text{N}}{120\times10^6\,\text{Pa}} = 9.58\times10^{-5}\,\text{m}^2$$

$$A_2 \geqslant \frac{F_{N2}}{[\sigma_t]} = \frac{4.59\times10^4\,\text{N}}{160\times10^6\,\text{Pa}} = 2.87\times10^{-4}\,\text{m}^2$$

按照题意,两杆横截面面积相同,均为 A,且上述轴力正是在此条件下所求得,因此,应取

$$A_1 = A_2 = 2.87\times10^{-4}\,\text{m}^2$$

否则,各杆的轴力及应力将随之改变。

5. 讨论

在画受力图与变形图时,宜使受力图中的拉力或压力,分别与变形图中的伸长或缩短一一对应,这样,在利用胡克定律建立变形 Δl 与轴力 F_N 间的关系时,仅需考虑其绝对值即可。

§8-9 连接部分的强度计算

拉压杆与其他构件之间,或一般构件与构件之间,常采用销钉、耳片或铆钉

等相连接(图 8-39),本节介绍连接件的强度计算。

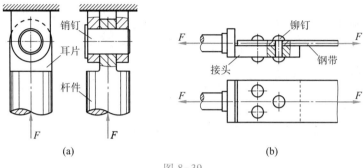

图 8-39

连接件的受力与变形一般均较复杂,而且,很大程度上还受到加工工艺的影响,要精确分析其应力比较困难,同时也不实用。因此,工程中通常均采用简化分析方法。其要点是:一方面对连接件的受力与应力分布进行某些简化,从而计算出各部分的"名义"应力;同时,对同类连接件进行破坏试验,并采用同样的计算方法,由破坏载荷确定材料的极限应力。实践表明,只要简化合理,并有充分的试验依据,这种简化分析方法仍然是可靠的。现以销钉、耳片连接为例,介绍有关概念与计算方法。

一、剪切与剪切强度条件

考虑图 8-39a 所示销钉,其受力如图 8-40a 所示。可以看出,作用在销钉上的外力垂直于销钉轴线,且作用线之间的距离很小。试验表明,当上述外力过大时,销钉将沿横截面 1-1 与 2-2 被剪断(图 8-40b)。因此,对于销钉等受剪连接件,必须考虑其剪切强度问题。

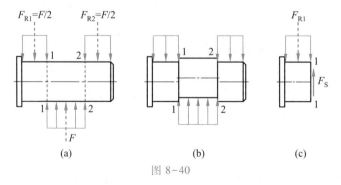

图 8-40

首先分析销钉的内力。利用截面法,沿剪切面 1-1 假想地将销钉切开,并选切开后的左段为研究对象(图 8-40c),显然,横截面上的内力等于外力 F_{R1},并位于该截面内。作用线位于所切横截面的内力分量,称为**剪力**,并用 F_S 表示。

在工程计算中,通常均假定剪切面上的切应力均匀分布,于是,剪切面的切应力与剪切强度条件分别为

$$\tau = \frac{F_S}{A_S} \qquad\qquad (8\text{-}20)$$

$$\frac{F_S}{A_S} \leqslant [\tau] \qquad\qquad (8\text{-}21)$$

式中:A_S 为剪切面的面积;$[\tau]$ 为连接件的许用切应力,其值等于连接件的剪切强度极限 τ_b 除以安全因数。如上所述,剪切强度极限之值,也是按式(8-20)并由剪切破坏载荷确定的。

二、挤压与挤压强度条件

在外力作用下,销钉与孔直接接触。接触面上的局部应力,称为**挤压应力**。试验表明,当挤压应力过大时,在孔、销接触的局部区域内,将产生显著塑性变形(图 8-41),以致影响孔、销间的正常配合,显然,这种显著塑性变形通常也是不容许的。

在局部接触的圆柱面上,挤压应力的分布如图 8-42a 所示,最大挤压应力 σ_{bs} 发生在该表面的中部。设挤压力为 F_b,耳片的厚度为 δ,销钉或孔的直径为 d,根据试验与分析结果,最大挤压应力为

$$\sigma_{bs} \approx \frac{F_b}{\delta d} \qquad\qquad (8\text{-}22)$$

由图 8-42b 可以看出,受压圆柱面在相应径向平面上的投影面积也为 δd,因此,最大挤压应力 σ_{bs} 数值上即等于上述径向截面的平均压应力。

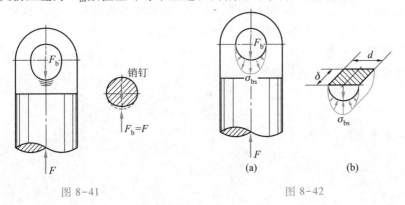

图 8-41

图 8-42

由此可见,为防止挤压破坏,最大挤压应力 σ_{bs} 不得超过连接件的许用挤压应力 $[\sigma_{bs}]$,即挤压强度条件为

$$\sigma_{bs} \leqslant [\sigma_{bs}] \tag{8-23}$$

许用挤压应力等于连接件的挤压极限应力除以安全因数。

应该指出,对于不同类型的连接件,其受力与应力分布也不相同,应根据其具体特点,进行分析计算。

例 8-13　图 8-43a 所示铆接接头,承受轴向载荷 F 作用,已知板厚 $\delta = 2$ mm,板宽 $b = 15$ mm,铆钉直径 $d = 4$ mm,许用切应力 $[\tau] = 100$ MPa,许用挤压应力 $[\sigma_{bs}] = 300$ MPa,许用拉应力 $[\sigma] = 160$ MPa。试求载荷 F 的许用值。

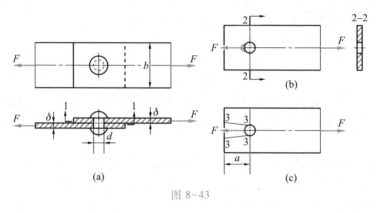

图 8-43

解:1. 接头破坏形式分析

铆接接头的破坏形式可能有以下四种:铆钉沿横截面 1-1 被剪断(图 8-43a);铆钉与孔壁互相挤压,产生显著塑性变形(图 8-43b);板沿截面 2-2 被拉断(图 8-43b);板沿截面 3-3 被剪断(图 8-43c)。

试验表明,当边距 $a \geqslant 2d$ 时,最后一种形式的破坏通常即可避免。因此,铆接接头的强度分析,主要是针对前三种破坏形式而言。

2. 剪切强度分析

铆钉剪切面 1-1 上的切应力为

$$\tau = \frac{4F}{\pi d^2}$$

根据剪切强度条件(8-21),要求

$$\frac{4F}{\pi d^2} \leqslant [\tau]$$

由此得

$$F \leqslant \frac{\pi d^2 [\tau]}{4} = \frac{\pi (4 \times 10^{-3} \text{m})^2 (100 \times 10^6 \text{Pa})}{4} = 1.257 \text{ kN} \qquad \text{(a)}$$

3. 挤压强度分析

铆钉与孔壁的最大挤压应力为

$$\sigma_{\text{bs}} = \frac{F}{\delta d}$$

根据挤压强度条件(8-23),要求

$$\frac{F}{\delta d} \leqslant [\sigma_{\text{bs}}]$$

由此得

$$F \leqslant \delta d [\sigma_{\text{bs}}] = (2 \times 10^{-3} \text{m})(4 \times 10^{-3} \text{m})(300 \times 10^6 \text{Pa}) = 2.40 \text{ kN} \qquad \text{(b)}$$

4. 拉伸强度分析

横截面 2-2 上的正应力最大,相应强度条件为

$$\frac{F}{(b-d)\delta} \leqslant [\sigma]$$

由此得

$$F \leqslant (b-d)\delta[\sigma] = (15-4)(2)(10^{-6} \text{m}) \cdot (160 \times 10^6 \text{Pa}) = 3.52 \text{ kN} \qquad \text{(c)}$$

5. 确定许用载荷

比较式(a),(b)与式(c),于是得接头的许用载荷为

$$[F] = 1.257 \text{ kN}$$

例 8-14 图 8-44a 所示两根矩形截面木杆,用两块钢板连接在一起,并承受轴向载荷 $F = 45$ kN 作用。已知木杆的截面宽度 $b = 250$ mm,高度 $h = 100$ mm,钢板尺寸 $\delta = 10$ mm, $l = 100$ mm,沿顺纹方向,木料的许用拉应力 $[\sigma] = 6$ MPa,许用切应力 $[\tau] = 1$ MPa,许用挤压应力 $[\sigma_{\text{bs}}] = 10$ MPa,试校核杆端强度。

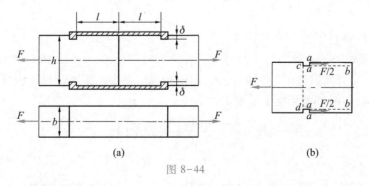

(a)   (b)

图 8-44

解：1. 问题分析

木杆端部的受力如图 8-44b 所示，aa 为挤压面，ab 为剪切面，cd 截面的拉应力最大，因此，应分别校核上述三处的挤压、剪切与拉伸强度。

2. 挤压强度校核

挤压面 aa 上的挤压力为

$$F_{bs} = \frac{F}{2}$$

由此得相应挤压应力为

$$\sigma_{bs} = \frac{F}{2b\delta} = \frac{45 \times 10^3 \text{ N}}{2(0.250 \text{ m})(0.010 \text{ m})} = 9.0 \text{ MPa} < [\sigma_{bs}]$$

3. 剪切强度校核

剪切面 ab 上的剪力为

$$F_S = \frac{F}{2}$$

由此得相应切应力为

$$\tau = \frac{F}{2bl} = \frac{45 \times 10^3 \text{ N}}{2(0.250 \text{ m})(0.100 \text{ m})} = 0.9 \text{ MPa} < [\tau]$$

4. 拉伸强度校核

木杆横截面 cd 上的拉应力最大，其值为

$$\sigma = \frac{45 \times 10^3 \text{ N}}{(0.250)(0.100 - 2 \times 0.010)(\text{m})} = 2.25 \text{ MPa} < [\sigma]$$

例 8-15 图 8-45a 所示铆接接头，拉杆与铆钉的材料相同，载荷 $F = 80$ kN，板宽 $b = 80$ mm，板厚 $\delta = 10$ mm，铆钉直径 $d = 16$ mm，许用切应力 $[\tau] = 100$ MPa，许用挤压应力 $[\sigma_{bs}] = 300$ MPa，许用拉应力 $[\sigma] = 160$ MPa。试校核铆钉与拉杆的强度。

解：1. 铆钉的剪切强度计算

分析表明[1]，当各铆钉的材料与直径均相同，且外力作用线通过铆钉群剪切面的形心时，通常即认为各铆钉剪切面上的剪力相同。因此，对于图 8-45a 所示铆钉群，各铆钉剪切面上的剪力均为

$$F_S = \frac{F}{4} = \frac{80 \times 10^3 \text{ N}}{4} = 2.0 \times 10^4 \text{ N}$$

---

[1] 单辉祖编著，材料力学问题与范例分析，问题 13-3-5，高等教育出版社，2016 年。

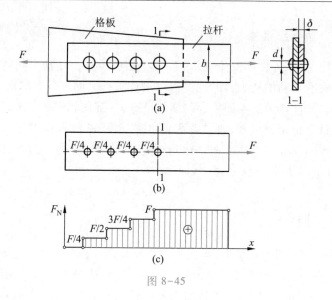

图 8-45

相应的切应力则为

$$\tau = \frac{4F_s}{\pi d^2} = \frac{4(2.0\times10^4\,\text{N})}{\pi(16\times10^{-3}\,\text{m})^2} = 99.5\ \text{MPa} < [\,\tau\,]$$

2. 铆钉的挤压强度计算

铆钉所受挤压力等于铆钉剪切面上的剪力,即

$$F_b = F_s = 2.0\times10^4\ \text{N}$$

因此,最大挤压应力为

$$\sigma_{bs} = \frac{F_b}{\delta d} = \frac{2.0\times10^4\,\text{N}}{(10\times10^{-3}\,\text{m})(16\times10^{-3}\,\text{m})} = 125\ \text{MPa} < [\,\sigma_{bs}\,]$$

3. 拉杆的拉伸强度计算

拉杆的受力情况及轴力图分别如图 8-45b 与 c 所示。显然,横截面 1-1 上的正应力最大,其值为

$$\sigma_{max} = \frac{F_{N,max}}{(b-d)\delta} = \frac{80\times10^3\,\text{N}}{(80-16)(10)(10^{-6}\,\text{m})} = 125\ \text{MPa} < [\,\sigma\,]$$

可见,铆钉与拉杆均满足强度要求。

* §8-10　应变能概念

能量守恒定律是一个普遍原理,现将其用于轴向拉压的变形分析。

一、外力功与应变能

在外力作用下,弹性体发生变形,载荷在相应位移上作功。与此同时,弹性体因变形而具有作功的能力,即具有能量,例如被拧紧的发条在放松过程中能带动齿轮转动。弹性体因变形而贮存的能量,称为**应变能**,并用 V_ε 表示。

根据能量守恒定律可知,如果载荷是由零逐渐地、缓慢地增加,以致在加载过程中弹性体的动能与热能等的变化均可忽略不计,则贮存在弹性体内的应变能 V_ε,数值上等于外力所作之功 W,即

$$V_\varepsilon = W \tag{8-24}$$

二、外力功计算

考虑图 8-46a 所示弹性杆,承受轴向载荷作用。载荷 f 由零逐渐增加,最后达最大值 F;载荷 f 之相应位移 δ 也随之增长,最后达最大值 Δ。在线弹性范围内,载荷 f 与位移 δ 成正比,其关系如图 8-46b 所示。

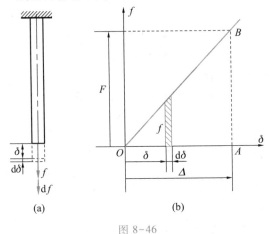

图 8-46

在加载过程中,当载荷 f 增加微量 $\mathrm{d}f$ 时,位移 δ 相应增长 $\mathrm{d}\delta$(图 8-46a),这时,载荷 f 所作之功为 $f\mathrm{d}\delta$。因此,在整个加载过程中,载荷所作之总功为

$$W = \int_0^\Delta f\mathrm{d}\delta \tag{8-25}$$

由图 8-46b 可以看出,微功 $f\mathrm{d}\delta$ 代表狭长阴影区域的面积,因此,载荷所作之总功,数值上即等于图示三角形 OAB 的面积,于是得

$$W = \frac{F\Delta}{2} \tag{8-26}$$

即载荷所作之总功,等于载荷 F 与相应位移 Δ 的乘积之半。

三、拉压杆的应变能

对于长为 l、轴力 F_N 为常值的等截面拉压杆(图 8-2),其轴向变形为

$$\Delta l = \frac{F_N l}{EA}$$

因此,由式(8-24)、式(8-26)与上式可知,杆件的轴向拉压应变能为

$$V_\varepsilon = W = \frac{F_N \Delta l}{2} = \frac{F_N^2 l}{2EA} \tag{8-27}$$

或

$$V_\varepsilon = \frac{EA(\Delta l)^2}{2l} \tag{8-28}$$

例 8-16 图 8-47a 所示桁架,在节点 B 承受铅垂载荷 F 作用。设各杆各截面的拉压刚度均为 EA,试求节点 B 的铅垂位移。

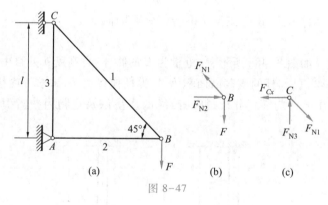

图 8-47

解:1. 轴力分析

节点 B 与 C 的受力分别如图 8-47b 与 c 所示,根据该二节点的平衡条件,求得杆 1、杆 2 与杆 3 的轴力分别为

$$F_{N1} = \sqrt{2}F \text{(拉力)}$$
$$F_{N2} = F \text{(压力)}$$
$$F_{N3} = F \text{(压力)}$$

2. 应变能计算

桁架由三杆组成,其应变能为

$$V_{\varepsilon} = \sum_{i=1}^{3} \frac{F_{Ni}^2 l_i}{2E_i A_i} = \frac{F_{N1}^2 \cdot \sqrt{2}\, l}{2EA} + \frac{F_{N2}^2 l}{2EA} + \frac{F_{N3}^2 l}{2EA}$$

将各杆的轴力表达式代入上式,得

$$V_{\varepsilon} = \frac{F^2 l(\sqrt{2}+1)}{EA}$$

3. 位移计算

设节点 B 的铅垂位移为 Δ_B,并与载荷 F 同向,则外力所作之功为

$$W = \frac{F\Delta_B}{2}$$

根据能量守恒定律,其值应等于应变能,即

$$\frac{F\Delta_B}{2} = \frac{F^2 l(\sqrt{2}+1)}{EA}$$

由此得

$$\Delta_B = \frac{2Fl(\sqrt{2}+1)}{EA}$$

所得位移 Δ_B 为正,说明该位移确与载荷 F 同向。

例 8-17　如图 8-48a 所示,一重量为 P 的物体,自高度 h 处自由下落,冲击杆下端的凸缘。已知杆的横截面面积为 A,弹性模量为 E,试求杆内横截面上的最大冲击应力 σ_d。为简化分析,杆与凸缘的质量以及重物因冲击引起的变形,均忽略不计。

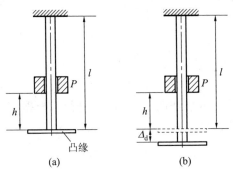

图 8-48

解：1. 问题分析

当重物下落冲击凸缘时,使杆伸长,同时,由于杆的弹性阻遏重物运动,使其下降速度减小并迅速变为零。当重物速度变为零时,杆的轴向变形最大(图

8-48b），横截面上的应力也最大，杆的最大轴向变形用 Δ_d 表示。

2. 最大变形分析

当杆的变形最大时，重物减小的势能为

$$E_p = P(h+\Delta_d)$$

由式(8-28)可知，杆件的应变能为

$$V_\varepsilon = \frac{EA\Delta_d^2}{2l}$$

如果忽略冲击过程中的声与热等能量的损失，则由能量守恒定律可知，

$$P(h+\Delta_d) = \frac{EA\Delta_d^2}{2l}$$

由此得

$$\Delta_d^2 - 2\Delta_{st}\Delta_d - 2\Delta_{st}h = 0 \tag{a}$$

式中，$\Delta_{st} = Pl/(EA)$，代表当 P 作为静载荷作用于凸缘时，杆件的轴向变形。

于是，由式(a)得最大冲击变形为

$$\Delta_d = \Delta_{st}\left(1 + \sqrt{1+\frac{2h}{\Delta_{st}}}\right) \tag{b}$$

3. 最大应力计算

根据胡克定律可知，

$$\sigma_d = E\varepsilon = E\frac{\Delta_d}{l}$$

将式(b)代入上式，于是得横截面上的最大冲击正应力为

$$\sigma_d = \frac{P}{A}\left(1 + \sqrt{1+\frac{2h}{\Delta_{st}}}\right) \tag{c}$$

4. 讨论

由式(c)可以看出，最大冲击应力 σ_d 之值，不仅与冲击物的重量 P 及其初始高度 h 有关，而且与静变形 Δ_{st} 有关。被冲击杆件的刚度愈小，静变形愈大，则最大冲击应力愈小。所以，在设计承受冲击载荷的构件或结构时，应尽量降低其刚度。

思 考 题

8-1 如何用截面法计算轴力？如何画轴力图？在分析杆件轴力时，力的可传性原理是否仍可用？应注意什么？

8-2 拉压杆横截面上的正应力公式是如何建立的？该公式的应用条件是什么？

8-3 拉压杆斜截面上的应力公式是如何建立的？为何斜截面上各点处的应力 p_α 一定平行于杆件轴线？最大正应力与最大切应力各位于何截面,其值为何？正应力、切应力与方位角的正负符号是如何规定的？

8-4 低碳钢在拉伸过程中表现为几个阶段？各有何特点？何谓比例极限、屈服应力与强度极限？

8-5 何谓塑性材料与脆性材料？如何衡量材料的塑性？试比较塑性材料与脆性材料的力学性能的特点。

8-6 材料 a,b 与 c 的应力应变曲线如图所示。其中:材料____的强度最高;材料____的弹性模量最大;材料____的塑性最好。

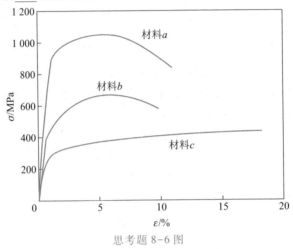

思考题 8-6 图

8-7 金属材料试样在轴向拉伸与压缩时有几种失效形式,估计各与何种应力有关?

8-8 何谓许用应力？何谓强度条件？利用强度条件可以解决哪些类型的强度问题？

8-9 试指出下列概念的区别:纵向变形与正应变;比例极限与弹性极限;延伸率与正应变;强度极限与极限应力;工作应力与许用应力;变形与位移。

8-10 胡克定律是如何建立的？有几种表示形式？该定律的应用条件是什么？何谓杆截面拉压刚度？

8-11 何谓弹性模量？何谓泊松比？能否说"杆件轴向拉伸时的横向正应变与轴向正应变之比值恒为常数"？

8-12 当空心圆截面杆轴向拉伸时,杆的外径是增大还是减小,内径是增大还是减小,壁厚是增大还是减小?

8-13 何谓小变形？如何利用切线代替圆弧的方法确定节点位移？

8-14 何谓静定与静不定问题？试述求解静不定问题的方法与步骤。画受力图与变形图时应注意什么？与静定问题相比较,静不定问题有何特点？

8-15 如何计算连接件的切应力与挤压应力？如何分析其强度问题？

习　题

8-1　试画图示各杆的轴力图,并指出轴力的最大值。

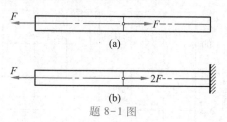

题 8-1 图

8-2　试画图示各杆的轴力图,并指出轴力的最大值。

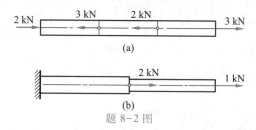

题 8-2 图

8-3　一空心圆截面杆,内径 $d=30$ mm,外径 $D=40$ mm,两端承受轴向拉力 $F=40$ kN 作用,试求横截面上的正应力。

8-4　题 8-2a 所示杆,横截面面积 $A=50$ mm^2,试计算杆内最大拉应力与最大压应力。

8-5　图示阶梯形圆截面杆,承受轴向载荷 $F_1=50$ kN 与 F_2 作用,AB 与 BC 段的直径分别为 $d_1=20$ mm 与 $d_2=30$ mm,如欲使 AB 与 BC 段横截面上的正应力相同,试求载荷 F_2 之值。

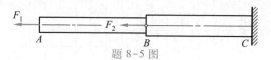

题 8-5 图

8-6　题 8-5 图所示圆截面杆,已知载荷 $F_1=200$ kN,$F_2=100$ kN,AB 段的直径 $d_1=40$ mm,如欲使 BC 段与 AB 段横截面上的正应力相同,试求 BC 段的直径。

8-7　图示木杆,承受轴向载荷 $F=10$ kN 作用,杆的横截面面积 $A=1\,000$ mm^2,黏接面的方位角 $\theta=45°$,试计算该截面上的正应力与切应力,并画出应力的方向。

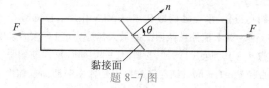

黏接面
题 8-7 图

8-8 题 8-7 所述木杆,若欲使黏接面上的正应力为其切应力的 2 倍,则黏接面的方位角 θ 应为何值。

8-9 某材料的应力 - 应变曲线如图所示,图中还同时画出了低应变区的详图。试确定材料的屈服极限 σ_s、强度极限 σ_b 与伸长率 δ,并判断该材料是属于脆性抑或塑性材料。

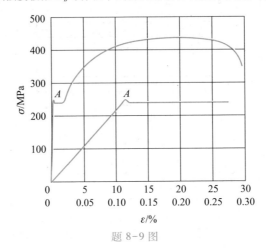

题 8-9 图

8-10 某材料的应力-应变曲线如图所示,试求:

(a) 材料的比例极限 σ_p;

(b) 当应力增加到 $\sigma = 350\ \text{MPa}$ 时,材料的正应变 ε,以及相应的弹性应变 ε_e 与塑性应变 ε_p。

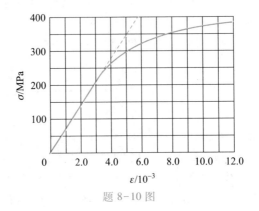

题 8-10 图

8-11 图示含圆孔板件,承受轴向载荷 $F = 32\ \text{kN}$ 作用。已知板宽 $b = 100\ \text{mm}$,板厚 $\delta = 15\ \text{mm}$,孔径 $d = 20\ \text{mm}$。试求板件横截面上的最大拉应力(考虑应力集中)。

8-12 一直径为 $d = 10\ \text{mm}$ 的试样,标距 $l_0 = 50\ \text{mm}$,拉伸断裂后,标距段的长度 $l_1 = 63.2\ \text{mm}$,颈缩处的直径 $d_1 = 5.9\ \text{mm}$,试确定材料的延伸率与断面收缩率,并判断该材料是属于脆性抑或塑性材料。

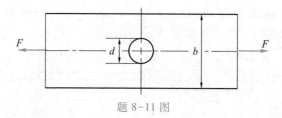

题 8-11 图

8-13　一空心圆截面杆,内径 $d = 15$ mm,承受轴向压力 $F = 20$ kN 作用,已知材料的屈服应力 $\sigma_s = 240$ MPa,安全因数 $n_s = 1.6$。试确定杆的外径 D。

8-14　图示桁架,承受铅垂载荷 $F = 80$ kN 作用。杆 1 与杆 2 的直径分别为 $d_1 = 30$ mm 与 $d_2 = 20$ mm,许用应力均为 $[\sigma] = 160$ MPa。试校核桁架强度。

8-15　图示桁架,承受铅垂载荷 $F = 50$ kN 作用。杆 1 为圆截面钢杆,许用应力 $[\sigma_s] = 160$ MPa,杆 2 为方截面木杆,许用应力 $[\sigma_w] = 10$ MPa。试确定钢杆直径 d 与木杆截面边宽 b。

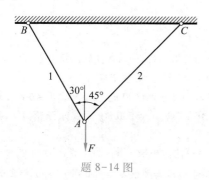

题 8-14 图

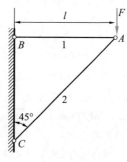

题 8-15 图

8-16　图示桁架,承受铅垂载荷 F 作用。设各杆的横截面面积均为 A,许用应力均为 $[\sigma]$,试确定载荷 F 的许用值 $[F]$。

8-17　图示桁架,承受铅垂载荷 F 作用。已知许用应力为 $[\sigma]$,在杆 BC 长度 l 保持不变的条件下,为使结构重量最轻,试确定夹角 α 的最佳值。

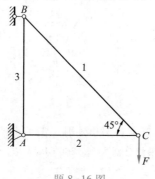

题 8-16 图

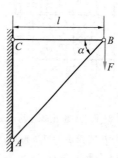

题 8-17 图

8-18 图示阶梯形杆 AC,$F = 10$ kN,$l_1 = l_2 = 400$ mm,$A_1 = 2A_2 = 100$ mm^2,$E = 200$ GPa,试计算杆 AC 的轴向变形 Δl。

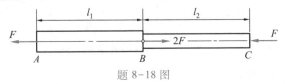

题 8-18 图

8-19 图示硬铝试样,厚度 $\delta = 2$ mm,试验段板宽 $b = 20$ mm,标距 $l = 70$ mm,在轴向拉力 $F = 6$ kN 的作用下,测得试验段伸长 $\Delta l = 0.15$ mm,板宽缩短 $\Delta b = 0.014$ mm,试计算硬铝的弹性模量 E 与泊松比 μ。

题 8-19 图

8-20 一外径 $D = 60$ mm、内径 $d = 20$ mm 的空心圆截面杆,两端承受轴向拉力 $F = 200$ kN 作用,若弹性模量 $E = 80$ GPa,泊松比 $\mu = 0.03$,试计算该杆外径的改变量 ΔD。

8-21 图示螺栓,拧紧时产生 $\Delta l = 0.10$ mm 的轴向变形。已知 $d_1 = 8.0$ mm,$d_2 = 6.8$ mm,$d_3 = 7.0$ mm,$l_1 = 6.0$ mm,$l_2 = 29$ mm,$l_3 = 8$ mm,$E = 210$ GPa,$[\sigma] = 500$ MPa。试求预紧力 F,并校核螺栓的强度。

8-22 图示桁架,承受载荷 F 作用。两杆的横截面面积均为 $A = 200$ mm^2,弹性模量均为 $E = 200$ GPa。设由试验测得杆 1 与杆 2 的纵向正应变分别为 $\varepsilon_1 = 4.0 \times 10^{-4}$ 与 $\varepsilon_2 = 2.0 \times 10^{-4}$,试求载荷 F 及其方位角 θ。

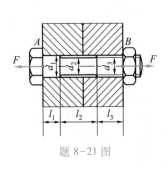

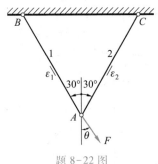

题 8-21 图   题 8-22 图

8-23 题 8-15 所述桁架,若杆 AB 与 AC 的横截面面积分别为 $A_1 = 400$ mm^2 与 $A_2 = 8\,000$ mm^2,杆 AB 的长度 $l = 1.5$ m,钢与木的弹性模量分别为 $E_s = 200$ GPa 与 $E_w = 10$ GPa。试求节点 A 的水平与铅垂位移。

8-24 图示桁架,承受铅垂载荷 F 作用。设各杆各截面的拉压刚度均为 EA,试计算节点

A 的水平与铅垂位移。

8-25 图示结构,在刚性梁 BD 的中点 C,承受铅垂载荷 $F = 20$ kN 作用。各杆的横截面面积均为 $A = 100$ mm^2,弹性模量 $E = 200$ GPa,梁长 $l = 1\,000$ mm。试求节点 B 与 D 的水平与铅垂位移①。

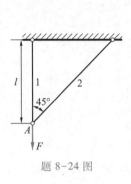

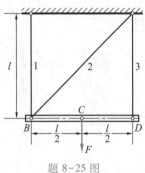

题 8-24 图 题 8-25 图

8-26 图示两端固定等截面杆,横截面面积为 A,承受轴向载荷 F 作用,试求杆内横截面上的最大正应力。

8-27 图示结构,承受铅垂载荷 $F = 50$ kN 作用。梁 BD 为刚体,杆 1 与杆 2 的横截面面积均为 $A = 300$ mm^2,许用应力均为 $[\sigma] = 160$ MPa。试校核杆的强度。

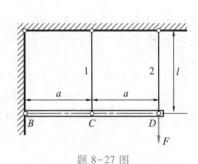

题 8-26 图 题 8-27 图

8-28 图示组合杆,承受轴向载荷 F 作用。组合杆由圆截面杆与套管组成,杆、管各截面的拉压刚度分别为 E_1A_1 与 E_2A_2。试计算杆、管横截面上的正应力,以及杆的轴向变形。

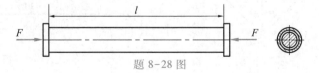

题 8-28 图

---

① 参阅单辉祖编著,材料力学问题与范例分析,2 版,问题 3-3-4,北京:高等教育出版社,2016 年。

8-29 图 a 所示桁架,承受铅垂载荷 F 作用。设各杆各横截面的拉压刚度均为 EA,杆 1 与杆 2 的长度均为 l,试求各杆的轴力。

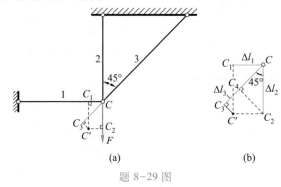

题 8-29 图

提示:一度静不定。过任一点 C' 向三杆作垂线,得变形图如图 b 所示,

$$\overline{CC_3} = \overline{C_4C_3} + \overline{CC_4}$$

于是得变形协调件为

$$\Delta l_3 = \Delta l_1 \cos 45° + \Delta l_2 \cos 45°$$

8-30 图示桁架,各杆的横截面面积与弹性模量均相同,试计算在载荷 F 作用时各杆的轴力。

提示:在载荷 F 作用下,杆段 BC 受拉,杆段 AB 受压,杆 AC 端点 A 作用于节点 A 的力向下。因此,杆 AD 与 AG 受拉,节点 A 铅垂下移。杆 AC 端点 A 的位移等于 $\Delta l_{BC} - \Delta l_{AB}$,并与 Δl_{AD} 及 Δl_{AG} 构成变形协调关系。

8-31 图示桁架,承受铅垂载荷 $F = 160$ kN 作用。杆 1、杆 2 与杆 3 的许用应力分别为 $[\sigma_1] = 80$ MPa,$[\sigma_2] = 60$ MPa,$[\sigma_3] = 120$ MPa,弹性模量分别为 $E_1 = 160$ GPa,$E_2 = 100$ GPa,$E_3 = 200$ GPa,横截面面积 $A_1 = A_2 = 2A_3$,试确定各杆的横截面面积。

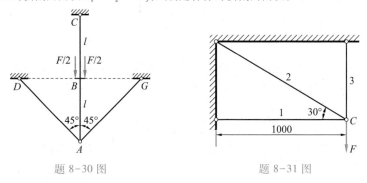

题 8-30 图　　　　　　　　　　题 8-31 图

8-32 图示木榫接头,承受轴向载荷 $F = 50$ kN 作用,试求接头的剪切与挤压应力。

8-33 图示摇臂,承受载荷 F_1 与 F_2 作用。已知载荷 $F_1 = 50$ kN,许用切应力 $[\tau] = 100$ MPa,许用挤压应力 $[\sigma_{bs}] = 240$ MPa,试确定轴销 B 的直径 d。

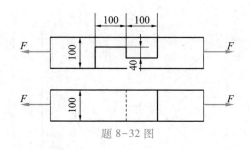

题 8-32 图

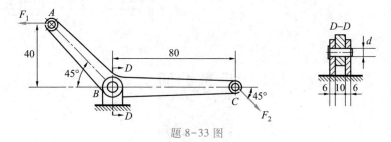

题 8-33 图

8-34 图示接头,承受轴向载荷 $F = 80$ kN 作用。已知板宽 $b = 80$ mm,板厚 $\delta = 10$ mm,铆钉直径 $d = 16$ mm,许用应力 $[\sigma] = 160$ MPa,许用切应力 $[\tau] = 120$ MPa,许用挤压应力 $[\sigma_{bs}] = 340$ MPa,板件与铆钉的材料相同。试校核接头的强度。

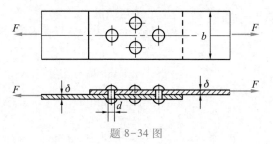

题 8-34 图

*8-35 图示桁架,承受载荷 F 作用。已知各杆各截面的拉压刚度均为 EA,试用能量法计算节点 B 与 C 间的相对位移 $\Delta_{B/C}$。

*8-36 图 a 所示圆截面钢杆,下端突缘上安装有缓冲弹簧。钢杆直径 $d = 20$ mm,杆长 $l = 2$ m,弹性模量 $E = 210$ GPa,弹簧常数 $k = 200$ N/mm。一重量为 $P = 500$ N 的物体,沿杆轴自高度 $h = 100$ mm 处自由落下,试求杆内横截面上的最大冲击正应力。杆与突缘的质量以及冲击物与突缘的变形均忽略不计。

提示:杆与弹簧组成被冲击体(图 b),将 P 视为静载荷作用与弹簧顶端 A,相应静位移为

$$\Delta_{st} = \frac{4Pl}{E\pi d^2} + \frac{P}{k}$$

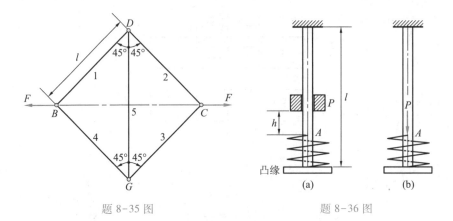

题 8-35 图   题 8-36 图

第八章 电子教案

第九章 扭 转

§9-1 引 言

图 9-1a 所示轮盘轴,在轮盘边缘作用一对平行反向切向力 F 构成一力偶。根据平衡条件可知,在轴的下端,必存在一力偶矩相同的反作用力偶。在上述力偶作用下,轮盘轴的变形如图 9-1b 所示。

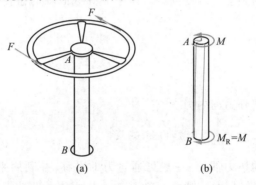

(a)   (b)

图 9-1

又如,图 9-2a 所示传动轴,在其两端垂直于杆件轴线的平面内,作用一对方向相反、力偶矩均为 M 的力偶。在上述力偶作用下,传动轴的变形如图 9-2b 所示。

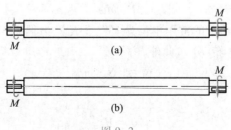

图 9-2

上述构件的共同特点是：构件为直杆,并在垂直于杆件轴线的平面内作用有力偶。在这种情况下,杆件各横截面绕轴线作相对旋转(图 9-3)。

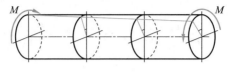

图 9-3

以横截面绕轴线作相对旋转为主要特征的变形形式,称为**扭转**。横截面间绕轴线的相对角位移,称为**扭转角**。以扭转为主要变形的直杆,称为**轴**。作用面垂直于杆轴的外力偶,称为**扭力偶**,其矩称为**扭力偶矩**。

工程中最常见的轴为圆截面轴,它们或为实心,或为空心。

本章主要研究圆截面轴的扭转问题,包括轴的外力、内力、应力与变形,并在此基础上研究轴的强度与刚度问题。至于非圆截面轴的扭转应力与变形,则只作简要介绍。

§9-2 扭力偶矩与扭矩

本节研究轴的外力与内力。

一、功率、转速与扭力偶矩间的关系

作用在轴上的扭力偶矩,一般可通过力的平移,并利用平衡条件确定。但是,对于传动轴等转动构件,通常只知其转速与所传递的功率。因此,在分析传动轴等转动类构件的内力之前,首先需要根据转速与功率计算轴所承受的扭力偶矩。

由动力学可知,力偶在单位时间内所作之功即功率 P,等于该力偶之矩 M 与相应角速度 ω 的乘积,即

$$P = M\omega \tag{a}$$

在工程实际中,功率的常用单位为 kW(千瓦),力偶矩与转速的常用单位分别为 N·m 与 r/min(转/分),此外,由于

$$1\ W = 1\ N \cdot m/s$$

于是由式(a)得

$$P \times 10^{3} = M \times \frac{2\pi n}{60}$$

由此得

$$\{M\}_{\text{N}\cdot\text{m}} = 9550\,\frac{\{P\}_{\text{kW}}}{\{n\}_{\text{r/min}}} \tag{9-1}$$

例如图 9-4 所示轴 AB，由电机带动，已知轴的转速 $n = 1450$ r/min，由电机输入的功率 $P = 10$ kW，则由式（9-1）可知，电机通过联轴器作用在轴端 A 的扭力偶矩为

$$M = \left(9550 \times \frac{10}{1450}\right)\,\text{N}\cdot\text{m} = 65.9\,\text{N}\cdot\text{m}$$

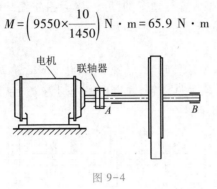

图 9-4

二、扭矩与扭矩图

考虑图 9-5a 所示轴，在其两端作用一对方向相反、力偶矩均为 M 的扭力偶。为了分析轴的内力，利用截面法，在轴的任一横截面 m-m 将其切开，并任选一段，例如左段（图 9-5b），作为研究对象。可以看出，为了保持该段轴的平衡，横截面 m-m 上的分布内力必构成一力偶，且其矢量方向垂直于截面 m-m。

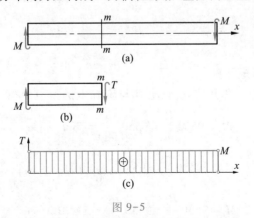

图 9-5

矢量方向垂直于横截面的内力偶矩，称为**扭矩**，并用 T 表示。**通常规定**：按右手螺旋法则将扭矩用矢量表示，矢量方向与横截面外法线正向一致的扭矩为

正,反之为负。按此规定,图 9-5b 所示扭矩为正,其值则为

$$T = M$$

在一般情况下,轴内各横截面或各轴段的扭矩不尽相同。为了形象地表示扭矩沿轴线的变化情况,通常采用图线表示。作图时,以平行于轴线的坐标表示横截面的位置,垂直于轴线的另一坐标表示扭矩。

表示扭矩沿杆件轴线变化情况的图线,称为扭矩图。例如,图 9-5a 所示轴的扭矩图即如图 9-5c 所示。

例 9-1 图 9-6a 所示传动轴,转速 $n = 500$ r/min,轮 B 为主动轮,输入功率 $P_B = 10$ kW,轮 A 与 C 均为从动轮,输出功率分别为 $P_A = 4$ kW 与 $P_C = 6$ kW。试计算轴的扭矩,并画扭矩图。

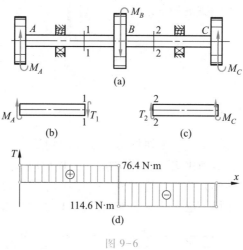

图 9-6

解:1. 扭力偶矩计算

由式(9-1)可知,作用在轮 A、轮 B 与轮 C 上的扭力偶矩分别为

$$M_A = 9550 \frac{P_A}{n} = 9550 \frac{4}{500} = 76.4 \text{ N} \cdot \text{m}$$

$$M_B = 9550 \frac{P_B}{n} = 9550 \frac{10}{500} = 191 \text{ N} \cdot \text{m}$$

$$M_C = 9550 \frac{P_C}{n} = 9550 \frac{6}{500} = 114.6 \text{ N} \cdot \text{m}$$

2. 扭矩计算

设 AB 与 BC 段的扭矩均为正,并分别用 T_1 与 T_2 表示,则由图 9-6b 与 c

可知,

$$T_1 = M_A = 76.4 \text{ N} \cdot \text{m}$$

$$T_2 = -M_C = -114.6 \text{ N} \cdot \text{m}$$

3. 画扭矩图

根据上述分析,作扭矩图如图 9-6d 所示,扭矩的最大绝对值为

$$|T|_{\max} = |T_2| = 114.6 \text{ N} \cdot \text{m}$$

§9-3 切应力互等定理与剪切胡克定律

扭转应力分析是一个比较复杂的问题。本节首先研究比较简单的薄壁圆管的扭转应力,并结合其受力与变形分析,介绍切应力互等与剪切胡克定律两个重要定理。

一、薄壁圆管的扭转应力

取一薄壁圆管,在其表面等间距地画上纵线与圆周线(图 9-7a),然后在圆管两端,施加一对大小相等、方向相反的扭力偶。从试验中观察到(图 9-7b):各圆周线的形状不变,仅绕轴线作相对旋转;而当变形很小时,各圆周线的大小与间距均不改变,所有矩形网格均变为同样大小的平行四边形。

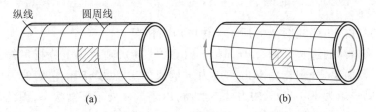

纵线　　圆周线

(a)　　　　　　　　　　(b)

图 9-7

以上所述为圆管的表面变形。由于管壁很薄,也可近似认为管内变形与管表面变形相同。于是,如果用相距无限近的两个横截面以及夹角无限小的两个径向纵截面,从圆管中切取一微体 $abcd$(图 9-8),则上述现象表明:微体既无轴向正应变,也无横向正应变,只是相邻横截面 ab 与 cd 之间发生相对错动,即仅产生剪切变形;而且,沿圆周方向所有微体的剪切变形均相同。

由此可见,在圆管横截面上的各点处,仅存在垂直于半径方向的切应力 τ(图 9-9),它们沿圆周大小不变,而且,由于管壁很薄,沿壁厚也可近似视为均匀分布。

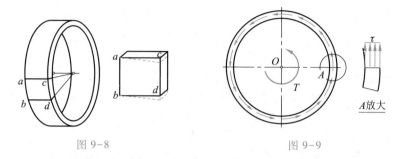

图 9-8　　　　　　　　　　　　　图 9-9

设圆管的平均半径为 R_0,壁厚为 δ(图 9-10),则作用在微面积 dA 上的剪切力为 τdA,它对轴线 O 的力矩为 $R_0 \cdot \tau dA$。由静力学可知,横截面上所有微力矩之和,等于该截面的扭矩 T,即

$$T = \int_A R_0 \tau dA = \int_0^{2\pi} R_0 \cdot \tau \delta R_0 d\theta = 2\pi R_0^2 \tau \delta$$

于是得

$$\tau = \frac{T}{2\pi R_0^2 \delta} \tag{9-2}$$

精确分析表明,在线弹性范围内,且当 $\delta \leqslant R_0/10$ 时,上式的最大计算误差不超过 4.53%。

二、切应力互等定理

现在进一步研究图 9-8 所示微体的应力情况。

设该微体的边长分别为 dx, dy 与 δ(图 9-11),则由以上分析可知,在微体的左、右侧面上,分别作用有由切应力 τ 构成的剪切力 $\tau \delta dy$,它们的方向相反,因而构成一矩为 $\tau \delta dy \cdot dx$ 的力偶。然而,由于微体处于平衡状态,因此,在微体的顶面与底面,也必然同时存在切应力 τ',并构成矩为 $\tau' \delta dx \cdot dy$ 的反向力偶,以与上述力偶平衡,即

$$\tau \delta dy dx = \tau' \delta dx dy$$

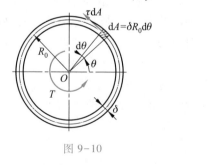

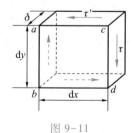

图 9-10　　　　　　　　　　　图 9-11

由此得

$$\tau = \tau' \tag{9-3}$$

于是得出结论:在微体的互垂截面上,垂直于截面交线的切应力数值相等,而方向则均指向或离开该交线,称为**切应力互等定理**。

在上述微体的四个侧面上,仅存在切应力而无正应力。微体表面仅承受切应力的应力状态,称为**纯剪切**。

三、剪切胡克定律

在切应力 τ 作用下,微体发生切应变 γ(图 9-12a)。薄壁圆管的扭转试验表明(图 9-12b):当切应力不超过材料的剪切比例极限 τ_p 时,切应力与切应变成正比,即

$$\tau \propto \gamma$$

引进比例系数 G,则

$$\tau = G\gamma \tag{9-4}$$

称为**剪切胡克定律**。比例系数 G 称为**切变模量**,其值随材料而异,并由试验测定。例如,钢与钢合金的切变模量 $G = 75 \sim 80$ GPa,铝与铝合金的切变模量 $G = 26 \sim 30$ GPa。

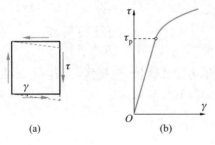

图 9-12

理论与试验研究均表明,对于各向同性材料,弹性模量 E、泊松比 μ 与切变模量 G 三个弹性常数之间,存在如下关系:

$$G = \frac{E}{2(1+\mu)} \tag{9-5}$$

因此,当已知任意两个弹性常数后,由上述关系可以确定第三个弹性常数。

例 9-2　图 9-13a 所示边长为 a 的微小正方形板件 $ABCD$,承受切应力 τ 作用。已知板边 CD 与 AB 间的相对平移 $\Delta s = a/1000$(图 9-13b),材料的切变模量

$G = 80$ GPa，试计算切应变 γ 与板边切应力 τ。

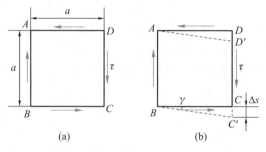

图 9–13

解：由图 9–13b 可以看出，

$$\tan \gamma = \frac{\Delta s}{a} = \frac{a}{1000} \cdot \frac{1}{a} = \frac{1}{1000} = 1.0 \times 10^{-3}$$

由于变形很小，γ 为一很小之量，所以，

$$\gamma \approx \tan \gamma = 1.0 \times 10^{-3} \text{ rad}$$

根据式（9–4）即剪切胡克定律，得板边切应力为

$$\tau = G\gamma = (80 \times 10^{9} \text{ Pa})(1.0 \times 10^{-3} \text{ rad}) = 8.0 \times 10^{7} \text{ Pa} = 80 \text{ MPa}$$

可以看出，虽然切应变很小，但由于切变模量很大，因而切应力并不小。

§9-4　圆轴扭转应力

工程中最常见的轴为圆截面轴，包括实心与空心圆截面轴。本节研究圆轴扭转时横截面上的应力及其分布规律。

一、扭转试验与平面假设

试验指出，圆轴扭转时的表面变形与薄壁圆管的情况相似（图 9–7），即：各圆周线的形状不变，仅绕轴线作相对转动；而当变形很小时，各圆周线的大小与间距均不改变。

根据上述现象，对轴内变形作如下假设：变形后，横截面仍保持平面，其形状、大小与间距均不改变，而且，半径仍为直线。换言之，圆轴扭转时，各横截面如同刚性圆片，仅绕轴线作相对转动，称为扭转平面假设。

二、扭转切应力的一般公式

上述假设说明了圆轴变形的总体情况。现在，进一步考虑几何、物理与静力学三方面,以建立圆轴扭转应力公式。

1. 几何方面

为了确定横截面上各点处的应力,需要了解轴内各点处的变形。为此,用相距 dx 的两个横截面以及夹角无限小的两个径向纵截面,从轴内切取一楔形体 O_1ABCDO_2 进行分析(图 9-14a)。

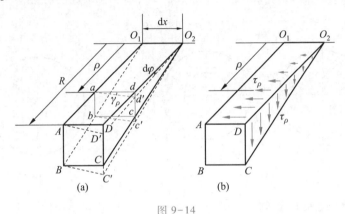

图 9-14

根据平面假设,楔形体的变形如图中虚线所示,轴表面的矩形 $ABCD$ 变为平行四边形 $ABC'D'$,距轴线 ρ 处的任一矩形 $abcd$ 变为平行四边形 $abc'd'$,即均在垂直于半径的平面内产生剪切变形。

设上述楔形体左、右端两横截面间的相对转角即扭转角为 $d\varphi$,则矩形 $abcd$ 的切应变为

$$\gamma_\rho \approx \tan\gamma_\rho = \frac{\overline{dd'}}{\overline{ad}} = \frac{\rho \, d\varphi}{dx}$$

由此得

$$\gamma_\rho = \rho\frac{d\varphi}{dx} \qquad (a)$$

2. 物理方面

由剪切胡克定律可知,在剪切比例极限内,切应力与切应变成正比,所以,横截面上距圆心为 ρ 处的切应力为

$$\tau_\rho = G\rho\frac{d\varphi}{dx} \qquad (b)$$

而其方向则垂直于该点处的半径(图 9-14b)。

上式表明:扭转切应力沿截面径向线性变化,实心与空心圆轴的扭转切应力

分布分别如图 9-15a 与 b 所示。

3. 静力学方面

如图 9-16 所示,在距圆心为 ρ 处的微面积 $\mathrm{d}A$ 上,作用有剪切力 $\tau_\rho \mathrm{d}A$,它对圆心 O 的力矩为 $\rho\tau_\rho \mathrm{d}A$。在整个横截面上,所有微力矩之和等于该截面的扭矩,即

$$\int_A \rho\tau_\rho \mathrm{d}A = T$$

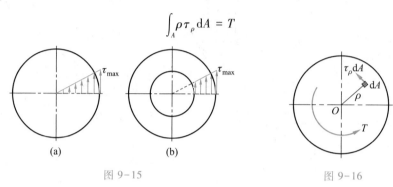

图 9-15   图 9-16

将式(b)代入上式,得

$$G\frac{\mathrm{d}\varphi}{\mathrm{d}x}\int_A \rho^2 \mathrm{d}A = T$$

令

$$I_\mathrm{p} = \int_A \rho^2 \mathrm{d}A \tag{9-6}$$

并称为**极惯性矩**,于是得

$$\frac{\mathrm{d}\varphi}{\mathrm{d}x} = \frac{T}{GI_\mathrm{p}} \tag{9-7}$$

此即圆轴扭转变形的基本公式。

最后,将式(9-7)代入式(b),于是得

$$\tau_\rho = \frac{T\rho}{I_\mathrm{p}} \tag{9-8}$$

此即圆轴扭转切应力的一般公式。

三、最大扭转切应力

由式(9-8)可知,在 $\rho = R$ 即圆截面边缘各点处,切应力最大,其值为

$$\tau_{\max} = \frac{TR}{I_\mathrm{p}} = \frac{T}{\dfrac{I_\mathrm{p}}{R}}$$

令

$$W_p = \frac{I_p}{R} \qquad (9-9)$$

并称为**抗扭截面系数**,于是得

$$\tau_{max} = \frac{T}{W_p} \qquad (9-10)$$

可见,最大扭转切应力与扭矩成正比,与抗扭截面系数成反比。

圆轴扭转应力公式(9-8)与(9-10),以及圆轴扭转变形公式(9-7),是在扭转平面假设的基础上建立的。试验表明,只要最大扭转切应力不超过材料的剪切比例极限,上述公式的计算结果,与试验结果一致。这说明,基于扭转平面假设的圆轴扭转理论是正确的。

§9-5 极惯性矩与抗扭截面系数

现在研究圆截面的极惯性矩与抗扭截面系数的计算公式。

一、实心圆截面

对于直径为 d 的圆截面(图 9-17),若以径向尺寸为 $d\rho$ 的圆环形区域为微面积,即取

$$dA = 2\pi\rho d\rho$$

则由式(9-6)与(9-9)可知,实心圆截面的极惯性矩为

$$I_p = \int_0^{d/2} \rho^2 \cdot 2\pi\rho d\rho = \frac{\pi d^4}{32} \qquad (9-11)$$

而其抗扭截面系数则为

$$W_p = \frac{2I_p}{d} = \frac{\pi d^3}{16} \qquad (9-12)$$

二、空心圆截面

对于内径为 d、外径为 D 的空心圆截面(图 9-18),按上述计算方法,得极惯性矩为

$$I_p = \frac{\pi}{32}(D^4 - d^4) = \frac{\pi D^4}{32}(1 - \alpha^4) \qquad (9-13)$$

而抗扭截面系数则为

$$W_p = \frac{2I_p}{D} = \frac{\pi D^3}{16}(1 - \alpha^4) \qquad (9-14)$$

式中，$a = d/D$，代表内、外径的比值。

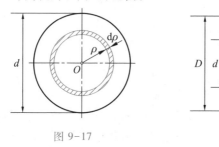

图 9-17　　　　　　　　　　图 9-18

三、薄壁圆截面

对于薄壁圆截面(图 9-10)，由于其内、外径的差值很小，式(9-6)中的 ρ 可用平均半径 R_0 代替，即

$$I_{\mathrm{p}} = \int_A \rho^2 \mathrm{d}A \approx R_0^2 \int_A \mathrm{d}A$$

由此得薄壁圆截面的极惯性矩为

$$I_{\mathrm{p}} = 2\pi R_0^3 \delta \tag{9-15}$$

而其抗扭截面系数则为

$$W_{\mathrm{p}} = \frac{2\pi R_0^3 \delta}{R_0} = 2\pi R_0^2 \delta \tag{9-16}$$

例 9-3　图 9-19a 所示轴，左段 AB 为实心圆截面，直径为 $d = 20$ mm，右段 BC 为空心圆截面，内、外径分别为 $d_i = 15$ mm 与 $d_o = 25$ mm。轴承受扭力偶矩 M_A，M_B 与 M_C 作用，且 $M_A = M_B = 100$ N·m，$M_C = 200$ N·m。试计算各段轴的最大扭转切应力。

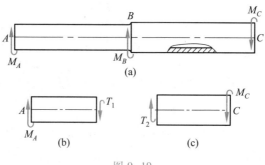

图 9-19

解:1. 内力分析

设 AB 与 BC 段的扭矩均为正,并分别用 T_1 与 T_2 表示,则由图 9-19b 与 c 可知,

$$T_1 = M_A = 100 \text{ N} \cdot \text{m}$$

$$T_2 = M_C = 200 \text{ N} \cdot \text{m}$$

2. 应力分析

由式(9-10)与(9-12)可知,AB 段内的最大扭转切应力为

$$\tau_{1,\max} = \frac{16T_1}{\pi d^3} = \frac{16(100 \text{ N} \cdot \text{m})}{\pi (20 \times 10^{-3} \text{m})^3} = 63.7 \text{ MPa}$$

根据式(9-10)与(9-14),BC 段内的最大扭转切应力则为

$$\tau_{2,\max} = \frac{16T_2}{\pi d_o^3 (1-\alpha^4)} = \frac{16(200 \text{ N} \cdot \text{m})}{\pi (25 \times 10^{-3} \text{m})^3 \left[1 - \left(\frac{15 \times 10^{-3} \text{ m}}{25 \times 10^{-3} \text{ m}} \right)^4 \right]} = 74.9 \text{ MPa}$$

§9-6 圆轴扭转强度条件与合理强度设计

为了分析轴的强度,本节研究材料在扭转受力时的失效形式与相应极限应力,以建立轴的强度条件,并在此基础上研究轴的合理强度设计。

一、扭转失效与扭转极限应力

圆轴扭转试验表明:塑性材料试样受扭时,先是发生屈服,试样表面的横向与纵向出现滑移线(9-20a),如果继续增大扭力偶矩,试样最后沿横截面被剪断(图 9-20b);脆性材料试样受扭时,变形则始终很小,最后在与轴线约成 45° 倾角的螺旋面发生断裂(图 9-20c)。

上述情况表明,扭转失效的标志仍为屈服或断裂。试样扭转屈服时横截面上的最大切应力,称为**扭转屈服应力**;试样扭转断裂时横截面上的最大切应力,称为**扭转强度极限**。扭转屈服应力与扭转强度极限,统称为**扭转极限应力**,并用 τ_u 表示。

二、圆轴扭转强度条件

将材料的扭转极限应力 τ_u 除以安全因数 n,得材料的扭转许用切应力为

$$[\tau] = \frac{\tau_u}{n} \tag{9-17}$$

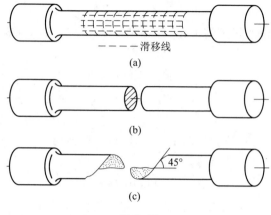

- - - - - 滑移线

(a)

(b)

45°

(c)

图 9-20

因此,为保证轴工作时不致因强度不够而失效,最大扭转切应力 τ_{max} 不得超过材料的扭转许用切应力 $[\tau]$,即要求

$$\tau_{max} = \left(\frac{T}{W_p}\right)_{max} \leqslant [\tau] \tag{9-18}$$

称为圆轴扭转强度条件。对于等截面圆轴,则要求

$$\frac{T_{max}}{W_p} \leqslant [\tau] \tag{9-19}$$

　　理论与试验研究均表明,材料纯剪切时的许用切应力 $[\tau]$ 与许用应力 $[\sigma]$ 之间存在下述关系:

　　对于塑性材料,

$$[\tau] = (0.50 \sim 0.577)[\sigma] \tag{9-20}$$

对于脆性材料,

$$[\tau] = (0.8 \sim 1.0)[\sigma_t] \tag{9-21}$$

式中, $[\sigma_t]$ 代表许用拉应力。扭转时,轴表层即最大扭转切应力作用点处于纯剪切状态,所以,扭转许用切应力也可利用上述关系确定。

　　三、圆轴扭转合理截面

　　实心圆截面轴的扭转切应力分布如图 9-21a 所示,当截面边缘的最大切应力到达许用切应力时,圆心附近各点处的切应力仍很小。所以,为了合理利用材料,宜将材料放置在远离圆心的部位,即作成空心的(图 9-21b)。显然,平均半径 R_0 愈大、壁厚 δ 愈小,即比值 R_0/δ 愈大,切应力沿壁厚分布愈均匀,材料的利用率愈高。因此,一些大型轴或对于减轻重量有较高要求的轴,通常均作成空心的。但也应注意到,如果比值 R_0/δ 过大,轴在受扭时将产生皱折即局部失稳,从而降低抗扭能力(图 9-21c)。

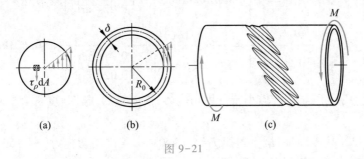

图 9-21

例 9-4 图 9-22a 所示空心圆截面轴,承受扭力偶矩 M_A,M_B 与 M_C 作用,且 $M_A = 150$ N · m,$M_B = 50$ N · m,$M_C = 100$ N · m。设许用切应力 $[\tau] = 90$ MPa,试校核轴的强度。

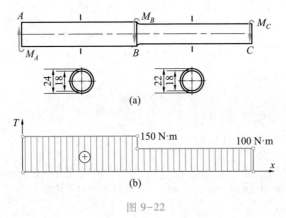

图 9-22

解:1. 问题分析

轴的扭矩图如图 9-22b 所示,AB 与 BC 段的扭矩分别为

$$T_1 = 150 \text{ N} \cdot \text{m}$$
$$T_2 = 100 \text{ N} \cdot \text{m}$$

AB 段的扭矩最大,显然应该校核;BC 段的扭矩虽然较小,但由于该段轴的横截面尺寸也较小,所以也应该校核。

2. 强度校核

由式(9-10)与(9-14),得 AB 与 BC 段的最大扭转切应力分别为

$$\tau_{max,1} = \frac{16T_1}{\pi D_1^3 \left[1 - \left(\frac{d_1}{D_1}\right)^4\right]} = \frac{16(150 \text{ N} \cdot \text{m})}{\pi (0.024 \text{ m})^3 \left[1 - \left(\frac{0.018 \text{ m}}{0.024 \text{ m}}\right)^4\right]} = 80.8 \text{ MPa}$$

$$\tau_{max,2} = \frac{16T_2}{\pi D_2^3 \left[1 - \left(\frac{d_2}{D_2}\right)^4\right]} = \frac{16(100 \text{ N} \cdot \text{m})}{\pi (0.022 \text{ m})^3 \left[1 - \left(\frac{0.018 \text{ m}}{0.022 \text{ m}}\right)^4\right]} = 86.7 \text{ MPa}$$

切应力 $\tau_{max,1}$ 与 $\tau_{max,2}$ 均小于许用切应力,说明轴的扭转强度符合要求。

例 9-5 某传动轴,最大扭矩 $T = 1.5$ kN $\cdot$ m,若许用切应力$[\tau] = 50$ MPa,试按下列两种方案确定轴的横截面尺寸,并比较其重量。

(1) 实心圆截面轴;

(2) 内、外径比值 $d_i/d_o = 0.9$ 的空心圆截面轴。

解: 1. 确定实心圆轴的直径

根据式(9-19)与(9-12)可知,实心圆轴的直径为

$$d \geq \sqrt[3]{\frac{16T}{\pi[\tau]}} = \sqrt[3]{\frac{16(1.5 \times 10^3 \text{ N} \cdot \text{m})}{\pi(50 \times 10^6 \text{ Pa})}} = 0.053\ 5 \text{ m}$$

取

$$d = 54 \text{ mm}$$

2. 确定空心圆轴的内、外径

根据式(9-19)与(9-14)可知,空心圆轴的直径为

$$d_o \geq \sqrt[3]{\frac{16T}{\pi(1-\alpha^4)[\tau]}} = \sqrt[3]{\frac{16(1.5 \times 10^3 \text{ N} \cdot \text{m})}{\pi(1-0.9^4)(50 \times 10^6 \text{ Pa})}} = 0.076\ 3 \text{ m}$$

而其内径则相应为

$$d_i = 0.9d_o = 0.9 \times (0.076\ 3 \text{ m}) = 0.068\ 7 \text{ m}$$

取

$$d_o = 76 \text{ mm}, \quad d_i = 68 \text{ mm}$$

3. 重量比较

上述空心与实心圆轴的长度与材料均相同,所以,二者的重量比 β 等于其横截面面积之比,即

$$\beta = \frac{\pi(d_o^2 - d_i^2)}{4} \frac{4}{\pi d^2} = \frac{(0.076 \text{ m})^2 - (0.068 \text{ m})^2}{(0.054 \text{ m})^2} = 0.395$$

可见,空心轴远比实心轴轻。

§9-7 圆轴扭转变形与刚度条件

轴的扭转变形,用横截面间绕轴线的相对角位移即扭转角 φ 表示。本节研究圆轴的扭转变形,并建立相应刚度条件。

一、圆轴扭转变形

由式(9-7)可知,圆轴微段 $\mathrm{d}x$ 的扭转变形为

$$\mathrm{d}\varphi = \frac{T}{GI_p}\mathrm{d}x$$

因此,相距 l 的两横截面间的扭转角为

$$\varphi = \int_l \frac{T}{GI_p}\mathrm{d}x \tag{9-22}$$

由此可见,对于长为 l、扭矩 T 为常数的等截面圆轴,其两端横截面间的相对转角即扭转角为

$$\varphi = \frac{Tl}{GI_p} \tag{9-23}$$

上式表明,扭转角 φ 与扭矩 T、轴长 l 成正比,与 GI_p 成反比。乘积 GI_p 称为圆截面扭转刚度,简称扭转刚度。

二、圆轴扭转刚度条件

设计轴时,除应考虑强度问题外,对于许多轴,还常常对其变形有一定限制,即应满足刚度要求。

在工程实际中,通常是限制扭转角沿轴线的变化率 $\mathrm{d}\varphi/\mathrm{d}x$ 或单位长度内的扭转角。由式(9-7)可知,扭转角的变化率为

$$\frac{\mathrm{d}\varphi}{\mathrm{d}x} = \frac{T}{GI_p}$$

单位长度扭转角的许用值 $[\theta]$,称为许用扭转角。所以,圆轴扭转刚度条件为

$$\left(\frac{T}{GI_p}\right)_{\max} \leqslant [\theta] \tag{9-24}$$

对于等截面圆轴,即要求

$$\frac{T_{\max}}{GI_p} \leqslant [\theta] \tag{9-25}$$

对于一般传动轴,$[\theta]$ 为 $0.5(°)/\mathrm{m} \sim 1(°)/\mathrm{m}$(度/米);对于精密机器与仪表

的轴,$[\theta]$ 之值可根据有关设计标准或规范确定。

应该指出,$\mathrm{d}\varphi/\mathrm{d}x$ 的单位为 rad/m,而 $[\theta]$ 的单位一般为 (°)/m,因此,在使用上述刚度条件时,应注意单位的换算与统一。

例 9-6 图 9-23 所示圆截面轴 AC,承受扭力偶矩 M_A,M_B 与 M_C 作用。已知 $M_A = 180\ \mathrm{N \cdot m}$,$M_B = 320\ \mathrm{N \cdot m}$,$M_C = 140\ \mathrm{N \cdot m}$,$I_p = 3.0 \times 10^5\ \mathrm{mm}^4$,$l = 2\ \mathrm{m}$,$G = 80\ \mathrm{GPa}$,$[\theta] = 0.5\,(°)/\mathrm{m}$。试计算轴的扭转角 φ_{AC},即截面 C 对截面 A 的相对转角,并校核轴的刚度。

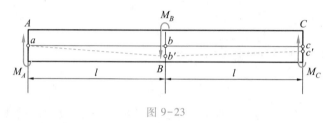

图 9-23

解:1. 扭转变形分析

利用截面法,得 AB 与 BC 段的扭矩分别为

$$T_1 = M_A = 180\ \mathrm{N \cdot m}$$

$$T_2 = -M_C = -140\ \mathrm{N \cdot m}$$

设上述两段轴的扭转角分别为 φ_{AB} 与 φ_{BC},则由式(9-23)可知,

$$\varphi_{AB} = \frac{T_1 l}{GI_p} = \frac{(180\ \mathrm{N \cdot m})(2\ \mathrm{m})}{(80 \times 10^9\ \mathrm{Pa})(3.0 \times 10^5 \times 10^{-12}\ \mathrm{m}^4)} = 1.50 \times 10^{-2}\ \mathrm{rad}$$

$$\varphi_{BC} = \frac{T_2 l}{GI_p} = \frac{(-140\ \mathrm{N \cdot m})(2\ \mathrm{m})}{(80 \times 10^9\ \mathrm{Pa})(3.0 \times 10^5 \times 10^{-12}\ \mathrm{m}^4)} = -1.17 \times 10^{-2}\ \mathrm{rad}$$

由此得轴 AC 的总扭转角为

$$\varphi_{AC} = \varphi_{AB} + \varphi_{BC} = (1.50 - 1.17)(10^{-2}\ \mathrm{rad}) = 0.33 \times 10^{-2}\ \mathrm{rad}$$

各段轴的扭转角的转向,由相应扭矩的转向而定。在图 9-23 中,同时画出了扭转时母线 ac 的位移情况,它由直线 abc 变为折线 $ab'c'$,由此可更清晰地显示轴的扭转变形。

2. 刚度校核

轴 AC 为等截面轴,而 AB 段的扭矩最大,所以,应校核该段轴的扭转刚度。

AB 段的扭转角变化率为

$$\frac{\mathrm{d}\varphi}{\mathrm{d}x} = \frac{T_1}{GI_p} = \frac{180\ \mathrm{N \cdot m}}{(80 \times 10^9\ \mathrm{Pa})(3.0 \times 10^5 \times 10^{-12}\ \mathrm{m}^4)} \frac{180}{\pi} = 0.43\,(°)/\mathrm{m} < [\theta]$$

可见,该轴的扭转刚度符合要求。

例 9-7 图 9-24a 所示两端固定圆截面轴,承受矩为 M 的扭力偶作用。设扭转刚度 GI_p 为常数,试求轴端支反力偶矩。

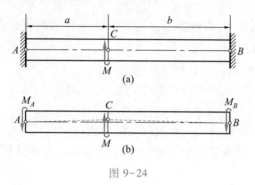

图 9-24

解:1. 问题分析

设 A 与 B 端的支反力偶矩分别为 M_A 与 M_B(图 9-24b),则轴的平衡方程为

$$\sum M_x = 0, \quad M_A + M_B - M = 0 \tag{a}$$

两个未知力偶矩,一个平衡方程,故为一度静不定,需要建立一个补充方程才能求解。

2. 建立补充方程

根据轴端约束条件可知,横截面 A 与 B 间的相对转角即扭转角 φ_{AB} 为零,所以,轴的变形协调条件为

$$\varphi_{AB} = \varphi_{AC} + \varphi_{CB} = 0 \tag{b}$$

式中,φ_{AC} 与 φ_{CB} 分别代表 AC 与 CB 段的扭转角。

AC 与 CB 段的扭矩分别为

$$T_1 = -M_A$$
$$T_2 = M_B$$

根据式(9-23),得相应扭转角分别为

$$\varphi_{AC} = \frac{T_1 a}{GI_p} = -\frac{M_A a}{GI_p}$$

$$\varphi_{CB} = \frac{T_2 b}{GI_p} = \frac{M_B b}{GI_p}$$

将上述关系式代入式(b),即得补充方程为

$$-M_A a + M_B b = 0 \tag{c}$$

3. 计算支反力偶矩

联立求解平衡方程(a)与补充方程(c),于是得

$$M_A = \frac{Mb}{a+b}, \quad M_B = \frac{Ma}{a+b}$$

支反力偶矩确定后,即可按以前所述方法分析轴的内力、应力与变形,并进行强度与刚度计算。

*§9-8 非圆截面轴扭转简介

圆截面轴为最常见的轴。在工程实际中,有时也会碰到一些非圆截面轴,例如矩形与椭圆形截面轴等。本节研究非圆截面轴的扭转问题,主要介绍有关研究结果。

一、矩形截面轴扭转

在非圆截面轴中,矩形截面轴最为常见。

弹性理论指出:矩形截面轴扭转时,横截面边缘各点处的切应力平行于截面周边(图9-25),角点处的切应力为零;最大切应力 τ_{max} 发生在截面的长边中点处,而短边中点处的切应力 τ_1 也有相当大的数值。

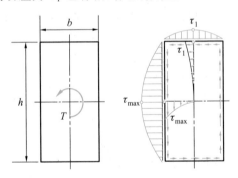

图 9-25

上述结论与试验现象一致。从试验中观察到(图9-26):轴表面棱角处的切应变为零;而距侧面中线愈近,切应变愈大,在侧面中线处,切应变最大。

根据弹性理论的研究结果,矩形截面轴的扭转切应力 τ_{max} 与 τ_1 以及扭转变形分别为

$$\tau_{max} = \frac{T}{W_1} = \frac{T}{\alpha h b^2} \tag{9-26}$$

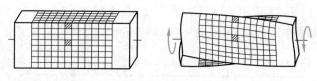

图 9-26

$$\tau_1 = \gamma\tau_{max} \qquad (9-27)$$

$$\varphi = \frac{Tl}{GI_t} = \frac{Tl}{G\beta hb^3} \qquad (9-28)$$

式中,h 与 b 分别代表矩形截面长边与短边的长度,系数 α,β,γ 与比值 h/b 有关,其值见表 9-1。

表 9-1 矩形截面轴扭转的相关系数

h/b	1.0	1.2	1.5	1.75	2.0	2.5	3.0	4.0	6.0	8.0	10.0	∞
α	0.208	0.219	0.231	0.239	0.246	0.258	0.267	0.282	0.299	0.307	0.313	0.333
β	0.141	0.166	0.196	0.214	0.229	0.249	0.263	0.281	0.299	0.307	0.313	0.333
γ	1.000	0.930	0.859	0.820	0.795	0.766	0.753	0.745	0.743	0.742	0.742	0.742

二、椭圆等非圆截面轴扭转

对于椭圆与正多边形等非圆截面轴(图 9-27),最大扭转切应力发生在截面边缘图示圆点处,其值为

$$\tau_{max} = \frac{T}{W_t} \qquad (9-29)$$

而扭转变形则为

$$\varphi = \frac{Tl}{GI_t} \qquad (9-30)$$

在以上二式中,W_t 及 I_t 的量纲分别与 W_p 及 I_p 相同,其计算表达式详见附录 C。

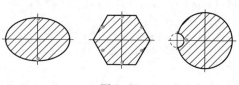

图 9-27

例 9-8　图 9-28 所示矩形截面轴,若扭力偶矩 $M = 2$ kN·m,切变模量 $G =$ 80 GPa,试求横截面上 A 与 B 点处的扭转切应力以及杆的扭转变形。

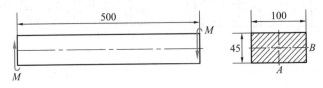

图 9-28

解:1. 扭转相关系数的确定

由图可知,$h = 0.100$ m,$b = 0.045$ m,所以,

$$\frac{h}{b} = \frac{0.100 \text{ m}}{0.045 \text{ m}} = 2.22$$

从表 9-1 查得:当 $h/b = 2.0$ 时,$\alpha = 0.246$,$\gamma = 0.795$,$\beta = 0.229$;当 $h/b = 2.5$ 时,$\alpha = 0.258$,$\gamma = 0.766$,$\beta = 0.249$。

利用线性插入法,得 $h/b = 2.22$ 时的扭转相关系数为

$$\alpha = 0.246 + (0.258 - 0.246)\frac{2.22 - 2.0}{2.5 - 2.0} = 0.251$$

$$\gamma = 0.795 - (0.795 - 0.766)\frac{2.22 - 2.0}{2.5 - 2.0} = 0.782$$

$$\beta = 0.229 + (0.249 - 0.229)\frac{2.22 - 2.0}{2.5 - 2.0} = 0.238$$

2. 扭转应力与变形计算

根据式(9-26)与(9-27),得 A 与 B 点处的扭转切应力分别为

$$\tau_A = \frac{T}{\alpha h b^2} = \frac{2 \times 10^3 \text{ N·m}}{0.251 \times (0.100 \text{ m})(0.045 \text{ m})^2} = 39.3 \text{ MPa}$$

$$\tau_B = \gamma \tau_{\max} = 0.782 \times (39.3 \text{ MPa}) = 30.7 \text{ MPa}$$

根据式(9-28),得杆的扭转变形为

$$\varphi = \frac{Tl}{\beta G h b^3} = \frac{(2 \times 10^3 \text{ N·m})(0.5 \text{ m})}{0.238 \times (80 \times 10^9 \text{ Pa})(0.100 \text{ m})(0.045 \text{ m})^3} = 5.764 \times 10^{-3} \text{ rad}$$

思 考 题

9-1　何谓扭矩? 扭矩的正负符号是如何规定的? 如何计算扭矩与绘制扭矩图?

9-2　轴的转速、所传功率与扭力偶矩之间有何关系,该公式是如何建立的?

9-3　切应力互等定理是如何建立的? 当微体的四个侧面上同时存在正应力,或切应力

超过剪切比例极限时,该定理是否仍成立?

9-4 薄壁圆管扭转切应力公式是如何建立的?应用条件是什么?当切应力超过剪切比例极限时,该公式是否仍正确?

9-5 建立圆轴扭转切应力公式的基本假设是什么?它们在建立公式时起何作用?公式的应用条件是什么?如何判断公式的正确性?

9-6 一根内、外径分别为 d_i 与 d_o 的空心圆截面轴,试判断下述表达式的正确性:

(a) $I_p = \dfrac{\pi d_o^4}{64} - \dfrac{\pi d_i^4}{64}$;

(b) $W_p = \dfrac{\pi d_o^3}{32} - \dfrac{\pi d_i^3}{32}$。

9-7 金属材料圆轴扭转失效有几种形式?圆轴扭转强度条件是如何建立的?如何确定扭转许用切应力?

9-8 从强度方面考虑,空心圆截面轴何以比实心圆截面轴合理?空心圆截面轴的壁厚是否愈薄愈好?

9-9 如何计算圆轴扭转角?圆轴扭转刚度条件是如何建立的?应用该条件时应注意什么?

9-10 如何求解扭转静不定问题?如何建立补充方程?

9-11 矩形截面轴的扭转切应力分布有何特点?如何计算扭转变形与最大扭转切应力?能否说"在矩形截面轴的同一横截面上,离截面形心愈远处,扭转切应力愈大"。

习 题

9-1 试画图示各轴的扭矩图,并指出最大扭矩值。

9-2 试画图示各轴的扭矩图,并指出最大扭矩值。

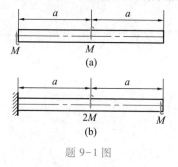

题 9-1 图

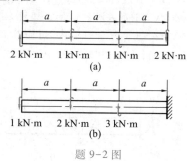

题 9-2 图

9-3 一传动轴,转速 $n = 1000$ r/min(转/分),电机输入功率 $P = 20$ kW,试求作用在轴上的扭力偶矩。

9-4 一传动轴,转速 $n = 300$ r/min,轮 1 为主动轮,输入功率 $P_1 = 50$ kW,轮 2、轮 3 与轮 4 为从动轮,输出功率分别为 $P_2 = 10$ kW,$P_3 = P_4 = 20$ kW。

（a）试画轴的扭矩图，并求轴的最大扭矩；

（b）若将轮 1 与轮 3 的位置对调，轴的最大扭矩变为何值，对轴的受力是否有利。

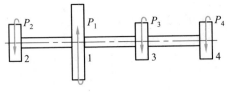

题 9-4 图

9-5 一受扭圆管，外径 $D = 44$ mm，内径 $d = 40$ mm，扭矩 $T = 750$ N·m，试计算圆管横截面与纵截面上的扭转切应力。

9-6 一受扭薄壁圆管，内径 $d = 30$ mm，外径 $D = 32$ mm，弹性模量 $E = 200$ GPa，泊松比 $\mu = 0.25$，设圆管表面纵线的倾斜角 $\gamma = 1.25 \times 10^{-3}$ rad，试求管承受的扭力偶矩。

9-7 图示圆截面轴，直径 $d = 50$ mm，扭矩 $T = 1$ kN·m，$\rho_A = 20$ mm，试计算横截面上的最大扭转切应力与 A 点处的扭转切应力。

9-8 图示空心圆截面轴，外径 $D = 40$ mm，内径 $d = 20$ mm，扭矩 $T = 1$ N·m，$\rho_A = 20$ mm 试计算横截面上的最大与最小扭转切应力，以及 A 点处的扭转切应力。

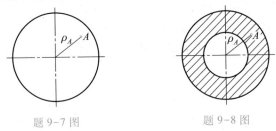

题 9-7 图   题 9-8 图

9-9 试证明，在线性弹性范围内，且当圆管的 $R_0/\delta \geqslant 10$ 时，按薄壁圆管扭转公式（9-2）计算扭转切应力的最大误差不超过 4.53%。

9-10 在图 a 所示圆轴内，用横截面 ABC，DEF 与径向纵截面 $ADFC$ 切出单元体 $ABCDEF$（图 b），试画各切开截面上的应力分布图。

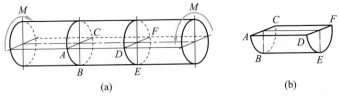

（a）   （b）

题 9-10 图

9-11 某圆截面钢轴，承受扭力偶矩 $M = 2.0$ kN·m 作用。已知许用切应力 $[\tau] = 50$ MPa，试确定轴径。

9-12 如图所示,实心轴与空心轴通过牙嵌离合器相连接。已知轴的转速 $n = 100$ r/min,传递功率 $P = 10$ kW,许用切应力 $[\tau] = 80$ MPa,试确定实心轴的直径 d,空心轴的内、外径 d_1 与 d_2,若 $d_1/d_2 = 0.6$。

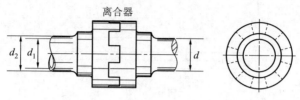

离合器

题 9-12 图

9-13 如图所示,圆轴 AB 与套管 CD 用刚性突缘 E 焊接成一体,并承受扭力偶矩 M 作用。圆轴直径 $d = 56$ mm,许用切应力 $[\tau_1] = 80$ MPa;套管外径 $D = 80$ mm,壁厚 $\delta = 6$ mm,许用切应力 $[\tau_2] = 40$ MPa。试求扭力偶矩 M 的许用值。

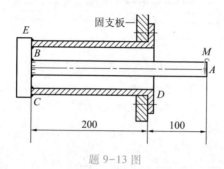

固支板

题 9-13 图

9-14 一扭转试样,直径 $d = 20$ mm,标距 $l_0 = 100$ mm。当试样两端承受扭力偶矩 $M = 230$ N·m作用时,测得标距段的扭转角 $\varphi = 0.017\ 4$ rad,试确定切变模量 G。

9-15 题 9-13 所述轴,若扭力偶矩 $M = 1.5$ kN·m,切变模量 $G = 80$ GPa,试求截面 A 绕轴线的转角 ϕ_A。

9-16 图示圆截面轴,AB 与 BC 段的直径分别为 d_1 与 d_2,且 $d_1 = 4d_2/3$,切变模量为 G。试求轴内的最大扭转切应力与截面 C 绕轴线的转角 ϕ_C,并画轴表面母线的位移情况。

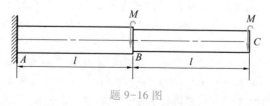

题 9-16 图

9-17 一圆截面钢轴,转速 $n = 250$ r/min,所传功率 $P = 60$ kW,许用切应力 $[\tau] = 40$ MPa,单位长度许用扭转角 $[\theta] = 0.8(°)/$m,切变模量 $G = 80$ GPa,试确定轴径。

9-18 题 9-16 所述轴,若扭力偶矩 $M = 1$ kN·m,许用切应力 $[\tau] = 80$ MPa,单位长度许用扭转角 $[\theta] = 0.5(°)/\mathrm{m}$,切变模量 $G = 80$ GPa,试确定轴径 d_1 与 d_2。

9-19 图示圆截面轴,直径为 d,切变模量为 G,截面 B 绕轴线的转角为 ϕ_B,试求扭力偶矩 M 之值。

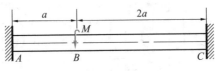

题 9-19 图

9-20 图示两端固定的圆截面轴,承受矩为 M 的扭力偶作用,若许用切应力 $[\tau] = 60$ MPa,试求许用扭力偶矩 $[M]$ 之值。

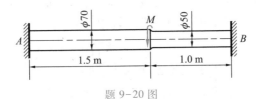

题 9-20 图

9-21 图示组合轴,由套管与芯轴并藉两端刚性平板连接在一起。设作用在平板上的扭力偶矩为 $M = 2$ kN·m,套管与芯轴的切变模量分别为 $G_1 = 40$ GPa 与 $G_2 = 80$ GPa,试求套管与芯轴的扭矩及最大扭转切应力。

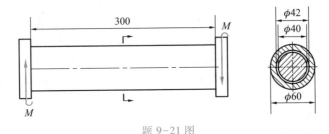

题 9-21 图

9-22 图示两轴,由突缘与螺栓相连接,螺栓的材料相同,直径为 d,并均匀地排列在直径为 D 的圆周上,突缘的厚度为 δ,轴所承受的扭力偶矩为 M,试计算螺栓的挤压应力与剪切面上的切应力。

9-23 题 9-22 所述组合轴,已知扭力偶矩 $M = 5.0$ kN·m,直径 $D = 100$ mm,厚度 $\delta = 10$ mm,螺栓的许用切应力 $[\tau] = 100$ MPa,许用挤压应力 $[\sigma_{bs}] = 300$ MPa,试确定螺栓直径。

9-24 横截面面积、杆长与材料均相同的两根轴,截面分别为正方形与 $h/b = 2$ 的矩形,试比较其扭转刚度。

9-25 图示 90 mm×60 mm 的矩形截面轴,承受扭力偶矩 M_1 与 M_2 作用,且 $M_1 = 1.6M_2$,已知许用切应力 $[\tau] = 60$ MPa,切变模量 $G = 80$ GPa,试求 M_2 的许用值及截面 A 绕轴线的转角为 ϕ_A。

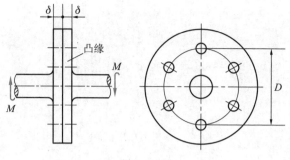

题 9-22 图

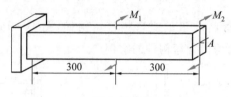

题 9-25 图

第九章 电子教案

第十章　弯　曲　内　力

§ 10-1　引　言

在工程实际中,存在大量的受弯构件。例如,图 10-1a 所示火车轮轴,图 10-2a所示水闸立柱,均为受弯构件的实例。

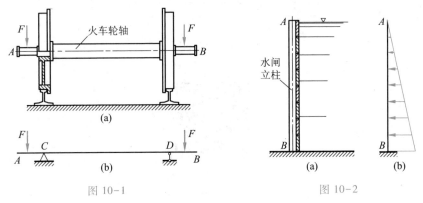

图 10-1

图 10-2

当杆件承受垂直于其轴线的外力,或矢量方向垂直于杆轴的外力偶时(图 10-3a),杆的轴线由直线变为曲线。以轴线变弯为主要特征的变形形式,称为弯曲。以弯曲为主要变形的杆件,称为梁。垂直于杆轴的载荷,称为横向载荷。

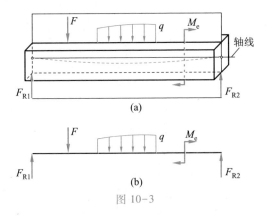

图 10-3

梁是机械与工程结构中最常见的构件。在分析计算时,通常用轴线代表梁,例如图 10-3a 所示梁的计算简图,即如图 10-3b 所示。

本章研究梁的外力与内力,主要研究所有外力均作用在同一平面内的梁,实际上,这也是最常见的梁。

§10-2 梁的外力与类型

作用在梁上的外力,包括载荷与约束力。本节研究梁的载荷、常见约束(或支座)与相应约束力(或支反力),以及梁的类型。

一、梁的载荷

作用在梁上的载荷,主要有以下三种。

(1)集中载荷 通过微小梁段作用在梁上的横向力。例如图 10-1a 所示作用在火车轮轴的外力 F。

(2)集中力偶 通过微小梁段作用在梁上的外力偶。例如图 10-3a 所示矩为 M_e 的外力偶。

(3)分布载荷 沿梁全长或部分长度连续分布的横向力。例如图 10-2a 所示作用在水闸立柱的外力。

二、支座形式与支反力

对于梁,最常见的支座及相应支反力(含支反力偶)如下。

(1)可动铰支座 如图 10-4a 所示,可动铰支座仅限制梁支承处垂直于支承平面的线位移,因此,仅存在垂直于支承平面的支反力 F_R。

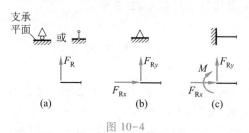

图 10-4

(2)固定铰支座 如图 10-4b 所示,固定铰支座限制梁在支承处沿任何方位的线位移,因此,相应支反力可用两个分力表示。例如,沿梁轴的支反力 F_{Rx} 与垂直于梁轴的支反力 F_{Ry}。

(3)固定端 如图 10-4c 所示,固定端限制梁端截面的线位移与角位移,因此,相应支反力可用三个分量表示。例如,沿梁轴的支反力 F_{Rx} 与垂直于梁轴的支反力 F_{Ry},以及位于梁轴平面的支反力偶矩 M。

根据上述分析,得火车轮轴与水闸立柱的计算简图分别如图 10-1b 与图 10-2b 所示。

三、梁的类型

本章所研究的梁,外力均作用在同一平面内。平面力系的独立或有效平衡方程仅三个,因此,如果作用在梁上的支反力也正好是三个,则恰可由平衡方程确定。利用平衡方程即可确定全部支反力的梁,称为**静定梁**。

最常见的静定梁有以下三种。

(1) 简支梁 一端固定铰支、另一端可动铰支的梁(图 10-5a)。

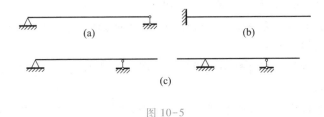

图 10-5

(2) 悬臂梁 一端固定、另一端自由的梁(图 10-5b),例如图 10-2b 所示梁。

(3) 外伸梁 具有一个或两个外伸部分的简支梁(图 10-5c),例如图 10-1b 所示梁。

仅靠平衡方程尚不能确定全部支反力的梁,称为**静不定梁**。求解静不定梁需要考虑梁的变形,具体解法将在 §12-5 讨论。

§10-3 剪力与弯矩

考虑图 10-6a 所示任意梁,其上外力均为已知。现在研究任一横截面 $m-m$ 上的内力,该截面离梁左端的距离为 b。

首先,利用截面法,在截面 $m-m$ 处将梁假想地切开,并选切开后的左段为研究对象(图 10-6b)。为了分析内力,将该梁段上的所有外力向截面 $m-m$ 的形心 C 简化,得主矢 F_S' 与主矩 M'。由于外力均垂直于梁轴,主矢 F_S' 也垂直于梁轴。

由此可见,当梁弯曲时,横截面上将同时存在两种内力分量:与主矢 F_S' 平衡

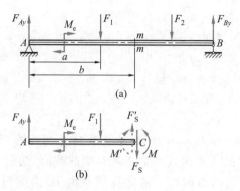

图 10-6

的内力 F_s；与主矩 M' 平衡的内力偶矩 M。作用线位于所切横截面的内力 F_s，即前述剪力；矢量位于所切横截面的内力偶矩 M，称为**弯矩**。

根据左段梁的平衡条件，由平衡方程

$$\sum F_y = 0, \quad F_{Ay} - F_1 - F_s = 0$$

得

$$F_s = F_{Ay} - F_1$$

即剪力等于左段梁上所有外力的代数和；由平衡方程

$$\sum M_C = 0, \quad M + F_1(b-a) - F_{Ay}b - M_e = 0$$

得

$$M = F_{Ay}b - F_1(b-a) + M_e$$

即弯矩等于左段梁上所有外力对形心 C 的力矩的代数和。

截面 $m-m$ 上的剪力与弯矩，也可利用切开后的右段梁的平衡条件求得。

对于剪力与弯矩的正负符号，兹规定如下：在所切横截面的内侧切取微段（图 10-7a），凡企图使微段沿顺时针方向转动的剪力为正；使微段弯曲呈凹形的弯矩为正（图 10-7b）。按此规定，图 10-6b 中所示剪力与弯矩均为正。

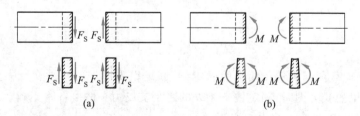

图 10-7

根据以上分析，可将计算剪力与弯矩的方法概述如下：

（1）在需求内力的横截面处，假想地将梁切开，并选切开后的任一梁段为研究对象；

（2）画所选梁段的受力图，图中，剪力 F_S 与弯矩 M 可假设为正；

（3）由平衡方程 $\sum F_y = 0$ 计算剪力 F_S；

（4）由平衡方程 $\sum M_C = 0$ 计算弯矩 M，式中，C 为所切横截面的形心。

例 10-1　图 10-8a 所示外伸梁，承受载荷 F 与矩为 $M_e = Fl$ 的力偶作用。截面 A_+ 代表距横截面 A 无限近并位于其右侧的截面，截面 D_- 代表距横截面 D 无限近并位于其左侧的横截面。试计算横截面 E、横截面 A_+ 与 D_- 的剪力与弯矩。

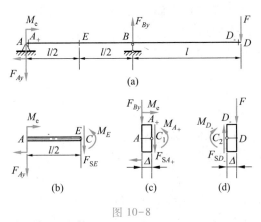

图 10-8

解：1. 计算支反力

设支座 A 与 B 处的铅垂支反力分别为 F_{Ay} 与 F_{By}，则由平衡方程

$$\sum M_A = 0, \quad F_{By}l - F \cdot 2l - Fl = 0$$
$$\sum F_y = 0, \quad F_{By} - F_{Ay} - F = 0$$

分别得

$$F_{Ay} = 2F, \quad F_{By} = 3F$$

在横向载荷与力偶作用下的静定梁，固定铰支座处的水平支反力为零。因此，在画梁的受力图时，固定铰支座处的水平支反力一般可省略不画。

2. 计算截面 E 的剪力与弯矩

设截面 E 的剪力与弯矩分别为 F_{SE} 与 M_E，在该截面处假想地将梁切开，并选左段为研究对象（图 10-8b），则由平衡方程

$$\sum F_y = 0, \quad -F_{SE} - F_{Ay} = 0$$

$$\sum M_C = 0, \quad M_E - M_e + F_{Ay} \cdot \frac{l}{2} = 0$$

得

$$F_{SE} = -F_{Ay} = -2F$$

$$M_E = M_e - F_{Ay} \cdot \frac{l}{2} = Fl - 2F \cdot \frac{l}{2} = 0$$

3. 计算截面 A_+ 与 D_- 的剪力与弯矩

在截面 A_+ 处切取梁左段为研究对象（图 10-8c），图中，Δ 代表无限小的长度。由平衡方程 $\sum F_y = 0$ 与 $\sum M_{C_1} = 0$，得截面 A_+ 的剪力与弯矩分别为

$$F_{SA_+} = -F_{Ay} = -2F$$

$$M_{A_+} = M_e - F_{Ay}\Delta = Fl - 2F \cdot 0 = Fl$$

为了计算截面 D_- 的内力，选研究对象如图 10-8d 所示，于是得

$$F_{SD_-} = F$$

$$M_{D_-} = F \cdot 0 = 0$$

§10-4 剪力、弯矩方程与剪力、弯矩图

一般情况下，在梁的不同横截面或不同梁段内，剪力与弯矩一般不同，即剪力与弯矩沿梁轴变化。

为了描写剪力与弯矩沿梁轴的变化情况，沿梁轴选取坐标轴 x 表示横截面的位置，并建立剪力、弯矩与坐标 x 间的解析关系式，即

$$F_S = F_S(x)$$

$$M = M(x)$$

分别称为**剪力方程**与**弯矩方程**。

表示剪力与弯矩沿梁轴变化情况的另一重要方法为图线法。作图时，以平行于梁轴的坐标轴表示横截面的位置，垂直于梁轴的另一坐标轴表示剪力 F_S 或弯矩 M，在所述坐标面内，分别绘制剪力与弯矩沿梁轴变化的曲线。表示剪力、弯矩沿梁轴变化的图线，分别称为**剪力图**与**弯矩图**。

研究剪力与弯矩沿梁轴的变化情况，对于解决梁的强度与刚度问题都是必不可少的。因此，剪力、弯矩方程以及剪力、弯矩图是分析弯曲问题的重要基础。

例 10-2 图 10-9a 所示悬臂梁，承受载荷 F 作用。试建立梁的剪力、弯矩方程，并画剪力、弯矩图。

解：1. 建立剪力、弯矩方程

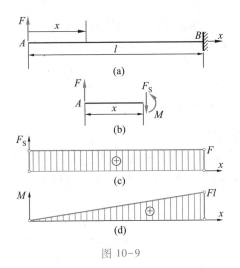

图 10-9

选取横截面 A 的形心为坐标轴 x 的原点,并在截面 x 处切取梁的左段为研究对象(图 10-9b)。

根据该梁段的平衡条件,得梁的剪力与弯矩方程分别为

$$F_S = F \quad (0 < x < l) \tag{a}$$

$$M = Fx \quad (0 \leqslant x < l) \tag{b}$$

2. 画剪力、弯矩图

式(a)表明,各横截面的剪力均为 F,因此,剪力图为一位于坐标轴 x 上方并与其平行的直线(图 10-9c)。

式(b)表明,M 为 x 的正比函数。因此,弯矩图是一条通过坐标原点的倾斜直线。由式(b)可知,当 $x = l$ 时,$M = Fl$。于是,过原点与坐标为 (l, Fl) 的点连直线,即得弯矩图(图 10-9d)。

可以看出,横截面 B 的弯矩最大,其值为

$$M_{max} = Fl$$

例 10-3 图 10-10a 所示简支梁,承受集度为 q 的均布载荷作用。试建立梁的剪力、弯矩方程,并画剪力、弯矩图。

解:1. 计算支反力

分布载荷的合力为 $F_R = ql$,并作用在梁的中点,所以,A 与 B 端的支反力为

$$F_{Ay} = F_{By} = \frac{ql}{2}$$

2. 建立剪力、弯矩方程

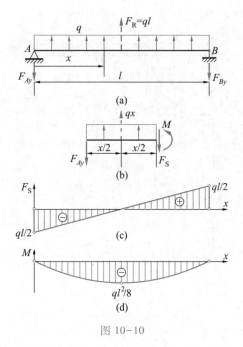

图 10-10

建立坐标轴 x 如图所示,并在截面 x 处切取梁的左段为研究对象(图 10-10b)。可以看出,在左段梁上,分布载荷的合力为 qx,并作用在该梁段的中点。根据平衡条件,得

$$F_S = -F_{Ay} + qx = -\frac{ql}{2} + qx \quad (0 < x < l) \tag{a}$$

$$M = -F_{Ay}x + qx \cdot \frac{x}{2} = -\frac{ql}{2}x + \frac{q}{2}x^2 \quad (0 \leqslant x \leqslant l) \tag{b}$$

3. 画剪力、弯矩图

由式(a)可知,剪力 F_S 为 x 的线性函数,且 $F_S(0) = -ql/2$, $F_S(l) = ql/2$,所以,梁的剪力图如图 10-10c 所示。

由式(b)可知,弯矩 M 为 x 的二次函数,其图像为二次抛物线。由式(b)求出 x 与 M 的一些对应值后,即可画出梁的弯矩图(图 10-10d)。

由剪力与弯矩图可以看出:

$$F_{S,\max} = \frac{ql}{2}, \qquad |M|_{\max} = \frac{ql^2}{8}$$

例 10-4 图 10-11a 所示简支梁,承受载荷 F 的作用。试建立梁的剪力、弯

矩方程,并画剪力、弯矩图。

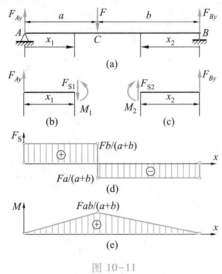

图 10-11

解:1. 计算支反力

由平衡方程 $\sum M_B = 0$ 与 $\sum M_A = 0$,得 A 与 B 端的支反力分别为

$$F_{Ay} = \frac{bF}{a+b}, \qquad F_{By} = \frac{aF}{a+b}$$

2. 建立剪力、弯矩方程

由于在截面 C 处作用有载荷 F,故应按梁段 AC 与 CB,分段建立剪力、弯矩方程。

对于梁段 AC,用坐标 x_1 表示横截面的位置,则由图 10-11b 可知,该梁段的剪力与弯矩方程分别为

$$F_{S1} = F_{Ay} = \frac{bF}{a+b} \qquad (0 < x_1 < a) \tag{a}$$

$$M_1 = F_{Ay}x_1 = \frac{bF}{a+b}x_1 \qquad (0 \leqslant x_1 \leqslant a) \tag{b}$$

对于梁段 CB,为计算简单,用坐标 x_2 表示横截面的位置,则由图 10-11c 可知,该梁段的剪力与弯矩方程分别为

$$F_{S2} = -F_{Ay} = -\frac{aF}{a+b} \qquad (0 < x_2 < b) \tag{c}$$

$$M_2 = F_{By}x_2 = \frac{aF}{a+b}x_2 \qquad (0 \leqslant x_2 \leqslant b) \tag{d}$$

3. 画剪力、弯矩图

根据式(a)与(c)画剪力图(图10-11d);根据式(b)与(d)画弯矩图(图10-11e)。

可以看出,横截面 C 的弯矩最大,其值为

$$M_{max} = \frac{Fab}{a+b}$$

如果 $b>a$,则梁段 AC 的剪力最大,其值为

$$F_{S,max} = \frac{bF}{a+b}$$

由剪力与弯矩图可以看出,在集中力作用处,其左、右两侧横截面的弯矩相同,而剪力则发生突变,突变量等于该集中力之值。

例 10-5 图10-12a所示悬臂梁,$\overline{AB} = \overline{BC} = a$,承受均布载荷 q 与矩为 $M_e = qa^2$ 的力偶作用,试建立梁的剪力、弯矩方程,并画剪力、弯矩图。

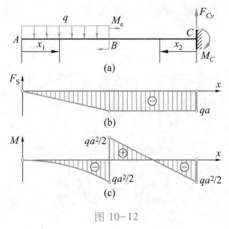

图 10-12

解:1. 建立剪力、弯矩方程

设固定端 C 处的支反力与支反力偶矩分别为 F_{Cy} 与 M_C,则由平衡方程 $\sum F_y = 0$ 与 $\sum M_C = 0$,得

$$F_{Cy} = qa, \quad M_C = \frac{qa^2}{2}$$

将梁划分为 AB 与 BC 两段,并选坐标 x_1 与 x_2 如图所示。

梁段 AB 的剪力与弯矩方程分别为

$$F_{S1} = -qx_1 \quad (0 \leqslant x_1 \leqslant a) \tag{a}$$

$$M_1 = -\frac{qx_1^2}{2} \quad (0 \leqslant x_1 < a) \tag{b}$$

而梁段 *BC* 的剪力与弯矩方程则分别为

$$F_{S2} = -F_{Cy} = -qa \quad (0 < x_2 \leqslant a) \tag{c}$$

$$M_2 = F_{Cy}x_2 - M_C = qax_2 - \frac{qa^2}{2} \quad (0 < x_2 < a) \tag{d}$$

2. 画剪力、弯矩图

根据式（a）与（c）画剪力图（图 10-12b）；根据式（b）与（d）画弯矩图（图 10-12c）。

由剪力与弯矩图可以看出，在集中力偶作用处，其左、右两侧横截面的剪力相同，而弯矩则发生突变，突变量等于该力偶之矩。

例 10-6　图 10-13a 所示简支梁，载荷 *F* 可沿梁轴移动。试问：

（1）载荷位于何位置时，梁的最大剪力值最大，并确定该剪力之值；

（2）载荷位于何位置时，梁的最大弯矩值最大，并确定该弯矩之值。

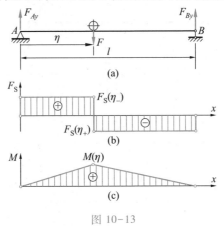

图 10-13

解：1. 梁的剪力、弯矩图

载荷位置用坐标 η 表示（图 10-13a），显然，支座 *A* 与 *B* 的支反力分别为

$$F_{Ay} = \frac{(l-\eta)F}{l}, \quad F_{By} = \frac{\eta F}{l}$$

梁的剪力与弯矩图分别如图 10-13b 与 c 所示，最大剪力值为

$$F_S(\eta_-) = F_{Ay} = \frac{(l-\eta)F}{l} \quad (\text{当 } 0 < \eta \leqslant \frac{l}{2} \text{时}) \tag{a}$$

或

$$|F_S(\eta_+)| = F_{By} = \frac{\eta F}{l} \quad (当 \frac{l}{2} < \eta \leqslant l 时) \tag{b}$$

而最大弯矩则为

$$M(\eta) = F_{Ay}\eta = F\eta\left(1 - \frac{\eta}{l}\right) \tag{c}$$

2. 剪力与弯矩的最大值

由式(a)与(b)可以看出,当 η 分别无限趋于 0 或 l 时,即载荷无限靠近支座 A 或 B 时,最大剪力的绝对值均最大,且其值均为

$$|F_S|_{max} = F$$

根据式(c),由

$$\frac{\mathrm{d}M(\eta)}{\mathrm{d}\eta} = F\left(1 - \frac{2\eta}{l}\right) = 0$$

得

$$\eta = \frac{l}{2}$$

即载荷位于梁跨度中点时,最大弯矩 $M(\eta)$ 之值最大,其值为

$$M_{max} = M\left(\frac{l}{2}\right) = \frac{Fl}{4}$$

§10-5 剪力、弯矩与载荷集度间的微分关系

由以上所画剪力、弯矩图可以看出,载荷的类型不同,梁的剪力、弯矩曲线的类型也不相同,它们或为水平直线,或为倾斜直线,或为曲线。本节研究剪力、弯矩与载荷集度三者间的关系,及其在绘制剪力、弯矩图中的应用。

一、F_S, M 与 q 间的微分关系

图 10-14a 所示梁,承受集度为 $q = q(x)$ 的分布载荷作用。这里,坐标轴 x 的正向为自左向右,载荷集度则规定为方向向上者为正。为了研究剪力、弯矩与载荷集度间的关系,在分布载荷作用的梁段,用坐标分别为 x 与 $x+\mathrm{d}x$ 的两个横截面,从梁中切取一微段进行分析。

如图 10-14b 所示,设截面 x 的内力为 F_S 与 M,由于在所切微段仅作用分布载荷,内力沿梁轴连续变化,因此,截面 $x+\mathrm{d}x$ 的内力为 $F_S+\mathrm{d}F_S$ 与 $M+\mathrm{d}M$。此外,在该微段上还作用有集度为 $q(x)$ 的分布载荷。

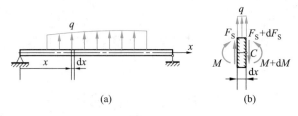

图 10-14

在上述各力作用下,微段处于平衡状态,平衡方程为

$$\sum F_y = 0, \quad F_S + q\mathrm{d}x - (F_S + \mathrm{d}F_S) = 0 \tag{a}$$

$$\sum M_C = 0, \quad M + \mathrm{d}M - q\mathrm{d}x\frac{\mathrm{d}x}{2} - F_S\mathrm{d}x - M = 0 \tag{b}$$

由式(a),得

$$\frac{\mathrm{d}F_S}{\mathrm{d}x} = q \tag{10-1}$$

由式(b)并略去二阶微量 $q(\mathrm{d}x)^2/2$,得

$$\frac{\mathrm{d}M}{\mathrm{d}x} = F_S \tag{10-2}$$

将式(10-2)代入式(10-1),还可得

$$\frac{\mathrm{d}^2 M}{\mathrm{d}x^2} = q \tag{10-3}$$

上述关系式表明:剪力图某点处的切线斜率,等于相应截面处的载荷集度;弯矩图某点处的切线斜率,等于相应截面处的剪力;而弯矩图某点处的二阶导数,则等于相应截面处的载荷集度。

以上所述剪力、弯矩与载荷集度间的微分关系式,实际上即梁微段的平衡方程。

二、剪力、弯矩图的图线特征

由式(10-1)、式(10-2)与式(10-3)可以看出,梁的载荷与剪力、弯矩图之间存在如下关系。

1. 无分布载荷作用梁段的剪力、弯矩图

在无分布载荷作用的梁段,由于 $q(x) = 0$,$\mathrm{d}F_S/\mathrm{d}x = q(x) = 0$,因此,$F_S(x) =$ 常数,即剪力图为平行于梁轴的直线。由于 $F_S(x) =$ 常数,所以 $\mathrm{d}M/\mathrm{d}x = F_S(x) =$ 常数,即相应弯矩图为倾斜直线,其斜率则随 F_S 值而定。

由此不难看出,对于仅有集中载荷作用的梁,其剪力与弯矩图一定是由直线

所构成(参阅图 10-9、图 10-11 与图 10-13)。

2. 均布载荷作用梁段的剪力、弯矩图

在均布载荷作用的梁段,由于 $q(x)$ = 常数 ≠ 0,dF_S/dx = 常数 ≠ 0,因此,剪力图为倾斜直线,其斜率随 q 值而定,而相应弯矩图则为二次抛物线。

由此不难看出,当分布载荷向上即 $q>0$ 时,$d^2M/dx^2>0$,弯矩图为凹曲线(参阅图 10-10);反之,当分布载荷向下即 $q<0$ 时,弯矩图为凸曲线(参阅图 10-12)。此外,由于 $dM/dx = F_S$,因此,在 $F_S = 0$ 的横截面处,弯矩图相应存在极值点。

下面举例说明上述关系的具体应用。

例 10-7　试利用剪力、弯矩与载荷集度间的微分关系检查图 10-10a 所示梁的剪力、弯矩图。

解:在该梁上,作用有方向向上的均布载荷,即 $q(x)$ = 常数 >0,所以,剪力图应为上倾直线,弯矩图则应为凹曲线。图 10-10 所示剪力、弯矩曲线的线型,符合上述要求。

在 $x = l/2$ 处,剪力为零,而弯矩图上相应存在极值点,这种对应关系也是正确的。

例 10-8　图 10-15a 所示简支梁,在横截面 B 与 C 处各作用一载荷 F,试利用剪力、弯矩与载荷集度间的微分关系绘制梁的剪力、弯矩图。

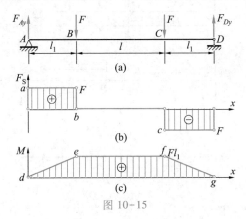

图 10-15

解:1. 计算支反力

由对称条件可知,铰支座 A 与 D 的支反力为

$$F_{Ay} = F_{Dy} = F$$

2. 画剪力图

由于梁上仅作用集中载荷,梁段 AB,BC 与 CD 的剪力图均为水平直线。利用截面法,求得各梁段的起点截面的剪力分别为

$$F_{SA_+} = F, \quad F_{SB_+} = 0, \quad F_{SC_+} = -F$$

上述截面的剪力值,在 x-F_S 平面内依次对应 a,b 与 c 点(图 10-15b)。于是,在 AB,BC 与 CD 区间,分别过 a,b 与 c 画水平直线,即得梁的剪力图。

3. 画弯矩图

在集中载荷作用下,各梁段的弯矩图均为直线。利用截面法,求得各梁段的起点与终点截面的弯矩分别为

$$M_{A_+} = 0, \quad M_{B_-} = Fl_1$$
$$M_{B_+} = M_{B_-} = Fl_1, \quad M_{C_-} = Fl_1$$
$$M_{C_+} = M_{C_-} = Fl_1, \quad M_{D_-} = 0$$

上述截面的弯矩值,在 x-M 平面内依次对应 d,e,f 与 g 点(图 10-15c)。于是,分别连直线 de,ef 与 fg,即得梁的弯矩图。

由图 10-15b 与 c 可以看出,在梁段 BC 内,剪力为零,弯矩为常数。梁或梁段各横截面的弯矩为常数、剪力为零的受力状态,称为**纯弯曲**。

例 10-9 图 10-16a 所示简支梁,承受均布载荷 q 作用,试画梁的剪力、弯矩图。

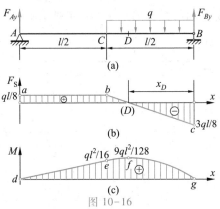

图 10-16

解:1. 计算支反力

由平衡方程 $\sum M_B = 0$ 与 $\sum F_y = 0$,得 A 与 B 端的支反力分别为

$$F_{Ay} = \frac{ql}{8}, \quad F_{By} = \frac{3ql}{8}$$

2. 计算剪力与弯矩

利用截面法,求得梁段 AC 与 CB 起点与终点截面的剪力与弯矩如下表所示。

梁段	AC		CB	
截面	A_+	C_-	C_+	B_-
剪力	$ql/8$	$\cdot\ ql/8$	$ql/8$	$-3ql/8$
弯矩	0	$ql^2/16$	$ql^2/16$	0

根据上述数据,在 $x\text{-}F_s$ 平面内确定 a,b 与 c 三点(图 10-16b),在 $x\text{-}M$ 平面内确定 d,e 与 g 三点(图 10-16c)。

3. 判断剪力与弯矩图的形状

根据剪力、弯矩与载荷集度间的微分关系可知,剪力、弯矩曲线具有下述特征。

梁段	AC	CB
载荷集度	$q(x)=0$	$q(x)=$ 常数 <0
剪力图	水平直线	下斜直线
弯矩图	斜线	凸曲线

4. 画剪力与弯矩图

根据以上分析,分别连直线 ab 与 bc 得梁的剪力图。

由剪力图中看到,在梁段 CB 的横截面 D 处,$F_s=0$,可见 M 曲线在该截面处存在极值。设截面 D 至截面 B 的距离为 x_D,则由图 10-16b 可知,

$$x_D : \left(\frac{l}{2}-x_D\right)=\frac{3ql}{8} : \frac{ql}{8}$$

由此得

$$x_D=\frac{3l}{8}$$

并得截面 D 的弯矩为

$$M_D=F_{By}x_D-\frac{q}{2}x_D^2=\frac{3ql}{8}\ \frac{3l}{8}-\frac{q}{2}\left(\frac{3l}{8}\right)^2=\frac{9ql^2}{128}$$

由坐标 (x_D,M_D) 在 $x\text{-}M$ 平面内得极值点 f。

于是,连直线 de,过 e,f 与 g 绘制以 f 点为极值点的凸曲线,即得梁的弯矩图。

*§ 10-6　非均布载荷梁的剪力与弯矩

前面讨论了集中载荷与均布载荷作用时梁的内力,现在研究非均布载荷作用的情况。

一、非均布载荷的合力

考虑图 10-17 所示梁,在区间 AB 内作用有分布载荷 $q=q(x)$。可以看出,在截面 x 处,微段 $\mathrm{d}x$ 上分布载荷的合力为 $q(x)\mathrm{d}x$,它对坐标原点 O 的力矩为 $xq(x)\mathrm{d}x$,所以,在整个 AB 区间内,分布载荷的合力为

$$F_{\mathrm{R}} = \int_{x_A}^{x_B} q(x)\,\mathrm{d}x \qquad (10-4)$$

而其作用线至原点 O 的距离则为

$$x_{\mathrm{R}} = \frac{\displaystyle\int_{x_A}^{x_B} xq(x)\,\mathrm{d}x}{F_{\mathrm{R}}} \qquad (10-5)$$

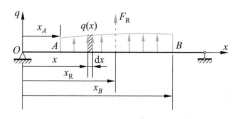

图 10-17

式(10-4)与(10-5)表明,在区间 AB 内,分布载荷的合力数值上等于该区间内载荷分布图的面积,而合力作用线则通过其形心。

二、线性分布载荷作用梁段的剪力与弯矩

最常见的非均布载荷为线性分布载荷,其表达式为

$$q=ax+b$$

式中,a 与 b 为常数。

在线性分布载荷作用的梁段,由于 q 是 x 的一次函数,剪力 F_{S} 必为 x 的二次函数,而弯矩 M 则为 x 的三次函数,即剪力图为二次抛物线,弯矩图为三次曲线。

在线性分布载荷作用的梁段,M 曲线的凹凸性仍由 q 的正负来确定,在 $q=0$

的横截面处，F_S 曲线相应存在极值点。

例 10–10　图 10–18a 所示简支梁，承受线性分布载荷作用，载荷集度的最大绝对值为 q_0，试建立梁的剪力、弯矩方程，并画剪力、弯矩图。

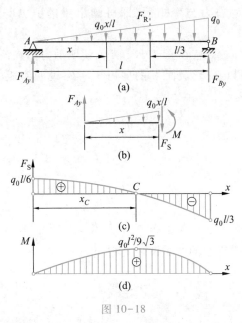

图 10–18

解：1. 计算支反力

由式（10–4）与式（10–5）可知，线性分布载荷的合力为

$$F_R = \frac{q_0 l}{2}$$

并作用在距 B 端 $l/3$ 处。由平衡方程 $\sum M_B = 0$ 与 $\sum M_A = 0$，得 A 与 B 端的支反力分别为

$$F_{Ay} = \frac{q_0 l}{6}, \quad F_{By} = \frac{q_0 l}{3}$$

2. 建立剪力、弯矩方程

由图 10–18b 可知，在截面 x 处，载荷集度的数值为 $q_0 x/l$，所以，梁的剪力与弯矩方程分别为

$$F_S = F_{Ay} - \frac{x}{2} \cdot \frac{q_0 x}{l} = \frac{q_0 l}{6} - \frac{q_0}{2l} x^2 \tag{a}$$

$$M = F_{Ay}x - \left(\frac{x}{2} \cdot \frac{q_0 x}{l} \right) \frac{x}{3} = \frac{q_0 l}{6}x - \frac{q_0}{6l}x^3 \qquad \text{(b)}$$

3. 画剪力、弯矩图

由式(a)与(b)可知,剪力图为二次抛物线,弯矩图为三次曲线。根据上述方程求出几个截面的剪力与弯矩后,即可画出梁的剪力与弯矩图,分别如图 10-18c 与 d 所示。

由图 10-18a 可以看出,在 $x = 0$ 处,$q = 0$,说明剪力图在该截面处存在极值。

由图 10-18c 可以看出,截面 C 的剪力 $F_S = 0$,说明弯矩图在该截面处存在极值。由式(a)并令

$$\frac{q_0 l}{6} - \frac{q_0}{2l}x^2 = 0$$

得截面 C 的横坐标为

$$x_C = \frac{l}{\sqrt{3}}$$

代入式(b),于是得截面 C 的弯矩即最大弯矩为

$$M_C = \frac{q_0 l^2}{9\sqrt{3}}$$

*§10-7 刚架内力

以上所述均为直梁的弯曲内力,本节进一步研究刚性连接简单杆系的弯曲内力。

一、刚架

在工程实际中,有些杆系结构是用很刚硬的接头连接杆件而成。例如图 10-19所示结构,杆 AB 与 BC 之间,即用很刚硬的焊接接头连接而成。利用刚性接头连接杆件所组成的杆系结构,称为刚架。与铰链不同,刚性接头不仅能传递力,而且能传递力偶矩。

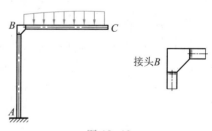

图 10-19

二、刚架内力

考虑图 10-20a 所示刚架,AB 段承受均布载荷 q 作用。

由平衡方程

$$\sum F_x = 0, \quad qa - F_{Ax} = 0$$

$$\sum M_A = 0, \quad F_{Cy}a - qa \cdot \frac{a}{2} = 0$$

$$\sum F_y = 0, \quad F_{Cy} - F_{Ay} = 0$$

得 A 与 C 端的支反力分别为

$$F_{Ax} = qa, \quad F_{Cy} = F_{Ay} = \frac{qa}{2}$$

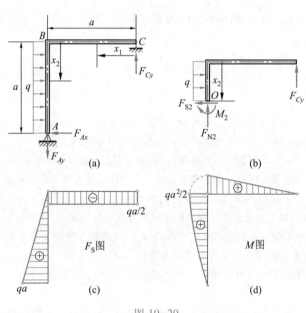

图 10-20

现在研究刚架的内力。

显然,BC 段的剪力与弯矩方程分别为

$$F_{S1} = -F_{Cy} = -\frac{qa}{2}$$

$$M_1 = F_{Cy}x_1 = \frac{qa}{2}x_1$$

对于 AB 段,选择截面 x_2 的上面部分为研究对象(图 10-20b)。可以看出,

在该截面上不仅存在剪力与弯矩,而且还存在轴力。剪力与轴力的正负符号仍按以前规定,至于弯矩的正负符号,则应注意与 BC 段协调一致。例如,可将竖杆 AB 的左侧面,看作是横杆 BC 顶面的延伸部分,于是,对于竖杆 AB,即应以使微段弯曲变形凹面向左的弯矩为正。按照上述规定,图中所示剪力、弯矩与轴力均为正。最后,由平衡方程 $\sum F_x = 0$,$\sum M_O = 0$ 与 $\sum F_y = 0$,得 AB 段的剪力、弯矩与轴力方程分别为

$$F_{S2} = qx_2$$

$$M_2 = F_{Cy}a - qx_2 \cdot \frac{x_2}{2} = \frac{qa^2}{2} - \frac{qx_2^2}{2}$$

$$F_{N2} = F_{Cy} = \frac{qa}{2}$$

根据上述方程,即可画刚架的内力图。例如,刚架的剪力与弯矩图分别如图 10-20c 与 d 所示。

<h2 align="center">思 考 题</h2>

10-1 如何计算剪力与弯矩?如何确定其正负符号?

10-2 如何建立剪力与弯矩方程?如何绘制剪力与弯矩图?

10-3 在横向集中力与集中力偶作用处,剪力与弯矩图各有何特点?

10-4 如何确定最大弯矩?最大弯矩是否一定发生在剪力为零的横截面上?

10-5 如何建立剪力、弯矩与载荷集度间的微分关系?它们的力学与数学意义是什么?在建立上述关系时,对于载荷集度 q 与坐标轴 x 的选取有何规定?

10-6 如果将坐标轴 x 的正向设定为自右向左,或将载荷集度 q 规定为向下为正,则剪力、弯矩与载荷集度间的微分关系将各如何变化?

10-7 在无载荷作用与均布载荷作用梁段,剪力与弯矩图各有何特点?如何利用这些特点绘制剪力、弯矩图?

10-8 如何计算非均布载荷的合力及其作用位置?在线性分布载荷作用的梁段,梁的剪力与弯矩图各有何特点?如何利用这些特点绘制剪力与弯矩图?

10-9 如何建立刚架的内力方程?如何绘制其内力图?

<h2 align="center">习 题</h2>

10-1 试计算图示各梁指定截面(标有细线者)的剪力与弯矩。

10-2 试建立图示各梁的剪力、弯矩方程,并画剪力、弯矩图。

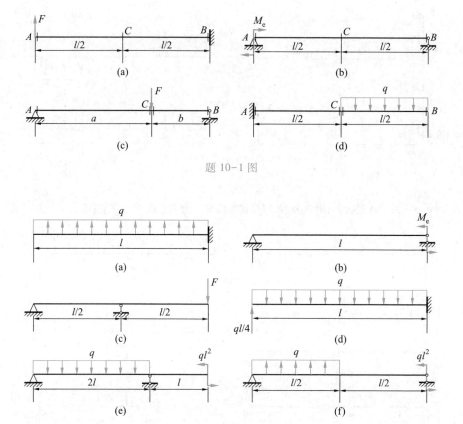

题 10-1 图

题 10-2 图

10-3 图示简支梁,载荷 F 可按四种方式作用于梁上,试分别画弯矩图,并从强度方面考虑,何种加载方式最好。

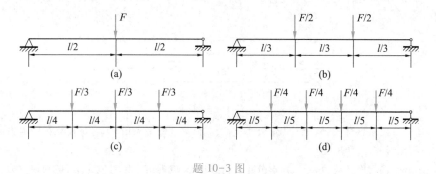

题 10-3 图

10-4 已知梁的剪力与弯矩图如图所示,试画梁的外力图。

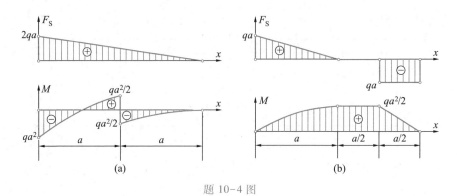

题 10-4 图

10-5　图示各梁,试利用剪力、弯矩与载荷集度间的关系画剪力、弯矩图。

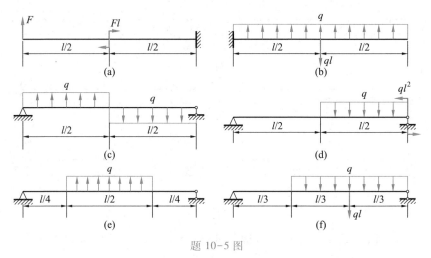

题 10-5 图

10-6　图示外伸梁,承受集度为 q 的均布载荷作用。试问当 a 为何值时梁的最大弯矩值 $|M|_{max}$ 最小。

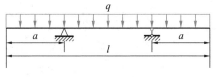

题 10-6 图

10-7　图示悬臂梁,承受三角形分布载荷,载荷集度的最大值为 q_0,试建立梁的剪力、弯矩方程,并画剪力、弯矩图。

10-8　图示简支梁,承受三角形分布载荷,载荷集度的最大绝对值为 q_0,试利用剪力、弯矩与载荷集度间的微分关系画剪力、弯矩图。

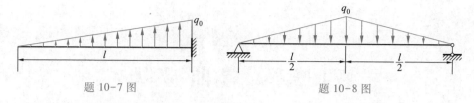

题 10-7 图　　　　　　　　　　　题 10-8 图

10-9　试画图示各刚架的剪力、弯矩图。

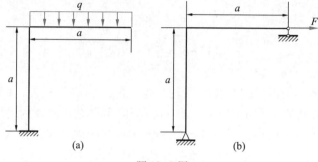

(a)　　　　　　　　　(b)

题 10-9 图

第十章　电子教案

第十一章 弯曲应力

§11-1 引　言

一般情况下,梁内同时存在剪力与弯矩(图 11-1a)。因此,在梁的横截面上,将同时存在切应力与正应力(图 11-1b)。因为只有切向微内力 $\tau \mathrm{d}A$ 才可能构成剪力(图 11-1c);只有法向微内力 $\sigma \mathrm{d}A$ 才可能构成弯矩。梁弯曲时横截面上的切应力与正应力,分别称为**弯曲切应力**与**弯曲正应力**。

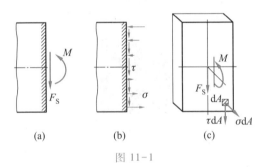

图 11-1

在机械与工程结构中,最常见的梁往往至少具有一个纵向对称面,而外力则作用在该对称面内(图 11-2)。在这种情况下,梁的变形对称于该纵向对称面。对称截面梁在纵向对称面承受横向外力(含外力偶)时的受力与变形形式,称为**对称弯曲**。在弯曲问题中,对称弯曲最为常见,也是研究非对称弯曲问题的基础。

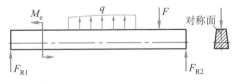

图 11-2

本章主要研究梁在对称弯曲时的应力、强度计算与合理强度设计,同时研究双对称截面梁的非对称弯曲应力与强度计算,以及弯拉(压)组合的应力与强度计算。

§11-2 对称弯曲正应力

弯曲应力是一个比较复杂的问题,为便于分析,本节从纯弯曲入手,研究梁在对称弯曲时的应力。

一、弯曲试验与假设

首先通过试验观察梁的变形。取一对称截面梁(例如矩形截面梁),在其表面画上纵线与横线(图 11-3a)。然后,在梁两端纵向对称面内,施加一对方向相反、力偶矩均为 M 的力偶,使梁处于纯弯曲状态。

从试验中观察到(图 11-3b):

(1)梁表面的横线仍为直线,仍与纵线正交,只是横线间作相对转动;

(2)纵线变为弧线,而且,靠近梁顶面的纵线缩短,靠近梁底面的纵线伸长;

(3)在纵线伸长区,梁的宽度减小,而在纵线缩短区,梁的宽度则增加,情况与轴向拉伸与压缩时的变形相似。

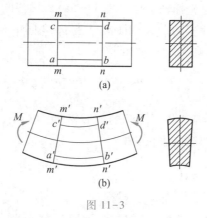

图 11-3

根据上述现象,对梁内变形与受力作如下假设:

(1)变形后,横截面仍保持平面,且仍与纵线正交,称为**弯曲平面假设**;

(2)梁内各纵向"纤维"仅承受轴向拉应力或压应力,称为**单向受力假设**。

根据平面假设,横截面上各点处均无切应变,因此,梁纯弯曲时横截面上不存在切应力。

根据平面假设,当梁弯曲时,部分"纤维"伸长,部分"纤维"缩短,而由伸长区到缩短区,其间必存在一长度不变的过渡层。弯曲时梁内之纵向长度不变层,称为**中性层**(图 11-4)。中性层与横截面的交线,称为**中性轴**。对称弯曲时,梁的变形对称于纵向对称面,因此,中性轴垂直于横截面的纵向对称轴。

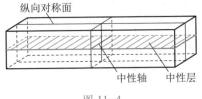

纵向对称面
中性轴　中性层

图 11-4

综上所述,纯弯曲时梁的所有横截面仍保持平面,并绕中性轴作相对转动,而所有纵向"纤维"则均处于单向受力状态。

二、弯曲正应力一般公式

现在,根据上述分析,进一步考虑几何、物理与静力学三方面,以建立弯曲正应力公式。

1. 几何方面

首先,用相距 dx 的横截面 1-1 与 2-2 从梁中切取一微段,并沿截面纵向对称轴与中性轴分别建立坐标轴 y 与 z(图 11-5a)。梁弯曲后,纵坐标为 y 的纵线 ab 变为弧线 $a'b'$(图 11-5b)。设截面 1-1 与 2-2 间的相对转角为 $d\theta$,中性层 O_1O_2 的曲率半径为 ρ,则纵线 ab 的正应变为

$$\varepsilon = \frac{\overset{\frown}{a'b'}-dx}{dx} = \frac{(\rho+y)d\theta-\rho d\theta}{\rho d\theta} = \frac{y}{\rho} \tag{a}$$

实际上,由于距中性层等远各"纤维"的变形相同,所以,上述正应变 ε 即代表纵坐标为 y 的任一点处的纵向正应变。

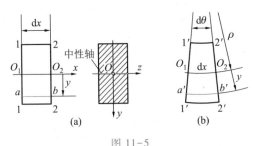

图 11-5

2. 物理方面

根据单向受力假设,当正应力不超过材料的比例极限时,即可应用胡克定

律,所以,在横截面上纵坐标为 y 的任一点处,其弯曲正应力为

$$\sigma = \frac{Ey}{\rho} \tag{b}$$

由此可见,弯曲正应力沿截面高度线性变化,而中性轴上各点处的正应力则均为零(图 11-6a)。

3. 静力学方面

横截面上各点处的法向微内力 $\sigma \mathrm{d}A$ 组成一空间平行力系(图 11-6b),而且,由于横截面上的轴力为零,仅存在位于 x-y 平面的弯矩 M,因此,如果横截面的面积为 A,则

$$\int_A \sigma \mathrm{d}A = 0 \tag{c}$$

$$\int_A y\sigma \mathrm{d}A = M \tag{d}$$

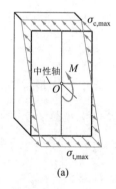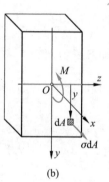

图 11-6

将式(b)代入式(c),得

$$\int_A y\mathrm{d}A = 0 \tag{e}$$

由式(6-6)可知,截面形心 C 的纵坐标为

$$y_C = \frac{\int_A y\mathrm{d}A}{A}$$

将式(e)代入上式,得

$$y_C = 0$$

由此可见,梁弯曲时中性轴通过横截面形心。

将式(b)代入式(d),得

$$\frac{E}{\rho} \int_A y^2 \mathrm{d}A = M$$

令

$$I_z = \int_A y^2 \, \mathrm{d}A \tag{11-1}$$

并称为截面对坐标轴 z 的**惯性矩**,则

$$\frac{1}{\rho} = \frac{M}{EI_z} \tag{11-2}$$

此即用曲率表示的弯曲变形公式。

式(11-2)表明,中性层的曲率 $1/\rho$ 与弯矩 M 成正比,与 EI_z 成反比。乘积 EI_z 称为**截面弯曲刚度**,简称**弯曲刚度**。可见,惯性矩 I_z 综合地反映了横截面的形状与尺寸对弯曲变形的影响。

最后,将式(11-2)代入式(b),于是得

$$\sigma = \frac{My}{I_z} \tag{11-3}$$

此即弯曲正应力的一般公式。

三、最大弯曲正应力

由式(11-3)可知,在 $y = y_{\max}$ 即横截面上离中性轴最远的各点处,弯曲正应力最大,其值为

$$\sigma_{\max} = \frac{My_{\max}}{I_z} = \frac{M}{\dfrac{I_z}{y_{\max}}}$$

令

$$W_z = \frac{I_z}{y_{\max}} \tag{11-4}$$

并称为**抗弯截面系数**,于是得最大弯曲正应力为

$$\sigma_{\max} = \frac{M}{W_z} \tag{11-5}$$

可见,最大弯曲正应力与弯矩成正比,与抗弯截面系数成反比。抗弯截面系数 W_z 综合地反映了横截面的形状与尺寸对弯曲正应力的影响。

试验表明,只要最大弯曲正应力不超过材料的比例极限,基于弯曲平面假设与单向受力假设的弯曲正应力理论是正确的。

还应指出,式(11-2)与(11-3)虽然是在纯弯曲的情况下建立的,但在一定条件下,同样适用于非纯弯曲(详见§11-4)。

例 **11-1** 图 11-7a 所示悬臂梁,承受矩为 $M_e = 20.0$ kN · m 的力偶作用。梁用工字形标准型钢即所谓**工字钢**制成,其型号为№18,钢的弹性模量 $E = 200$ GPa。试计算梁内的最大弯曲正应力与梁轴的曲率半径。

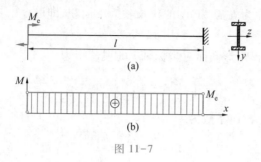

图 11-7

解:1. 内力与应力分析

梁的弯矩图如图 11-7b 所示,各截面的弯矩均为

$$M = M_e = 20.0 \text{ kN} \cdot \text{m}$$

由型钢表查得(见附录 E),№18 工字钢截面的惯性矩与抗弯截面系数分别为

$$I_z = 1.660 \times 10^{-5} \text{ m}^4$$

$$W_z = 1.85 \times 10^{-4} \text{ m}^3$$

根据式(11-5),得梁的最大弯曲正应力为

$$\sigma_{max} = \frac{M}{W_z} = \frac{20.0 \times 10^3 \text{ N} \cdot \text{m}}{1.85 \times 10^{-4} \text{ m}^3} = = 1.081 \times 10^8 \text{ Pa} = 108.1 \text{ MPa}$$

2. 梁的变形分析

由于各横截面的弯矩相同,则由式(11-2)可知,梁轴各截面处的曲率也相同,受力后轴线变为圆弧,其半径则为

$$\rho = \frac{EI_z}{M} = \frac{(200 \times 10^9 \text{ Pa})(1.660 \times 10^{-5} \text{ m}^4)}{20.0 \times 10^3 \text{ N} \cdot \text{m}} = 166 \text{ m}$$

§11-3 惯性矩与平行轴定理

弯曲应力及变形,均与截面的惯性矩有关,本节研究惯性矩的计算与相关定理。

一、简单截面的惯性矩

常见的简单截面有矩形、圆形与三角形等,现计算其惯性矩。

1. 矩形截面的惯性矩

图 11-8 所示矩形截面,高为 h,宽为 b,坐标轴 z 通过截面形心,并与截面底边平行。

如图所示,取宽为 b、高为 $\mathrm{d}y$ 的狭长条为微面积,即取

$$\mathrm{d}A = b\mathrm{d}y$$

于是,由式(11-1)得矩形截面对坐标轴 z 的惯性矩为

$$I_z = \int_A y^2 \mathrm{d}A = \int_{-h/2}^{h/2} y^2 b\,\mathrm{d}y = \frac{bh^3}{12} \qquad (11-6)$$

由式(11-4)得抗弯截面系数为

$$W_z = \frac{hb^3}{12}\frac{2}{h} = \frac{bh^2}{6} \qquad (11-7)$$

通过截面形心的坐标轴,即所谓形心轴。因此,图 11-8 中的坐标轴 y 与 z,均为形心轴。

2. 圆形截面的惯性矩

图 11-9 所示圆形截面,直径为 d,坐标轴 z 为形心轴。

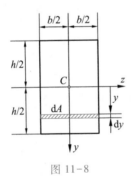

图 11-8 　　　　　　　　 图 11-9

从图中可以看出,

$$\rho^2 = y^2 + z^2$$

所以,截面的极惯性矩为

$$I_\mathrm{p} = \int_A \rho^2 \mathrm{d}A = \int_A y^2 \mathrm{d}A + \int_A z^2 \mathrm{d}A = I_z + I_y$$

对于圆形截面,

$$I_y = I_z$$

由此得

$$I_\mathrm{p} = 2I_z$$

将式(9-11)代入上式,于是得圆形截面对形心轴 z 的惯性矩为

$$I_z = \frac{\pi d^4}{64} \qquad (11-8)$$

抗弯截面系数则为

$$W_z = \frac{\pi d^3}{32} \qquad (11-9)$$

同理,得空心圆截面对形心轴 z 的惯性矩与抗弯截面系数分别为

$$I_z = \frac{\pi D^4}{64}(1-\alpha^4) \qquad (11-10)$$

$$W_z = \frac{\pi D^3}{32}(1-\alpha^4) \qquad (11-11)$$

式中: D 为空心圆截面的外径; α 为内、外径的比值。

3. 三角形截面的惯性矩

图 11-10a 所示三角形截面,高为 h,底为 b,坐标轴 z 为平行于截面底边的形心轴。

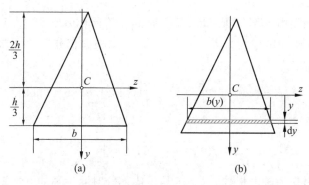

图 11-10

在纵坐标 y 处,取宽为 $b(y)$、高为 $\mathrm{d}y$ 且平行于坐标轴 z 的狭长条为微面积(图 11-10b),即取

$$\mathrm{d}A = b(y)\,\mathrm{d}y$$

从图中可以看出,

$$b(y) : b = \left(\frac{2h}{3}+y\right) : h$$

由此得

$$b(y) = \frac{b}{h}\left(\frac{2h}{3}+y\right)$$

因此,三角形截面对坐标轴 z 的惯性矩为

$$I_z = \frac{b}{h}\int_{-2h/3}^{h/3} y^2\left(\frac{2h}{3}+y\right)dy = \frac{bh^3}{36} \tag{11-12}$$

至于梯形等其他简单截面的惯性矩,详见附录 A。

二、组合公式

如图 11-11 所示,有些杆件的横截面,可看成是由若干简单截面或标准型材截面所组成,即所谓组合截面。现在研究组合截面的惯性矩。

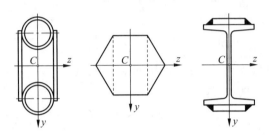

图 11-11

设组合截面由 n 部分所组成,其组成部分的面积分别为 $A_1,A_2,\cdots,A_n$,它们对坐标轴 z 的惯性矩分别为 $I_z^{(1)},I_z^{(2)},\cdots,I_z^{(n)}$,则根据积分原理可知,组合截面对坐标 z 的惯性矩为

$$I_z = \int_A y^2 dA = \int_{A_1} y^2 dA + \int_{A_2} y^2 dA + \cdots + \int_{A_n} y^2 dA$$

由此得

$$I_z = I_z^{(1)}+I_z^{(2)}+\cdots+I_z^{(n)} = \sum_{i=1}^{n} I_z^{(i)} \tag{11-13}$$

即组合截面对任一轴的惯性矩,等于其组成部分对同一轴的惯性矩之和,称为**惯性矩组合公式**。

三、平行轴定理

同一截面对于不同坐标轴的惯性矩一般不同,现在研究截面对任一坐标轴 z 以及与其平行的形心轴 z_0 的两个惯性矩之间的关系。

如图 11-12 所示,设坐标轴 z 与平行形心轴 z_0 的距离为 a,微面积 dA 在坐标系 Oyz 与 Cy_0z_0 中的纵坐标分别为 y 与 y_0,则由式(11-1)可知,

$$I_z = \int_A y^2 dA = \int_A (y_0 + a)^2 dA$$

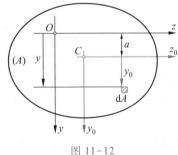

图 11-12

由此得

$$I_z = \int_A y_0^2 \mathrm{d}A + 2a \int_A y_0 \mathrm{d}A + Aa^2$$

在上式中:右端第一项代表截面对形心轴 z_0 的惯性矩即 I_{z_0};至于第二项,由于坐标轴 z_0 通过截面形心,积分 $\int_A y_0 \mathrm{d}A$ 应为零。于是得出结论:

$$I_z = I_{z_0} + Aa^2 \qquad\qquad (11-14)$$

即截面对于任一坐标轴 z 的惯性矩,等于对其平行形心轴 z_0 的惯性矩,加上截面面积与两轴间距离平方之乘积,称为**惯性矩平行轴定理**。

例 11-2 图 11-13a 所示正方形截面,边宽为 a,试计算截面对水平形心轴 z 的惯性矩 I_z。

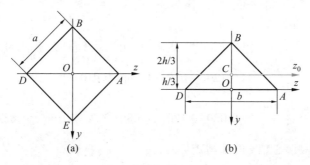

图 11-13

解:整个正方形截面可看成由三角形截面 ABD 与 DEA 组成。

设截面 ABD 的底与高分别为 b 与 h(图 11-13b),则由式(11-14)与(11-12)可知,该截面对坐标轴 z 的惯性矩为

$$I_{z,t} = \frac{bh^3}{36} + \frac{bh}{2} \cdot \left(\frac{h}{3}\right)^2 = \frac{bh^3}{12} = \frac{1}{12} \cdot \sqrt{2}\,a \cdot \left(\frac{a}{\sqrt{2}}\right)^3 = \frac{a^4}{24}$$

由此可见,整个正方形截面对水平形心轴 z 的惯性矩为

$$I_z = 2I_{z,t} = 2 \cdot \frac{a^4}{24} = \frac{a^4}{12}$$

例 11-3 图 11-14 所示悬臂梁,承受铅垂载荷 $F = 15$ kN 作用。已知 $l = 0.400$ m,$b = 0.120$ m,$\delta = 0.020$ m,试计算截面 B 的最大弯曲拉应力与最大弯曲压应力。

解:1. 确定截面形心的位置

选参考坐标系 Oyz',并将截面 B 分解为矩形 1 与 2 两部分。可以看出,截面

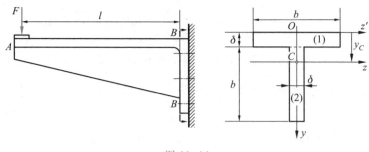

图 11-14

形心 C 的纵坐标为

$$y_C = \frac{b\delta\frac{\delta}{2}+\delta b\left(\delta+\frac{b}{2}\right)}{b\delta+\delta b} = \frac{3\delta+b}{4} = \frac{3(0.020 \text{ m})+0.120 \text{ m}}{4} = 0.045 \text{ m}$$

2. 计算截面惯性矩

根据式(11-14)与(11-6)可知,矩形 1 与 2 对形心轴 z 的惯性矩分别为

$$I_{1z} = \left[\frac{0.120\times0.020^3}{12}+(0.120\times0.020)(0.045-0.010)^2\right] \text{ m}^4 = 3.02\times10^{-6} \text{ m}^4$$

$$I_{2z} = \left[\frac{0.020\times0.120^3}{12}+(0.020\times0.120)(0.080-0.045)^2\right] \text{ m}^4 = 5.82\times10^{-6} \text{ m}^4$$

因此,截面 B 对形心轴 z 的惯性矩为

$$I_z = I_{1z}+I_{2z} = 3.02\times10^{-6} \text{ m}^4+5.82\times10^{-6} \text{ m}^4 = 8.84\times10^{-6} \text{ m}^4$$

3. 计算最大弯曲正应力

截面 B 的弯矩为

$$|M_B| = Fl = (15\times10^3 \text{ N})(0.400 \text{ m}) = 6\times10^3 \text{ N}\cdot\text{m}$$

由式(11-3)可知,在该截面的上、下边缘,分别作用有最大弯曲拉应力与最大弯曲压应力,其值则分别为

$$\sigma_{t,max} = \frac{(6\times10^3 \text{ N}\cdot\text{m})(0.045 \text{ m})}{8.84\times10^{-6} \text{ m}^4} = 30.5 \text{ MPa}$$

$$\sigma_{c,max} = \frac{(6\times10^3 \text{ N}\cdot\text{m})(0.120 \text{ m}+0.020 \text{ m}-0.045 \text{ m})}{8.84\times10^{-6} \text{ m}^4} = 64.5 \text{ MPa}$$

§11-4 对称弯曲切应力

非纯弯曲时,梁的横截面上不仅存在正应力,而且还存在切应力,即所谓弯曲切应力。矩形截面梁是一种常见截面梁,为了减轻结构重量,工程中还常常采

用工字形等薄壁截面梁。本节研究矩形与工字形薄壁截面梁的弯曲切应力。

一、矩形截面梁的弯曲切应力

图 11-15 所示矩形截面梁，截面的高度与宽度分别为 h 与 b，并在纵向对称面内承受横向载荷作用。

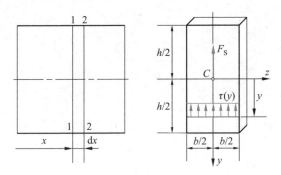

图 11-15

对于窄而高的矩形截面梁，可以认为，沿截面的宽度方向，切应力的大小与方向均不可能有显著变化。因此，对矩形截面梁的弯曲切应力分布，作如下假设：横截面上各点处的切应力，均平行于剪力或截面侧边，并沿截面宽度均匀分布。现在根据上述假设，研究弯曲切应力沿截面高度的变化规律。

首先，用相距 $\mathrm{d}x$ 的横截面 1-1 与 2-2（图 11-15），从梁中切取一微段（图 11-16a）。然后，在横截面上纵坐标为 y 处，再用一个纵向截面 m-n，将该微段的下部切出（图 11-16b）。设横截面上纵坐标为 y 各点处的切应力为 $\tau(y)$，则由切应力互等定理可知，纵截面 m-n 上的切应力 τ' 数值上也等于 $\tau(y)$。

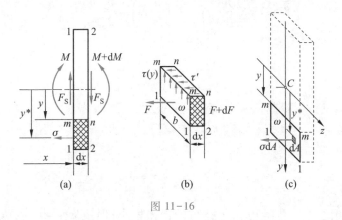

图 11-16

如图 11-16a 所示，由于存在剪力 F_S，截面 1-1 与 2-2 上的弯矩将不相同，

分别为 M 与 $M+\mathrm{d}M$，因此，上述二截面的弯曲正应力也不相同。设微段下部横截面 $m1$ 与 $n2$ 的面积为 ω，在该二截面上由弯曲正应力所构成的法向合力分别为 F 与 $F+\mathrm{d}F$，则由微段下部的轴向平衡方程

$$\sum F_x = 0, \quad \mathrm{d}F - \tau(y)b\mathrm{d}x = 0$$

得

$$\tau(y) = \frac{1}{b}\frac{\mathrm{d}F}{\mathrm{d}x} \tag{a}$$

由图 11-17c 可知，

$$F = \int_\omega \sigma \, \mathrm{d}A = \frac{M}{I_z} \int_\omega y^* \, \mathrm{d}A = \frac{MS_z(\omega)}{I_z} \tag{b}$$

式中，$S_z(\omega)$ 代表积分 $\int_\omega y^* \, \mathrm{d}A$，称为截面 ω 对坐标轴 z 的**静矩**。将式（b）代入式（a），并考虑到

$$\frac{\mathrm{d}M}{\mathrm{d}x} = F_\mathrm{s}$$

得

$$\tau(y) = \frac{F_\mathrm{s}S_z(\omega)}{I_z b} \tag{11-15}$$

根据式（11-6）可知，矩形截面对中性轴 z 的惯性矩为

$$I_z = \frac{bh^3}{12} \tag{c}$$

由图 11-17a 可以看出，截面 ω 对坐标轴 z 的静矩则为

$$S(\omega) = b\left(\frac{h}{2}-y\right) \cdot \frac{1}{2}\left(\frac{h}{2}+y\right) = \frac{b}{2}\left(\frac{h^2}{4}-y^2\right)$$

将式（c）与上式代入式（11-15），于是得

$$\tau(y) = \frac{3F_\mathrm{s}}{2bh}\left(1-\frac{4y^2}{h^2}\right) \tag{11-16}$$

由此可见：矩形截面梁的弯曲切应力沿截面高度呈抛物线分布（图 11-17b）；在截面的上、下边缘处（$y = \mp h/2$），切应力 $\tau = 0$；在中性轴处（$y = 0$），切应力最大，其值为

$$\tau_{\max} = \frac{3}{2}\frac{F_\mathrm{s}}{bh} \tag{11-17}$$

与精确解相比，当 $h/b \geqslant 2$ 时，上述解的误差极小；即使 $h/b = 1$ 时，误差也仅约为 10%。

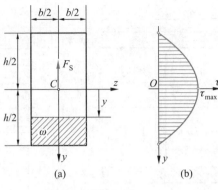

图 11-17

以上分析表明,弯曲切应力沿截面高度非均匀分布。根据剪切胡克定律可知,相应切应变 γ 沿截面高度也为非均匀分布。因此,当存在剪力时,横截面将发生翘曲(图 11-18)。但是,如果相邻横截面的剪力相同,则其翘曲变形也相同,各"纤维"的纵向应变将不受剪力的影响,例如图中的弧线 $a'b'$ 与 ab 的长度相同。因此,根据弯曲平面假设与单向受力假设建立的弯曲正应力公式仍然

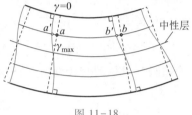

图 11-18

成立。至于在横向分布载荷作用下的梁,相邻横截面的剪力不同,因而翘曲变形不同,而且,纵向"纤维"还同时受到横向分布载荷的挤压或拉伸。但分析表明,如果梁的长度 l 远大于截面高度 h,例如 $l>5h$,用上述弯曲正应力公式计算弯曲正应力仍然相当精确。

二、工字形截面梁的弯曲切应力

工字形截面由上、下翼缘与腹板组成(11-19a)。由于腹板为狭长矩形,因此可以假设:腹板上各点处的弯曲切应力平行于腹板侧边,并沿腹板厚度均匀分布。根据上述假设,并采用上述推导矩形截面梁弯曲切应力的方法,得腹板上纵坐标为 y 处的弯曲切应力为

$$\tau(y)=\frac{F_{\mathrm{S}}}{8I_z\delta}\left[\,b(h_0^2-h^2)+\delta(h^2-4y^2)\,\right] \tag{11-18}$$

式中:I_z 为整个工字形截面对中性轴 z 的惯性矩;δ 为腹板厚度。

由此可见:腹板上的弯曲切应力沿腹板高度呈抛物线分布(图 11-19b);在中性轴处($y=0$),切应力最大,其值为

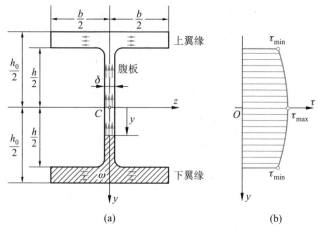

图 11-19

$$\tau_{\max} = \frac{F_S S_{z,\max}}{I_z \delta} = \frac{F_S}{8I_z \delta} \left[bh_0^2 - (b-\delta)h^2 \right] \tag{11-19}$$

在腹板与翼缘的交接处($y = \pm h/2$),切应力最小,其值则为

$$\tau_{\min} = \frac{F_S}{8I_z \delta} (bh_0^2 - bh^2) \tag{11-20}$$

比较式(11-19)与(11-20)可以看出,当腹板厚度 δ 远小于翼缘宽度 b 时,最大与最小切应力的差值甚小,因此,腹板上的切应力可近似看成均匀分布。

至于翼缘上的切应力,基本上沿翼缘侧边(图 11-19a),但其值则较腹板切应力小,强度计算时一般可以不予考虑。

三、弯曲正应力与弯曲切应力比较

梁弯曲时横截面上同时存在正应力与切应力,现将二者的大小作一比较。

例如图 11-20 所示矩形截面悬臂梁,承受均布载荷 q 作用,梁的最大剪力与最大弯矩分别为

$$F_{S,\max} = ql$$

$$|M|_{\max} = \frac{ql^2}{2}$$

由式(11-5)与(11-7)可知,梁的最大弯曲正应力为

$$\sigma_{\max} = \frac{|M|_{\max}}{W_z} = \frac{ql^2}{2} \frac{6}{bh^2} = \frac{3ql^2}{bh^2}$$

由式(11-17)可知,梁的最大弯曲切应力为

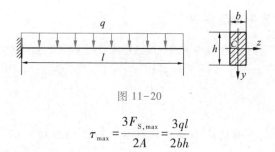

图 11-20

$$\tau_{\max} = \frac{3F_{S,\max}}{2A} = \frac{3ql}{2bh}$$

所以,二者的比值为

$$\frac{\sigma_{\max}}{\tau_{\max}} = \frac{3ql^2}{bh^2} \frac{2bh}{3ql} = 2\left(\frac{l}{h}\right)$$

可见,当梁的跨度 l 远大于其截面高度 h 时,梁的最大弯曲正应力远大于最大弯曲切应力。

更多计算表明,在一般细长的非薄壁截面梁中,梁的最大弯曲正应力均远大于最大弯曲切应力。

§11-5 梁的强度条件

梁内一般同时存在弯曲正应力与弯曲切应力,并沿截面高度非均匀分布。因此,在建立梁的强度条件时,应考虑到弯曲正应力与弯曲切应力两个方面。

一、弯曲正应力强度条件

最大弯曲正应力发生在横截面上离中性轴最远的各点处,而该处的切应力一般为零或很小,因而最大弯曲正应力作用点可看成是处于单向受力状态,所以,弯曲正应力强度条件为

$$\sigma_{\max} = \left(\frac{M}{W_z}\right)_{\max} \leqslant [\sigma] \qquad (11-21)$$

即要求梁内的最大弯曲正应力 $\sigma_{\max}$ 不超过材料在单向受力时的许用应力 $[\sigma]$。对于等截面梁,上式变为

$$\sigma_{\max} = \frac{M_{\max}}{W_z} \leqslant [\sigma] \qquad (11-22)$$

式(11-21)与式(11-22)仅适用于许用拉应力 $[\sigma_t]$ 与许用压应力 $[\sigma_c]$ 相同的梁,如果二者不同,例如灰口铸铁等脆性材料的许用压应力超过许用拉应力,则应按拉伸与压缩分别进行强度计算。

二、弯曲切应力强度条件

最大弯曲切应力通常发生在中性轴上各点处,而该处的弯曲正应力为零,因此,最大弯曲切应力作用点处于纯剪切状态,相应强度条件则为

$$\tau_{max} = \left(\frac{F_S S_{z,max}}{I_z \delta} \right)_{max} \leqslant [\tau] \tag{11-23}$$

即要求梁内的最大弯曲切应力 τ_{max} 不超过材料在纯剪切时的许用切应力 $[\tau]$。对于等截面梁,上式变为

$$\tau_{max} = \frac{F_{S,max} S_{z,max}}{I_z \delta} \leqslant [\tau] \tag{11-24}$$

前面曾经指出,在一般细长的非薄壁截面梁中,最大弯曲正应力远大于最大弯曲切应力。因此,对于一般细长的非薄壁截面梁,通常只需按弯曲正应力强度条件进行分析即可。但是,对于薄壁截面梁与弯矩较小而剪力却较大的梁,后者如短而高的梁、集中载荷作用在支座附近的梁等,则不仅应考虑弯曲正应力强度条件,而且还应考虑弯曲切应力强度条件。

还应指出,在某些薄壁梁的某些点处,例如在工字形截面的腹板与翼缘的交界处,弯曲正应力与弯曲切应力可能均具有相当大的数值,这种正应力与切应力联合作用下的强度问题,将在第十四章详细讨论。

例 11-4 图 11-21a 所示圆截面轴 AD,中段 BC 承受均布载荷 $q = 1 \times 10^3$ kN/m 作用。已知许用应力 $[\sigma] = 140$ MPa,试确定轴径。

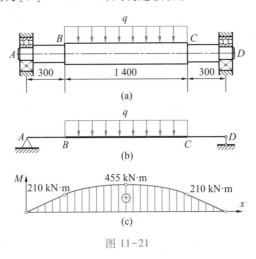

图 11-21

解：1. 内力分析

轴的计算简图与弯矩图分别如图 11-21b 与 c 所示,梁的最大弯矩为

$$M_{max} = 455 \text{ kN} \cdot \text{m}$$

截面 B 与 C 的弯矩则为

$$M_B = M_C = 210 \text{ kN} \cdot \text{m}$$

2. 截面设计

根据式(11-22)与(11-9)可知,圆轴的弯曲正应力强度条件为

$$\frac{32M}{\pi d^3} \leq [\sigma]$$

由此得

$$d \geq \sqrt[3]{\frac{32M}{\pi[\sigma]}}$$

将有关数据代入上式,得中段 BC 的直径为

$$d_1 \geq \sqrt[3]{\frac{32(455 \times 10^3 \text{ N} \cdot \text{m})}{\pi(140 \times 10^6 \text{ Pa})}} = 0.321 \text{ m}$$

而 AB 与 CD 段的直径则均为

$$d_2 \geq \sqrt[3]{\frac{32(210 \times 10^3 \text{ N} \cdot \text{m})}{\pi(140 \times 10^6 \text{ Pa})}} = 0.248 \text{ m}$$

取

$$d_1 = 320 \text{ mm}, \quad d_2 = 250 \text{ mm}$$

例 11-5 图 11-22a 所示 T 字形截面外伸梁,承受均布载荷 $q = 25$ N/mm 作用。已知截面尺寸 $h_1 = 45$ mm,$h_2 = 95$ mm,惯性矩 $I_z = 8.84 \times 10^{-6}$ m⁴,许用拉应力 $[\sigma_t] = 35$ MPa,许用压应力 $[\sigma_c] = 140$ MPa,试校核梁的强度。

解：1. 危险截面与危险点判断

梁的弯矩如图 11-22b 所示,在横截面 D 与 B 上,分别作用有最大正弯矩与最大负弯矩,因此,该二截面均为危险截面。

截面 D 与 B 的弯曲正应力分别如图 11-22c 与 d 所示。截面 D 的 a 点与截面 B 的 d 点处均受压;而截面 D 的 b 点与截面 B 的 c 点处则均受拉。

由于 $|M_D| > |M_B|$,$|y_a| > |y_d|$,因此 $|\sigma_a| > |\sigma_d|$,即梁内的最大弯曲压应力 $\sigma_{c,max}$ 发生在截面 D 的 a 点处。至于最大弯曲拉应力 $\sigma_{t,max}$,究竟发生在 b 点处,或是 c 点处,则须经计算后才能确定。概言之,a,b 与 c 三点处为可能最先发生破坏的部位即危险点。

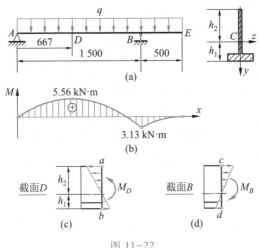

图 11-22

2. 强度校核

由式(11-3)得 a, b 与 c 三点处的弯曲正应力分别为

$$\sigma_a = \frac{M_D h_2}{I_z} = \frac{(5.56 \times 10^3 \text{ N} \cdot \text{m})(0.095 \text{ m})}{8.84 \times 10^{-6} \text{ m}^4} = 59.8 \text{ MPa} \quad (\text{压应力})$$

$$\sigma_b = \frac{M_D h_1}{I_z} = \frac{(5.56 \times 10^3 \text{ N} \cdot \text{m})(0.045 \text{ m})}{8.84 \times 10^{-6} \text{ m}^4} = 28.3 \text{ MPa} \quad (\text{拉应力})$$

$$\sigma_c = \frac{M_B h_2}{I_z} = \frac{(3.13 \times 10^3 \text{ N} \cdot \text{m})(0.095 \text{ m})}{8.84 \times 10^{-6} \text{ m}^4} = 33.6 \text{ MPa} \quad (\text{拉应力})$$

由此得

$$\sigma_{c,\max} = \sigma_a = 59.8 \text{ MPa} < [\sigma_c]$$

$$\sigma_{t,\max} = \sigma_c = 33.6 \text{ MPa} < [\sigma_t]$$

可见,梁的弯曲强度符合要求。

例 11-6 图 11-23 所示简易起重机梁,用工字钢制成。梁的跨度 $l = 6$ m,负载 $F = 20$ kN 并可沿梁轴移动($0 < \eta < l$),许用应力 $[\sigma] = 100$ MPa,许用切应力 $[\tau] = 60$ MPa,试选择工字钢型号。

解:1. 内力分析

由例 10-6 可知,当载荷位于梁跨度中点时,弯矩最大,其值为

$$M_{\max} = \frac{Fl}{4} \tag{a}$$

而当载荷靠近支座时,剪力最大,其值则为

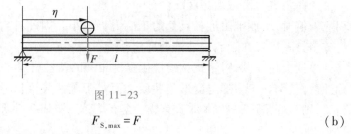

图 11-23

$$F_{S,\max} = F \tag{b}$$

2. 按弯曲正应力强度条件选择截面

由式(a)并根据弯曲正应力强度条件,要求

$$W_z \geqslant \frac{Fl}{4[\sigma]} = \frac{(20\times10^3\ \text{N})(6\ \text{m})}{4(100\times10^6\ \text{Pa})} = 3.0\times10^{-4}\ \text{m}^3$$

由型钢表查得,对于№22a 工字钢,$W_z = 3.09\times10^{-4}\ \text{m}^3$,所以,选择该型号作梁符合弯曲正应力强度条件。

3. 校核梁的剪切强度

由式(b)与式(11-19)可知,梁的最大弯曲切应力为

$$\tau_{\max} = \frac{FS_{z,\max}}{I_z\delta} = \frac{F}{\dfrac{I_z}{S_{z,\max}}\delta}$$

对于№22a 工字钢,$I_z/S_{z,\max} = 0.189\ \text{m}$,$\delta = 7.5\ \text{mm}$,于是得

$$\tau_{\max} = \frac{20\times10^3\ \text{N}}{(0.189\ \text{m})(0.007\,5\ \text{m})} = 14.11\ \text{MPa} < [\tau]$$

可见,选择№22a 工字钢作梁,同时满足弯曲正应力与弯曲切应力强度条件。

§11-6 梁的合理强度设计

由前述分析可知,设计梁的依据是弯曲正应力与弯曲切应力强度条件,但在一般情况下,主要是弯曲正应力强度条件。从该条件可以看出,梁的弯曲强度与其所用材料、横截面的形状与尺寸以及由外力引起的弯矩有关。因此,为了合理设计梁,主要从以下几方面考虑。

一、梁的合理截面形状

从弯曲强度考虑,比较合理的截面形状,是使用较小的截面面积,却能获得较大抗弯截面系数的截面。

弯曲正应力沿截面高度线性分布,当离中性轴最远各点处的正应力达到许用应力值时,中性轴附近各点处的正应力仍很小。因此,当截面面积一定时,宜将较多材料放置在远离中性轴的部位。

根据上述原则,对于抗拉与抗压强度相同的塑性材料梁,宜采用对中性轴对称的截面,例如工字形与盒形等截面。而对于抗拉强度低于抗压强度的脆性材料梁,则最好采用中性轴偏于受拉一侧的截面,例如 T 字形与槽形等截面(图11-24)。

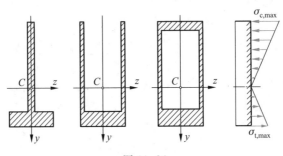

图 11-24

还应指出,在设计工字形、盒形、T 字形与槽形等薄壁截面梁时,也应注意使腹板具有一定厚度,以保证梁的剪切强度。

二、变截面梁与等强度梁

一般情况下,梁内不同横截面的弯矩不同。因此,在按最大弯矩所设计的等截面梁中,除最大弯矩所在截面外,其余截面的材料强度均未得到充分利用。因此,在工程实际中,常根据弯矩沿梁轴的变化情况,将梁也相应设计成变截面的。横截面沿梁轴变化的梁,称为变截面梁。例如图 11-14 所示梁即为变截面梁。

从弯曲强度方面考虑,理想的变截面梁是使所有横截面的最大弯曲正应力均相同,并等于许用应力,即要求

$$\sigma_{\max} = \frac{M(x)}{W(x)} = [\sigma]$$

由此得

$$W(x) = \frac{M(x)}{[\sigma]} \tag{11-25}$$

例如,图 11-25a 所示矩形截面悬臂梁,在载荷 F 作用下,若截面宽度 b 保持不变,则根据式(11-25),得截面 x 的高度为

$$h(x) = \sqrt{\frac{6Fx}{b[\sigma]}}$$

即沿梁轴按抛物线规律变化(图 11-25b),在固定端处截面高度最大,自由端的截面高度为零。但是,考虑到梁的剪切强度,梁端设计成图 11-25b 所示虚线形状。

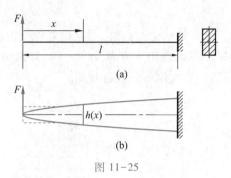

图 11-25

各个横截面具有同样强度的梁,称为**等强度梁**。等强度梁是一种理想的变截面梁。考虑到加工制造以及构造上的需要等,实际构件往往作成近似等强的。

三、梁的合理受力

图 11-26a 所示简支梁,承受均布载荷 q 作用,如果将两端铰支座各向内移 $l/5$(图 11-26b),最大弯矩减小 80%。

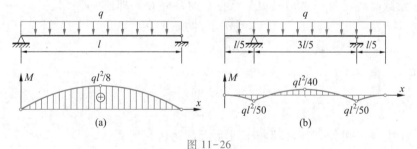

图 11-26

又如,图 11-27a 所示中点承载的简支梁 AB,如果在梁的中部配置一长为 $l/2$ 的辅助梁 CD(图 11-27b),梁 AB 的最大弯矩减小一半。

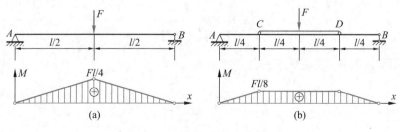

图 11-27

上述实例说明,合理安排约束与加载方式,将显著减小梁的最大弯矩。此外,给静定梁增加约束,即制成静不定梁,对于提高梁的强度也将起到显著作用。关于静不定梁的分析,将在第 12 章详细讨论。

例 11-7 图 11-28 所示梯形截面梁,在纵向对称面内承受正弯矩作用。已知许用拉应力 $[\sigma_t] = 45$ MPa,许用压应力 $[\sigma_c] = 80$ MPa,为使梁的重量最轻,试求截面的顶边宽度 a 与底边宽度 b 的最佳比值。

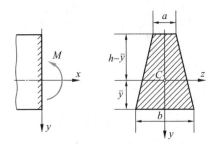

图 11-28

解:在正弯矩作用下,横截面上部受压,下部受拉,因此,合理的截面形状,应使中性轴至上、下边缘距离之比值,恰等于许用压应力与许用拉应力之比值。

设截面高度为 h,截面底边至形心 C 的距离为 $\bar{y}$,即应使

$$\frac{h-\bar{y}}{\bar{y}} = \frac{[\sigma_c]}{[\sigma_t]} = \frac{80 \times 10^6 \text{ Pa}}{45 \times 10^6 \text{ Pa}}$$

由此得

$$\bar{y} = \frac{9h}{25} \qquad\qquad (a)$$

由附录 A 可知,图示梯形截面形心至底边的距离为

$$\bar{y} = \frac{h}{3}\left(\frac{2a+b}{a+b}\right)$$

将式(a)代入上式,得

$$\frac{9h}{25} = \frac{h}{3}\left(\frac{2a+b}{a+b}\right)$$

于是得梯形截面顶、底宽度的最佳比值为

$$\left(\frac{a}{b}\right)_{\text{opt}} = \frac{2}{23}$$

§11-7 非对称弯曲应力

前面所研究的弯曲问题,均属于对称弯曲。在工程实际中,也常常会碰到一些非对称弯曲问题。例如图 11-29 所示梁,虽然具有两个互垂纵向对称面,但是,当作用在梁上的载荷偏离纵向对称面(图 11-29a),或在两个纵向对称面同时作用有载荷(图 11-29b),即均属于非对称弯曲问题。本节研究上述双对称截面梁非对称弯曲时的应力。

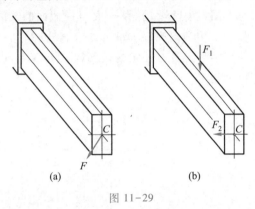

图 11-29

一、弯曲正应力分析

考虑图 11-30a 所示梁,具有两个互垂纵向对称面 $x-y$ 与 $x-z$,并在该二平面分别承受载荷 F_y 与 F_z 作用。显然,F_y 使梁在 $x-y$ 平面发生对称弯曲,而 F_z 则使梁在 $x-z$ 平面发生对称弯曲,相应弯矩的矢量(图 11-30b),分别平行于坐标轴 y 与 z,并用 M_y 与 M_z 表示。

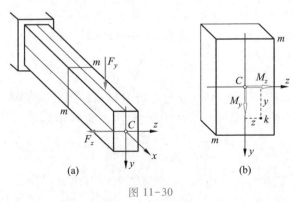

图 11-30

设横截面对坐标轴 y 与 z 的惯性矩分别为 I_y 与 I_z，截面上任一点 k 的坐标为 (y,z)，则根据叠加原理可知，该点处的弯曲正应力为

$$\sigma = \frac{M_y z}{I_y} - \frac{M_z y}{I_z}$$ （11-26）

式中，弯矩（M_y 或 M_z）以矢量沿坐标轴正向者为正。

二、中性轴与最大弯曲正应力

式（11-26）表明，弯曲正应力沿横截面线性分布。因此，截面上各点处正应力矢量的端点，构成一平面（图11-31），该平面与横截面的交线即中性轴，而横截面上的最大正应力，则发生在离中性轴最远的各点处。

显然，对于矩形与工字形等具有棱角的截面（图11-32），最大弯曲正应力一定发生在棱角处，其值则为

$$\sigma_{t,max} = \sigma_{c,max} = \frac{|M_y|}{W_y} + \frac{|M_z|}{W_z}$$ （11-27）

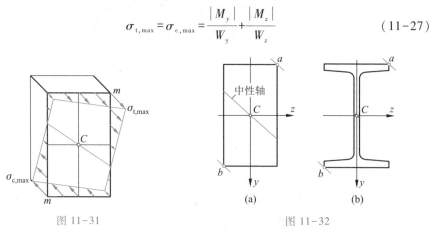

图 11-31　　　　　　　　　图 11-32

例 11-8　图 11-33a 所示矩形截面悬臂梁，承受载荷 F_y 与 F_z 作用，且 $F_y = F_z = F = 1.0$ kN，截面高度 $h = 80$ mm，宽度 $b = 40$ mm，许用应力 $[\sigma] = 160$ MPa，$a = 800$ mm，试校核梁的强度。

解：1. 内力分析

当载荷 F_y 与 F_z 单独作用时，相应弯矩 M_z 与 M_y 图分别如图11-33b 与 c 所示。显然，固定端处的横截面 A 为危险截面，该截面的弯矩为

$$M_{yA} = 2Fa$$

$$M_{zA} = Fa$$

以上在画弯矩 M_z 与 M_y 图时，均将与弯矩相对应的点，画在该弯矩所在横截面弯曲时受压的一侧。

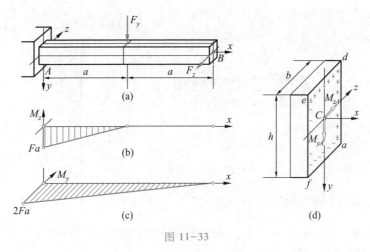

图 11-33

2. 应力分析

在弯矩 M_{yA} 作用下(图 11-33d),最大弯曲拉应力与最大弯曲压应力,分别发生在截面边缘 ad 与 ef 各点处;而在弯矩 M_{zA} 作用下,上述两种应力则分别发生在截面边缘 de 与 fa 各点处。可见,d 点处的拉应力最大,f 点处的压应力最大,其值则均为

$$\sigma_{max} = \frac{M_{yA}}{W_y} + \frac{M_{zA}}{W_z} = \frac{6 \times 2Fa}{hb^2} + \frac{6 \times Fa}{bh^2} = \frac{6Fa}{b^2h^2}(2h+b)$$

于是得

$$\sigma_{max} = \frac{6(1 \times 10^3 \text{ N})(0.800 \text{ m})}{(0.040 \text{ m})^2(0.080 \text{ m})^2}[2(0.080 \text{ m})+0.040 \text{ m}] = 9.38 \text{ MPa}$$

3. 强度校核

在 d 与 f 点处,弯曲切应力均为零,该处材料处于单向受力状态,所以,强度条件为

$$\sigma_{max} \leqslant [\sigma]$$

由上述计算可知,梁的弯曲强度符合要求。

§11-8 弯拉(压)组合

前面研究直杆弯曲问题时,曾限制所有外力均垂直于杆轴;在研究轴向拉压问题时,则限制所有外力或其合力的作用线均沿杆件轴线。然而,如果杆上除作用有横向力外,同时还作用有轴向力(图 11-34a),或是外力作用线虽然平行于杆轴,但不通过截面的形心(图 11-34b),在这些情况下,杆将产生弯曲与轴向

拉压的组合变形。弯曲与轴向拉压的组合变形,称为**弯拉(压)组合**。

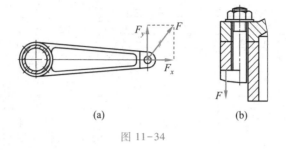

图 11-34

一、弯拉(压)组合应力

考虑图 11-35a 所示杆件,同时承受横向与轴向载荷。横截面 x 上的轴力与弯矩分别用 F_N 与 $M(x)$ 表示(图 11-35b)。

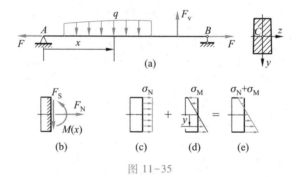

图 11-35

在截面 x 上,与轴力 F_N 相应的正应力均匀分布(图 11-35c),其值为

$$\sigma_N = \frac{F_N}{A}$$

与弯矩 $M(x)$ 相应的正应力沿截面高度线性分布(图 11-35d),纵坐标为 y 处的弯曲正应力为

$$\sigma_M = \frac{M(x)y}{I_z}$$

于是,根据叠加原理可知,截面 x 上纵坐标为 y 处的正应力为

$$\sigma = \sigma_N + \sigma_M = \frac{F_N}{A} + \frac{M(x)y}{I_z} \tag{11-28}$$

上式表明,正应力沿截面高度线性变化(图 11-35e),中性轴不通过截面形心,而最大正应力则发生在横截面的顶部或底部边缘处。

对于图 11-35a 所示杆,各横截面的轴力均为 $F_N = F$,所以,杆内的最大正应

力发生在最大弯矩 M_{max} 的作用面,其值则为

$$\sigma_{max} = \frac{F}{A} + \frac{M_{max}}{W_z} \tag{11-29}$$

最大正应力确定后,将其与许用应力比较,即可建立相应强度条件。

应该指出,如果材料的许用拉应力与许用压应力不同,而且横截面上部分区域受拉,部分区域受压,则应按式(11-28)计算最大拉应力与最大压应力,并分别按拉伸与压缩进行强度计算。

二、偏心压缩

外力作用线平行于杆轴但偏离截面形心的加载形式,称为**偏心拉伸或偏心压缩**。偏心压缩是弯压组合的一种常见形式。

考虑图 11-36 所示对称截面杆,在其纵向对称面内作用一偏心压力 F,其作用点至截面形心的距离用 e 表示。偏心力作用点至截面形心的距离,称为**偏心距**。

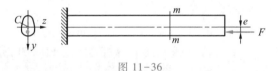

图 11-36

为了分析杆的应力,将偏心压力 F 平移到截面形心 C 处,得轴向压力 F 以及矩为 $M_e = Fe$ 的附加力偶。

在轴向压力作用下,各横截面的轴力均为

$$F_N = -F$$

在力偶作用下,各横截面上的弯矩均为

$$M = -Fe$$

可见,在偏心压力作用时,杆件处于弯压组合受力状态,横截面上纵坐标为 y 处的正应力为

$$\sigma = \sigma_N + \sigma_M = -\frac{F}{A} - \frac{Fey}{I_z} \tag{11-30}$$

由上式可知,当偏心距足够小,以致最大弯曲拉应力 $\sigma_{M,max} < |\sigma_N|$,横截面上各点处均受压;反之,如果偏心距足够大,以致最大弯曲拉应力 $\sigma_{M,max} > |\sigma_N|$,则横截面上部分区域受拉,部分区域受压。

例 11-9 图 11-37a 所示压力机,最大压力 $F = 1400$ kN。立柱横截面面积 $A = 1.8 \times 10^{-1}$ m^2,惯性矩 $I_z = 8.0 \times 10^{-3}$ m^4,形心边距 $h_1 = 500$ mm,$h_2 = 200$ mm。试

求立柱横截面上的最大拉应力与最大压应力。

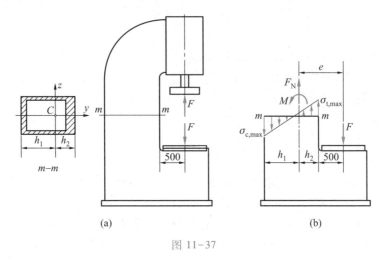

图 11-37

解：1. 内力分析

载荷 F 偏离立柱轴线，偏心距为

$$e=h_2+0.50\text{ m}=0.20\text{ m}+0.50\text{ m}=0.70\text{ m}$$

在偏心载荷 F 作用下，立柱横截面上的内力如图 11-37b 所示，轴力与弯矩分别为

$$F_N=F=1.40\times10^6\text{ N}$$

$$M=Fe=(1.40\times10^6\text{ N})(0.70\text{ m})=9.8\times10^5\text{ N}\cdot\text{m}$$

2. 最大正应力计算

立柱处于弯拉组合变形状态，横截面上的正应力分布如图 11-37b 所示。最大拉应力与最大压应力分别发生在截面内侧与外侧边缘各点处，其值则分别为

$$\sigma_{t,max}=\frac{F_N}{A}+\frac{Mh_2}{I_z}$$

$$\sigma_{c,max}=-\frac{F_N}{A}+\frac{Mh_1}{I_z}$$

代入相关数据，于是得

$$\sigma_{t,max}=\frac{1.40\times10^6\text{ N}}{1.8\times10^{-1}\text{ m}^2}+\frac{(9.8\times10^5\text{ N}\cdot\text{m})(0.20\text{ m})}{8.0\times10^{-3}\text{ m}^4}=32.3\text{ MPa}$$

$$\sigma_{c,max}=-\frac{1.40\times10^6\text{ N}}{1.8\times10^{-1}\text{ m}^2}+\frac{(9.8\times10^5\text{ N}\cdot\text{m})(0.50\text{ m})}{8.0\times10^{-3}\text{ m}^4}=53.5\text{ MPa}$$

例 11-10 图 11-38a 所示梁,梁长 $l=2$ m,承受载荷 $F=10$ kN 作用,载荷方位角 $\alpha=30°$,其作用点与梁轴的距离 $e=l/10$,许用应力 $[\sigma]=160$ MPa,试选择一合适型号的工字钢。

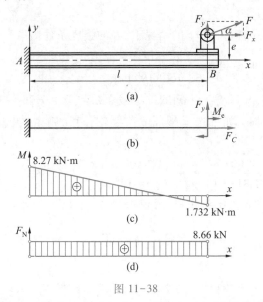

图 11-38

解:1. 梁的内力分析

首先,将载荷 F 沿坐标轴 x 与 y 分解,得相应分力为

$$F_x = F\cos 30°$$

$$F_y = F\sin 30°$$

然后,将 F_x 平移到梁的轴线上,得轴向力 $F_C = F_x$ 与作用在截面 B 的附加力偶(图 11-38b),其矩为

$$M_e = F_x e$$

在横向力 F_y 与力偶矩 M_e 作用下,梁产生弯曲变形;在轴向力 F_C 作用下,梁轴向受拉。梁的弯矩与轴力图分别如图 11-38c 与 d 所示。

2. 梁的截面设计

梁处于弯拉组合受力状态,横截面 A 为危险面,最大正应力为

$$\sigma_{max} = \sigma_N + \sigma_{M,max} = \frac{F_x}{A} + \frac{M_A}{W_z} \qquad (a)$$

因而强度条件为

$$\frac{F_x}{A} + \frac{M_A}{W_z} \leqslant [\sigma]$$

在上式中,包含截面面积 A 与抗弯截面系数 W_z 两个未知量,对于工字钢截

面,由于二者间不存在确定的函数关系,因此,由上式尚不能确定未知量 A 与 W_z。

考虑到最大弯曲正应力 $\sigma_{M,max}$ 一般均大于或远大于轴向拉伸应力 σ_N,因此,可首先按弯曲强度选择工字钢型号,然后再按弯拉组合受力校核其强度,并根据需要进一步修改设计。

在不考虑轴向拉伸应力 σ_N 的情况下,梁的强度条件为

$$W_z \geqslant \frac{M_A}{[\sigma]} = \frac{8.27 \times 10^3 \text{ N} \cdot \text{m}}{160 \times 10^6 \text{ Pa}} = 5.17 \times 10^{-5} \text{ m}^3$$

由型钢表查得,№12.6 工字钢的抗弯截面系数 $W_z = 7.75 \times 10^{-5} \text{ m}^3$,截面面积 $A = 1.81 \times 10^{-3} \text{ m}^2$,因此,如果选择№12.6 工字钢作梁,则由式(a)得截面 A 的最大正应力为

$$\sigma_{max} = \frac{8.66 \times 10^3 \text{ N}}{1.81 \times 10^{-3} \text{ m}^2} + \frac{8.27 \times 10^3 \text{ N} \cdot \text{m}}{7.75 \times 10^{-5} \text{ m}^3} = 111.5 \text{ MPa} < [\sigma]$$

可见,选择№12.6 工字钢作梁满足强度要求。

思 考 题

11-1 如何考虑几何、物理与静力学三方面,以建立弯曲正应力公式?弯曲平面假设与单向受力假设在建立上述公式时起何作用?

11-2 试指出下列概念的区别:中性轴与形心轴;纯弯曲与对称弯曲;惯性矩与极惯性矩;弯曲刚度与抗弯截面系数。

11-3 最大弯曲正应力是否一定发生在弯矩值最大的横截面上?

11-4 矩形截面梁弯曲时,横截面上的弯曲切应力是如何分布的?其计算公式是如何建立的?如何计算最大弯曲切应力?

11-5 在工字形截面梁的腹板上,弯曲切应力是如何分布的?如何计算最大与最小弯曲切应力?

11-6 弯曲正应力与弯曲切应力强度条件是如何建立的?依据是什么?

11-7 梁截面合理设计的原则是什么?何谓变截面梁与等强度梁?等强设计的原则是什么?

11-8 当梁在两个互垂对称面内同时弯曲时,弯曲正应力如何分布,如何计算最大弯曲正应力?

11-9 当圆截面梁同时承受弯矩 M_y 与 M_z 时,试问横截面上的最大弯曲正应力是否即为

$$\sigma_{max} = \frac{M_y}{W_y} + \frac{M_z}{W_z}$$

11-10 当杆件处于弯拉(压)组合与偏心压缩时,杆件横截面上的正应力如何分布?如何计算最大正应力?如何确定中性轴的位置?

习 题

11-1 图示截面梁,弯矩位于纵向对称面 x-y 内,试画沿直线 1-1 与 2-2 的弯曲正应力分布图。图中,C 为截面形心,以下各题相同。

11-2 如图所示,直径为 d、弹性模量为 E 的金属丝,环绕在直径为 D 的轮缘上,试求金属丝内的最大弯曲正应变、最大弯曲正应力与弯矩。

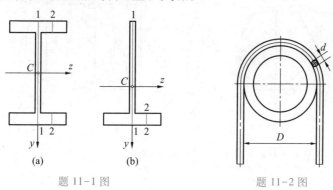

题 11-1 图   题 11-2 图

11-3 图示传动装置,胶带的横截面为梯形,截面形心至上、下边缘的距离分别为 h_1 与 h_2,材料的弹性模量为 E。试求胶带内的最大弯曲拉应力与最大弯曲压应力。

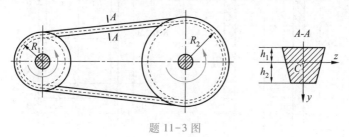

题 11-3 图

11-4 试计算图示各截面对水平形心轴 z 的惯性矩。

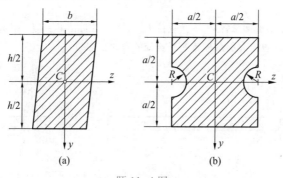

题 11-4 图

11-5　图示正六边形截面,边长为 a,z 轴为水平形心轴,试计算截面的惯性矩 I_z 与抗弯截面系数 W_z。

11-6　图示直径为 d 的圆木,现需从中切取一矩形截面梁。试问:

(a) 如欲使所切矩形梁的弯曲强度最高,h 与 b 应分别为何值;

(b) 如欲使所切矩形梁的弯曲刚度最高,h 与 b 又应分别为何值。

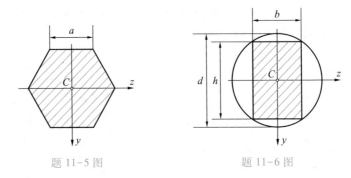

题 11-5 图　　　　　　　　　　题 11-6 图

11-7　试计算图示截面对水平形心轴 z 的惯性矩。

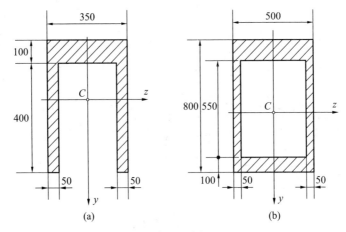

(a)　　　　　　　　　　(b)

题 11-7 图

11-8　图示矩形截面悬臂梁,承受载荷 F_1 与 F_2 作用,且 $F_1 = 2F_2 = 5$ kN,试计算梁内最大弯曲正应力,以及该应力所在截面上 K 点处的弯曲正应力。

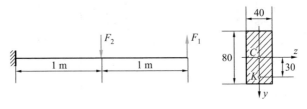

题 11-8 图

11-9 图示梁,由№22槽钢制成,弯矩 $M = 800$ N·m,并位于纵向对称面 $x-y$ 内。试求梁内的最大弯曲拉应力与最大弯曲压应力。

题 11-9 图

提示:有关槽钢的几何性质可从附录 E 之表 3 查得。

11-10 图示简支梁,由№18工字钢制成,弹性模量 $E = 200$ GPa, $a = 1$ m,在均布载荷 q 作用下,测得横截面 C 底边的纵向正应变 $\varepsilon = 3.0 \times 10^{-4}$,试计算梁内的最大弯曲正应力。

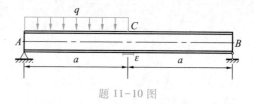

题 11-10 图

11-11 梁截面如图所示,剪力 $F_s = 50$ kN,试计算该截面的最大弯曲切应力以及 A 与 B 点处的弯曲切应力。

11-12 梁截面如图所示,剪力 $F_s = 300$ kN,试计算腹板的最大与最小弯曲切应力。

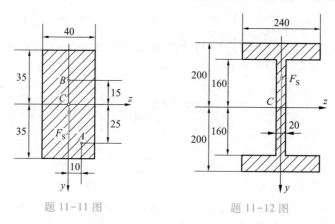

题 11-11 图   题 11-12 图

11-13 一简支梁,用№28a工字钢制成。在集度为 q 的均布载荷作用下,已知梁内最大弯曲正应力 $\sigma_{max} = 100$ MPa,试计算梁内的最大弯曲切应力。

11-14 图示矩形截面木梁,许用应力 $[\sigma] = 10$ MPa。

(a) 试根据强度要求确定截面尺寸 b;

(b) 若在截面 A 处钻一直径为 $d = 60$ mm 的圆孔,试问是否安全。

11-15 图示槽形截面悬臂梁,$F = 10$ kN,$M_e = 70$ kN·m,许用拉应力 $[\sigma_t] = 35$ MPa,许用压应力 $[\sigma_c] = 120$ MPa,试校核梁的强度。

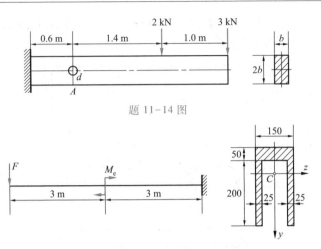

题 11-14 图

题 11-15 图

11-16 图示矩形截面钢梁,承受集中载荷 F 与集度为 q 的均布载荷作用,试确定截面尺寸 b。已知载荷 $F=10$ kN,$q=5$ N/mm,许用应力 $[\sigma]=160$ MPa。

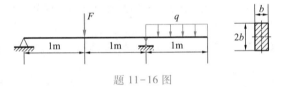

题 11-16 图

11-17 图示外伸梁,承受载荷 $F=20$ kN 作用。已知许用应力 $[\sigma]=160$ MPa,许用切应力 $[\tau]=90$ MPa,试选择工字钢型号。

题 11-17 图

11-18 边宽为 a 的正方形截面梁,可按图 a 与 b 所示两种方式放置。若相应的抗弯截面系数分别为 W_a 与 W_b,试求其比值 W_a/W_b。

11-19 图示截面铸铁梁,已知许用压应力为许用拉应力的四倍,即 $[\sigma_c]=4[\sigma_t]$,试从强度方面考虑,宽度 b 为何值最佳。

11-20 当载荷 F 直接作用在简支梁 AB 的跨度中点时,梁内最大弯曲正应力超过许用应力 30%。为了消除此种过载,配置一辅助梁 CD,试求辅助梁的最小长度 a。

11-21 图示简支梁,承受载荷 F 作用,若横截面的高度 h 保持不变,试根据等强要求确定截面宽度 $b(x)$ 的变化规律。材料许用应力 $[\sigma]$ 与许用切应力 $[\tau]$ 均已知。

提示:在支座附近,弯矩很小,截面宽度应满足剪切强度条件,即要求

$$\tau_{max}=\frac{3F_s}{2b(x)h}\leqslant[\tau]$$

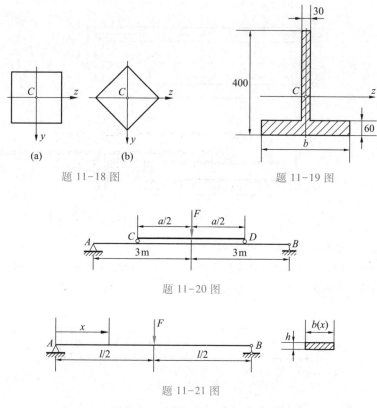

题 11-18 图   题 11-19 图

题 11-20 图

题 11-21 图

11-22　图示悬臂梁,承受载荷 F_1 与 F_2 作用,已知 $F_1 = 800$ N,$F_2 = 1.6$ kN,$l = 1$ m,许用应力 $[\sigma] = 160$ MPa,试分别在下列两种情况下确定截面尺寸。

(a) 截面为矩形,$h = 2b$;

(b) 截面为圆形。

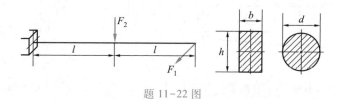

题 11-22 图

11-23　图示悬臂梁,承受载荷 F 作用,由实验测得梁表面 A 与 B 点处的纵向正应变分别为 $\varepsilon_A = 2.1 \times 10^{-4}$ 与 $\varepsilon_B = 3.2 \times 10^{-4}$,材料的弹性模量 $E = 200$ GPa,试求载荷 F 及其方位角 β 之值。

11-24　图示起重装置,滑轮 A 安装在槽钢组合梁的端部,已知载荷 $F = 40$ kN,许用应力 $[\sigma] = 140$ MPa,试选择槽钢型号。

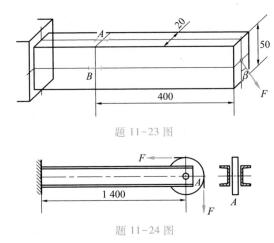

题 11-23 图

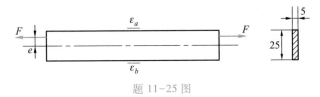

题 11-24 图

11-25 图示矩形截面钢杆,用应变片测得其上、下表面的轴向正应变分别为 $\varepsilon_a = 1.0 \times 10^{-3}$ 与 $\varepsilon_b = 0.4 \times 10^{-3}$,材料的弹性模量 $E = 210$ GPa。试绘横截面上的正应力分布图,并求拉力 F 及其偏心距 e 的数值。

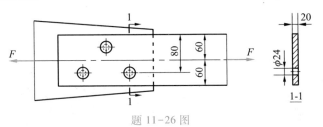

题 11-25 图

11-26 图示板件,承受拉力 $F = 150$ kN 作用,试绘横截面 1-1 上的正应力分布图,并计算最大与最小正应力。

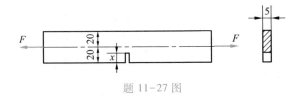

题 11-26 图

11-27 图示板件,承受载荷 $F = 12$ kN 作用。已知许用应力 $[\sigma] = 100$ MPa,试求板边切口的允许深度 x。

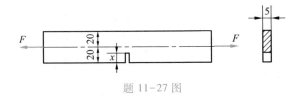

题 11-27 图

11-28　图示矩形截面木榫头,承受拉力 $F = 50$ kN 作用。在顺纹方向,木材的许用挤压应力 $[\sigma_{bs}] = 10$ MPa,许用切应力 $[\tau] = 1$ MPa,许用拉应力 $[\sigma_t] = 6$ MPa,许用压应力 $[\sigma_c] = 10$ MPa,试确定接头尺寸 a, l 与 c。

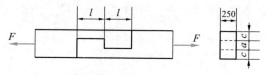

题 11-28 图

11-29　图示杆件,同时承受横向载荷与偏心压力作用。已知许用拉应力 $[\sigma_t] = 30$ MPa,许用压应力 $[\sigma_c] = 90$ MPa。试确定 F 的许用值。

11-30　图示起重吊环,横梁 BC 用锻钢制成。已知 $F = 1\ 500$ kN, $\alpha = 20°$, $R = 500$ mm, $[\sigma] = 120$ MPa。试确定截面尺寸 b。

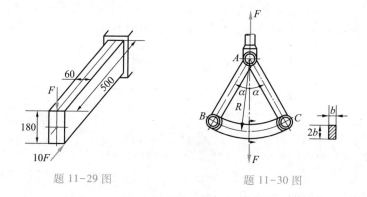

题 11-29 图　　　　　　题 11-30 图

第十一章　电子教案

第十二章 弯曲变形

§12-1 引　言

在外力作用下,梁的轴线由直线变为曲线(图 12-1)。变弯后的梁轴,称为**挠曲轴**,它是一条连续而光滑的曲线。由 §11-2 可知,如果作用在梁上的外力均位于梁的同一纵向对称面内,则挠曲轴为一平面曲线,并位于该对称面内。

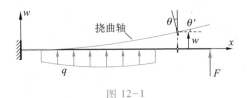

图 12-1

研究表明,对于细长梁,剪力对其变形的影响一般可忽略不计[①],弯曲时各横截面仍保持平面,并仍与变弯后的梁轴正交。因此,梁的位移可用横截面形心的线位移与横截面的角位移表示。

梁弯曲时,横截面形心垂直于梁轴方位的位移,称为**挠度**,并用 w 表示。不同截面的挠度一般不同,所以,如果沿变形前的梁轴建立坐标轴 x,则

$$w = w(x) \tag{a}$$

当梁弯曲时,截面形心沿梁轴方位也存在位移。但在小变形的条件下,挠曲轴为一很平坦的曲线,截面形心的轴向位移远小于其横向位移(参阅题 12-4),因而可以忽略不计。所以,式(a)也代表挠曲轴的解析表达式,称为**挠曲轴方程**。

梁弯曲时,横截面的角位移,称为**转角**,并用 θ 表示。如上所述,梁弯曲时横截面仍保持平面并与挠曲轴正交,因此,任一横截面的转角 θ,也等于挠曲轴在该截面处的切线与坐标轴 x 的夹角 θ',即

$$\theta = \theta'$$

---

① 单辉祖编著,材料力学问题与范例分析,问题 17-3-2,高等教育出版社,2016 年。

在工程实际中,转角 θ 或 θ' 一般均很小,例如不超过 1°或 0.017 5 弧度,于是得

$$\theta' \approx \tan \theta' = \frac{\mathrm{d}w}{\mathrm{d}x}$$

由此得

$$\theta = \frac{\mathrm{d}w}{\mathrm{d}x} \qquad\qquad (12-1)$$

即横截面的转角等于挠曲轴在该截面处的斜率。

本章主要研究梁在对称弯曲时的变形与位移,介绍梁变形的基本方程与求解梁位移的主要方法,包括积分法与叠加法。此外,本章还将研究静不定梁、梁的刚度条件与合理刚度设计等。

§12-2 挠曲轴近似微分方程

本节研究梁变形的基本方程。

一、挠曲轴近似微分方程

在建立纯弯曲正应力公式时(§11-2),曾得到用中性层曲率表示的弯曲变形公式:

$$\frac{1}{\rho} = \frac{M}{EI}$$

如果忽略剪力对梁变形的影响,则上式也可用于一般非纯弯曲。在这种情况下,由于弯矩 M 与曲率半径 ρ 均为 x 的函数,上式变为

$$\frac{1}{\rho(x)} = \frac{M(x)}{EI} \qquad\qquad (a)$$

即挠曲轴上任一点的曲率 $1/\rho(x)$,与该点处横截面上的弯矩 $M(x)$ 成正比,与该截面的弯曲刚度 EI 成反比。

由高等数学可知,平面曲线 $w = w(x)$ 上任一点处的曲率为

$$\frac{1}{\rho(x)} = \pm \frac{\dfrac{\mathrm{d}^2 w}{\mathrm{d}x^2}}{\left[1 + \left(\dfrac{\mathrm{d}w}{\mathrm{d}x}\right)^2\right]^{3/2}}$$

将上述关系用于分析梁的变形,于是由式(a)得

$$\frac{\dfrac{\mathrm{d}^2 w}{\mathrm{d}x^2}}{\left[1+\left(\dfrac{\mathrm{d}w}{\mathrm{d}x}\right)^2\right]^{3/2}} = \pm \frac{M(x)}{EI} \qquad (12\text{-}2)$$

称为**挠曲轴微分方程**,它是一个二阶非线性微分方程。

前面曾经指出,在工程实际中,梁的转角一般均很小,因此,$(\mathrm{d}w/\mathrm{d}x)^2$ 之值远小于 1,因而可以忽略不计,于是式(12-2)可简化为

$$\frac{\mathrm{d}^2 w}{\mathrm{d}x^2} = \pm \frac{M(x)}{EI} \qquad (12\text{-}3)$$

称为**挠曲轴近似微分方程**。

二、挠曲轴微分方程与坐标系的关系

$\mathrm{d}^2 w/\mathrm{d}x^2$ 与弯矩的关系如图 12-2 所示,图中,坐标轴 w 以向上为正。由该图可以看出,当梁段承受正弯矩时,挠曲轴为凹曲线(图 12-2a),$\mathrm{d}^2 w/\mathrm{d}x^2$ 为正,当梁段承受负弯矩时,挠曲轴为凸曲线(图 12-2b),$\mathrm{d}^2 w/\mathrm{d}x^2$ 也为负,即弯矩 M 与 $\mathrm{d}^2 w/\mathrm{d}x^2$ 恒为同号。

由此可见,如果选用坐标轴 w 向上的坐标系,则方程(12-3)的右端应取正号,即挠曲轴近似微分方程为

$$\frac{\mathrm{d}^2 w}{\mathrm{d}x^2} = \frac{M(x)}{EI} \qquad (12\text{-}4)$$

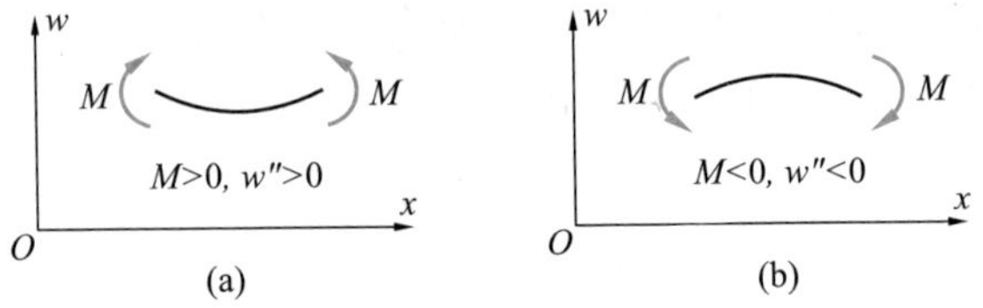

图 12-2

应该指出,由于坐标轴 x 的方向既不影响弯矩的正负,也不影响 $\mathrm{d}^2 w/\mathrm{d}x^2$ 的正负,所以,式(12-4)同样适用于坐标轴 x 向左的坐标系。

有些技术部门,例如我国土木建筑部门,在分析梁位移时,常采用坐标轴 w 向下的坐标系,在这种情况下,挠曲轴近似微分方程为

$$\frac{\mathrm{d}^2 w}{\mathrm{d}x^2} = -\frac{M(x)}{EI}$$

§12-3 计算梁位移的积分法

分析梁位移的基本方法是所谓积分法,其要点是通过积分求解挠曲轴近似微分方程,并利用梁位移的约束条件,以确定梁的位移。

一、梁位移的积分表达式

挠曲轴近似微分方程为

$$\frac{\mathrm{d}^2 w}{\mathrm{d}x^2} = \frac{M(x)}{EI}$$

将上述方程相继积分两次,依次得

$$\theta = \frac{\mathrm{d}w}{\mathrm{d}x} = \int \frac{M(x)}{EI} \mathrm{d}x + C \tag{a}$$

$$w = \iint \frac{M(x)}{EI} \mathrm{d}x\mathrm{d}x + Cx + D \tag{b}$$

式(a)与(b)即梁位移的积分表达式,式中的 C 与 D 为积分常数。

二、梁位移的边界条件与连续条件

在外力作用下,梁发生变形,但由于存在外部约束,梁上某些截面的位移受到一定限制。

例如,在固定端处,横截面的挠度与转角均为零,即

$$w = 0, \ \theta = 0$$

在铰支座处,横截面的挠度为零,即

$$w = 0$$

梁截面的已知位移条件或位移约束条件,称为**梁位移边界条件**。

利用位移边界条件即可确定上述积分常数,积分常数确定后,将其代入式(b)与(a),即得梁的挠曲轴方程

$$w = f(x)$$

与转角方程

$$\theta = \frac{\mathrm{d}w}{\mathrm{d}x} = f'(x)$$

并由此可求出任一横截面的挠度与转角。

当弯矩方程需要分段建立,或弯曲刚度需要分段表示时,挠曲轴近似微分方程也需分段建立,而在各段的积分中,将分别包含两个积分常数。为了确定这些

常数,除应利用位移边界条件外,还应利用分段处挠曲轴的连续、光滑条件。因为在相邻梁段的交接处,相连两截面具有相同的挠度与转角。分段处挠曲轴所应满足的连续、光滑条件,简称为梁位移连续条件。

由此可见,梁的位移不仅与弯矩及弯曲刚度有关,而且与梁位移边界条件及连续条件有关。

例 12-1 图 12-3a 所示悬臂梁,承受铅垂载荷 F 作用。设弯曲刚度 EI 为常数,试建立梁的挠度与转角方程,并计算最大挠度与转角。

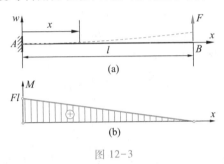

图 12-3

解: 1. 建立挠曲轴近似微分方程并积分

梁的弯矩方程为

$$M(x) = F(l-x)$$

代入式(12-4),得挠曲轴近似微分方程为

$$\frac{\mathrm{d}^2 w}{\mathrm{d}x^2} = \frac{F}{EI}(l-x)$$

将上述微分方程相继积分两次,依次得

$$\theta = \frac{\mathrm{d}w}{\mathrm{d}x} = \frac{F}{EI}\left(lx - \frac{x^2}{2}\right) + C \tag{a}$$

$$w = \frac{F}{EI}\left(\frac{lx^2}{2} - \frac{x^3}{6}\right) + Cx + D \tag{b}$$

2. 确定积分常数

在固定端处,横截面的转角与挠度均为零,即位移边界条件为

$$\text{在 } x = 0 \text{ 处,} \quad \theta = 0$$
$$\text{在 } x = 0 \text{ 处,} \quad w = 0$$

将上述条件分别代入式(a)与(b),得

$$C = 0, \quad D = 0$$

3. 建立转角与挠度方程

将所得积分常数值代入式(a)与(b),于是得梁的转角与挠度方程分别为

$$\theta = \frac{F}{EI}\left(lx - \frac{x^2}{2}\right) \qquad (c)$$

$$w = \frac{F}{EI}\left(\frac{lx^2}{2} - \frac{x^3}{6}\right) \qquad (d)$$

4. 绘制挠曲轴略图并计算最大转角与挠度

梁内各横截面的弯矩均为正(图12-3b),所以,整个挠曲轴为凹曲线;由梁的约束条件还可知,截面 A 的挠度与转角为零。可见,挠曲轴是一条以 A 为极值点的凹曲线(图12-3a),而最大转角与最大挠度则均发生在横截面 B。

将 $x=l$ 代入式(c)与(d),即得梁的最大转角与最大挠度分别为

$$\theta_{max} = \theta\bigg|_{x=l} = \frac{Fl^2}{2EI}$$

$$w_{max} = w\bigg|_{x=l} = \frac{Fl^3}{3EI}$$

所得 θ_{max} 为正,说明挠曲轴在 B 点处的斜率为正,即截面 B 沿逆时针方向转动;所得 w_{max} 为正,说明截面 B 的挠度与坐标轴 w 同向,即截面 B 的形心铅垂上移。

例 **12-2** 图12-4a所示简支梁,承受矩为 M_e 的力偶作用。设弯曲刚度 EI 为常数,试计算梁的最大挠度。

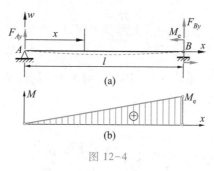

图 12-4

解:1. 计算支反力

由平衡方程 $\sum M_B = 0$ 与 $\sum M_A = 0$,得铰支座 A 与 B 的支反力分别为

$$F_{Ay} = \frac{M_e}{l}, \qquad F_{By} = -\frac{M_e}{l}$$

2. 建立挠曲轴近似微分方程并积分

梁的弯矩方程为

$$M(x) = F_{Ay}x = \frac{M_e}{l}x$$

所以,挠曲轴近似微分方程为

$$\frac{\mathrm{d}^2 w}{\mathrm{d}x^2} = \frac{M_e}{EIl}x$$

经积分,得

$$\frac{\mathrm{d}w}{\mathrm{d}x} = \frac{M_e}{2EIl}x^2 + C \qquad (\mathrm{a})$$

$$w = \frac{M_e}{6EIl}x^3 + Cx + D \qquad (\mathrm{b})$$

3. 建立转角与挠度方程

梁两端铰支座处的挠度均为零,即位移边界条件为

$$在 \ x=0 \ 处,\ w=0$$
$$在 \ x=l \ 处,\ w=0$$

将上述条件分别代入式(b),得

$$D = 0, \quad C = -\frac{M_e l}{6EI}$$

将所得积分常数值代入式(a)与(b),得梁的转角与挠度方程分别为

$$\theta = \frac{M_e}{6EIl}(3x^2 - l^2) \qquad (\mathrm{c})$$

$$w = \frac{M_e x}{6EIl}(x^2 - l^2) \qquad (\mathrm{d})$$

4. 计算最大挠度

梁内各横截面的弯矩均为正(图 12-4b),所以,挠曲轴为图 12-4a 所示虚线凹曲线,最大挠度处的转角为零。

由式(c),并令

$$\theta = \frac{M_e}{6EIl}(3x^2 - l^2) = 0$$

得最大挠度所在截面的横坐标为

$$x_o = \frac{l}{\sqrt{3}}$$

将其代入式(d),于是得梁的最大挠度为

$$f = -\frac{M_e l^2}{9\sqrt{3}\,EI} \quad (\downarrow)$$

例 **12-3** 图 12-5 所示简支梁,承受载荷 F 作用。设弯曲刚度 EI 为常数,试计算梁的最大挠度。

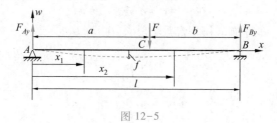

图 12-5

解: 1. 建立挠曲轴近似微分方程并积分

由平衡方程得 A 与 B 端的支反力分别为

$$F_{Ay} = \frac{Fb}{l}, \quad F_{By} = \frac{Fa}{l}$$

梁段 AC 与 CB 的弯矩方程不同,因此,挠曲轴近似微分方程应分段建立,并分别进行积分。

梁段 $AC(0 \leqslant x_1 \leqslant a)$:

$$\frac{\mathrm{d}^2 w_1}{\mathrm{d} x_1^2} = \frac{Fb}{EIl} x_1$$

$$\frac{\mathrm{d} w_1}{\mathrm{d} x_1} = \frac{Fb}{2EIl} x_1^2 + C_1 \tag{a}$$

$$w_1 = \frac{Fb}{6EIl} x_1^3 + C_1 x_1 + D_1 \tag{b}$$

梁段 $CB(a \leqslant x_2 \leqslant l)$:

$$\frac{\mathrm{d}^2 w_2}{\mathrm{d} x_2^2} = \frac{Fb}{EIl} x_2 - \frac{F}{EI}(x_2 - a)$$

$$\frac{\mathrm{d} w_2}{\mathrm{d} x_2} = \frac{Fb}{2EIl} x_2^2 - \frac{F}{2EI}(x_2 - a)^2 + C_2 \tag{c}$$

$$w_2 = \frac{Fb}{6EIl} x_2^3 - \frac{F}{6EI}(x_2 - a)^3 + C_2 x_2 + D_2 \tag{d}$$

2. 确定积分常数

在梁两端铰支座处,挠度均为零,即位移边界条件为

$$在 \ x_1 = 0 \ 处, \ w_1 = 0 \tag{1}$$

$$在 \ x_2 = l \ 处, \ w_2 = 0 \tag{2}$$

在横截面 C 处,梁段 AC 与 CB 具有相同的转角与相同的挠度,即位移连续条件为

$$\text{在 } x_1 = x_2 = a \text{ 处}, \frac{dw_1}{dx_1} = \frac{dw_2}{dx_2} \qquad (3)$$

$$\text{在 } x_1 = x_2 = a \text{ 处}, w_1 = w_2 \qquad (4)$$

由以上四个条件,即可确定积分常数 C_1, C_2, D_1 与 D_2。

由条件(3)、式(a)与(c),得

$$C_1 = C_2$$

由条件(4)、式(b)与(d),得

$$D_1 = D_2$$

将条件(1)与(2)分别代入式(b)与(d),得

$$D_1 = D_2 = 0$$

$$C_1 = C_2 = \frac{Fb}{6EIl}(b^2 - l^2)$$

3. 建立挠度方程并求最大挠度

将所得积分常数值代入式(b)与(d),即得梁段 AC 与 CB 的挠度方程分别为

$$w_1 = \frac{Fbx_1}{6EIl}(x_1^2 - l^2 + b^2) \qquad (e)$$

$$w_2 = \frac{Fbx_2}{6EIl}(x_2^2 - l^2 + b^2) - \frac{F}{6EI}(x_2 - a)^3 \qquad (f)$$

梁的挠曲轴如图 12-5 中的虚线所示,显然,最大挠度发生在较长梁段中。如果 $a > b$,则最大挠度发生在梁段 AC 内,且最大挠度处的转角为零。

由式(e),并令

$$\frac{dw_1}{dx_1} = \frac{Fb}{6EIl}(3x_1^2 - l^2 + b^2) = 0$$

得最大挠度所在截面的横坐标为

$$x_o = \sqrt{\frac{l^2 - b^2}{3}} \qquad (g)$$

将其代入式(e),于是得梁的最大挠度为

$$f = -\frac{Fb(l^2 - b^2)^{3/2}}{9\sqrt{3}\,EIl} \quad (\downarrow) \qquad (h)$$

如果载荷 F 作用在梁跨度中点,即 $a = b = l/2$ 时,则由式(g)与(h)可知,梁的最大挠度也发生在梁跨度中点,其值则为

$$f = -\frac{Fl^3}{48EI} \quad (\downarrow)$$

§12-4　计算梁位移的叠加法

积分法是分析梁位移的基本方法,本节介绍的叠加法,提供了综合应用已有计算结果,求解复杂问题的有效途径。

一、计算梁位移的叠加法

在小变形的条件下,且当梁内应力不超过材料的比例极限时,挠曲轴近似微分方程为

$$\frac{\mathrm{d}^2 w}{\mathrm{d}x^2} = \frac{M(x)}{EI}$$

它是一个线性微分方程。

在小变形的条件下,梁弯曲时横截面形心的轴向位移可以忽略不计,计算弯矩时使用梁的原始几何尺寸,因此,任一载荷引起的弯矩不受其他载荷的影响,梁的弯矩与载荷成线性齐次关系。例如图 12-6 所示梁,横截面 x 的弯矩为

$$M = M_e - Fx - q\frac{x^2}{2}$$

即与载荷 M_e, F 及 q 成线性齐次关系。

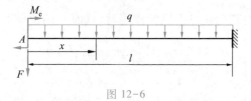

图 12-6

既然挠曲轴近似微分方程为线性微分方程,而弯矩又与载荷成线性齐次关系,因此,当梁上同时作用几个载荷时,挠曲轴近似微分方程的解,等于各载荷单独作用时挠曲轴近似微分方程的解的线性组合。

由此可见,当梁上同时作用几个载荷时,如果梁的变形很小,应力不超过材料的比例极限,则任一横截面的总位移,等于各载荷单独作用时在该截面引起的位移的总和,称为计算梁位移的**叠加法**。

几种常见梁的位移公式,详见附录 D,即"梁的挠度与转角"。

二、叠加原理

叠加法是一个普遍实用的方法。不仅可用于计算位移,也可用于计算支反力、内力与应力等;不仅可用于梁,也可用于拉压杆、轴与其他构件或结构。

一般说来,当构件或结构上同时作用几个载荷时,如果各载荷所产生的效果互不影响,或影响甚小可以忽略不计,则它们同时作用所产生的总效果(支反力、内力、应力或位移),等于各载荷单独作用所产生的效果之总和(代数和或矢量和),称为**叠加原理**。

例 12-4　图 12-7 所示简支梁,同时承受均布载荷 q 与集中载荷 F 作用。设弯曲刚度 EI 为常值,试用叠加法计算横截面 C 的挠度。

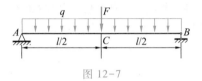

图 12-7

解:由附录 D 之 8 与 6 分别查得:当均布载荷 q 单独作用时,截面 C 的挠度为

$$f_q = \frac{5ql^4}{384EI} \quad (\downarrow)$$

当集中载荷 F 单独作用时,该截面的挠度则为

$$f_F = \frac{Fl^3}{48EI} \quad (\downarrow)$$

根据叠加法,当载荷 q 与 F 同时作用时,截面 C 的挠度即为

$$f = f_q + f_F = \frac{5ql^4}{384EI} + \frac{Fl^3}{48EI} \quad (\downarrow)$$

例 12-5　图 12-8a 所示外伸梁 AC,承受均布载荷 q 作用。设弯曲刚度 EI 为常数,试用叠加法计算截面 C 的挠度。

解:1. 问题分析

外伸梁 AC 可看成是由简支梁 AB 与固定在横截面 B 的悬臂梁 BC 所组成。当简支梁 AB 变形时,横截面 B 转动,从而带动截面 C 铅垂下移(图 12-8b);当悬臂梁 BC 变形时,截面 C 也铅垂下移(图 12-8c)。设前一位移为 w_1,后一位移为 w_2,则截面 C 的挠度为

$$w_C = w_1 + w_2 \quad\quad\quad\quad (a)$$

2. 位移计算

为了计算 w_1,将均布载荷 q 平移到截面 B,得作用在该截面的集中力 qa 与矩为 $qa^2/2$ 的附加力偶(图 12-8b),于是得截面 B 的转角为

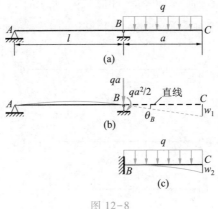

图 12-8

$$\theta_B = \frac{\frac{qa^2}{2} \cdot l}{3EI} = \frac{qa^2 l}{6EI} \quad (\smile) \quad (附录\ D\ 之\ 9)$$

并由此得截面 C 的挠度为

$$w_1 = \theta_B a = \frac{qa^3 l}{6EI} \quad (\downarrow) \tag{b}$$

在均布载荷 q 作用下(图 12-8c),悬臂梁 BC 的端点挠度为

$$w_2 = \frac{qa^4}{8EI} \quad (\downarrow) \quad (附录\ D\ 之\ 3) \tag{c}$$

将式(b)与(c)代入式(a),于是得截面 C 的总挠度为

$$w_C = \frac{qa^3 l}{6EI} + \frac{qa^4}{8EI} = \frac{qa^3}{24EI}(4l+3a) \quad (\downarrow)$$

3. 讨论

上述分析方法的要点是:首先分别计算各梁段的变形在需求位移处引起的位移,然后计算其总和(代数和或矢量和),即得需求之位移。在分析各梁段的变形在需求位移处引起的位移时,除所研究的梁段发生变形外,其余各梁段均视为刚体。例如在计算挠度 w_1 时(图 12-8b),即只将梁段 AB 视为变形体,而将梁段 BC 视为刚体。

应该指出,上述方法与叠加法有重要区别,前者是分解梁,逐段分析各梁段变形引起的位移并求其和,后者是分解载荷,逐个分析各载荷引起的位移并求其和。在实际求解时,常将两种方法联合应用,所以,习惯上又将二者统称为叠加法。

例 **12-6** 图 12-9a 所示悬臂梁,同时承受载荷 F_1 与 F_2 作用。设弯曲刚度 EI 为常数,试用叠加法计算横截面 C 的挠度。

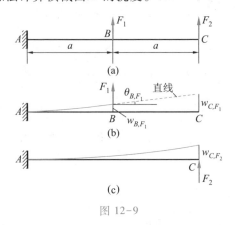

图 12-9

解:由图 12-9b 及附录 D 可知,当载荷 F_1 单独作用时,横截面 B 的转角与挠度分别为

$$\theta_{B,F_1} = \frac{F_1 a^2}{2EI} \quad (\circlearrowleft)$$

$$w_{B,F_1} = \frac{F_1 a^3}{3EI} \quad (\uparrow)$$

可见,由于载荷 F_1 的作用,截面 C 的挠度为

$$w_{C,F_1} = \theta_{B,F_1} a + w_{B,F_1} = \frac{F_1 a^2}{2EI} \cdot a + \frac{F_1 a^3}{3EI} = \frac{5F_1 a^3}{6EI} \quad (\uparrow) \tag{a}$$

当载荷 F_2 单独作用时(图 12-9c),截面 C 的挠度为

$$w_{C,F_2} = \frac{F_2 (2a)^3}{3EI} = \frac{8F_2 a^3}{3EI} \quad (\uparrow) \tag{b}$$

根据叠加法,于是由式(a)与(b)得截面 C 的挠度为

$$w_C = w_{C,F_1} + w_{C,F_2} = \frac{5F_1 a^3}{6EI} + \frac{8F_2 a^3}{3EI} \quad (\uparrow)$$

例 **12-7** 图 12-10a 所示矩形截面梁,承受载荷 F 作用,该载荷与对称轴 y 的夹角为 θ,试计算自由端形心 C 的位移。

解:1. 分位移计算

首先将载荷 F 沿坐标轴 y 与 z 分解,得相应分力分别为

$$F_y = F\cos\theta$$

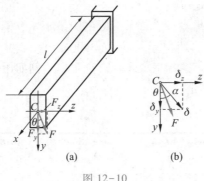

图 12-10

$$F_z = F \sin \theta$$

当分力 F_y 与 F_z 单独作用时,形心 C 沿坐标轴 y 与 z 的挠度分别为

$$\delta_y = \frac{F_y l^3}{3EI_z} = \frac{Fl^3 \cos \theta}{3EI_z} \qquad (a)$$

$$\delta_z = \frac{F_z l^3}{3EI_y} = \frac{Fl^3 \sin \theta}{3EI_y} \qquad (b)$$

2. 总位移及其特点

利用叠加法(图 12-10b),并由式(a)与(b),得形心 C 的总位移为

$$\delta = \sqrt{\delta_y^2 + \delta_z^2} = \frac{Fl^3}{3E} \sqrt{\left(\frac{\cos \theta}{I_z}\right)^2 + \left(\frac{\sin \theta}{I_y}\right)^2}$$

设总位移 δ 与坐标轴 y 的夹角为 α,显然,

$$\tan \alpha = \frac{\delta_z}{\delta_y}$$

将式(a)与(b)代入上式,于是得

$$\tan \alpha = \frac{I_z}{I_y} \tan \theta$$

上式表明,在 $I_y \neq I_z$ 的一般情况下,

$$\alpha \neq \theta$$

即总位移 δ 与载荷 F 不同向。

§12-5 简单静不定梁

在工程实际中,有时为了提高梁的强度与刚度,或由于构造上的需要,往往给静定梁再增加约束,于是,梁的支反力(包括支反力偶)数,超过独立或有效平衡方程数,即成为静不定梁。

在静不定梁中,凡是多于维持平衡或限制梁刚体位移所必需的约束,称为**多余约束**。多余约束处的支反力或支反力偶矩,统称为**多余支反力**。显然,静不定梁的静不定度,即等于多余约束或多余支反力数。例如图 12-11a 与 b 所示梁即分别为一度与两度静不定。

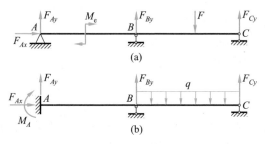

图 12-11

为了求解静不定梁,除应建立平衡方程外,还应利用变形协调条件以及力与位移间的物理关系,以建立补充方程。现以图 12-12a 所示梁为例,说明分析静不定梁的基本方法。

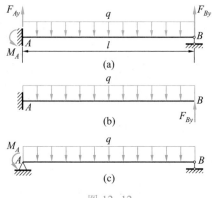

图 12-12

该梁具有一个多余约束,即具有一个多余支反力。如果选择支座 B 为多余约束,则相应多余支反力为 F_{By}。为了求解,假想地将支座 B 解除,而以支反力 F_{By} 代替其作用,于是得一承受均布载荷 q 与未知支反力 F_{By} 的静定悬臂梁(图 12-12b)。多余约束解除后,所得之受力与原静不定梁相同的静定梁,称为原静不定梁的**相当系统**。

相当系统在载荷 q 与多余支反力 F_{By} 作用下发生变形,为了使其变形与原静不定梁相同,多余约束处的位移,必须符合原静不定梁在该处的约束条件,在本例中,即要求相当系统横截面 B 的挠度 w_B 为零,由此得变形协调条件为

$$w_B = 0 \qquad\qquad (a)$$

利用叠加法或积分法,得相当系统截面 B 的挠度为

$$w_B = \frac{F_{By} l^3}{3EI} - \frac{q l^4}{8EI}$$

将上述物理关系代入式(a),得补充方程为

$$\frac{F_{By} l^3}{3EI} - \frac{q l^4}{8EI} = 0$$

由此得

$$F_{By} = \frac{3ql}{8}$$

所得结果为正,说明所设支反力 F_{By} 的方向正确。

多余支反力确定后,由梁的平衡方程

$$\sum M_A = 0, \qquad M_A + F_{By} l - \frac{q l^2}{2} = 0$$

$$\sum F_y = 0, \qquad F_{Ay} + F_{By} - ql = 0$$

得固定端的支反力与支反力偶矩分别为

$$F_{Ay} = \frac{5ql}{8}, \qquad M_A = \frac{q l^2}{8}$$

应该指出,只要不是限制刚体位移所必需的约束,均可作为多余约束。因此,相当系统有多种选择。例如,对于图 12−12a 所示静不定梁,也可将限制横截面 A 转动的约束作为多余约束。于是,如果将该约束解除,并以支反力偶矩 M_A 代替其作用,则相当系统如图 12−12c 所示,变形协调条件为截面 A 的转角为零,即

$$\theta_A = 0$$

由此求得的支反力与支反力偶矩与上述解答完全相同。

以上分析表明,求解静不定梁的关键是确定多余支反力,其方法与步骤可概述如下:

(1) 根据支反力与独立平衡方程的数目,判断梁的静不定度;

(2) 选择并解除多余约束,并以相应多余支反力代替其作用,得原静不定梁的相当系统;

(3) 计算相当系统在多余约束处的位移,并根据相应变形协调条件建立补充方程,由此即可求出多余支反力。

多余支反力确定后,作用在相当系统上的外力均为已知,由此即可通过相当系统计算静不定梁的内力、应力与位移等。

例 12-8　图 12-13a 所示圆截面梁,直径 $d=60$ mm,梁长 $a=1.0$ m,载荷 $F=$ 20 kN,许用应力$[\sigma]=100$ MPa,试校核梁的强度。

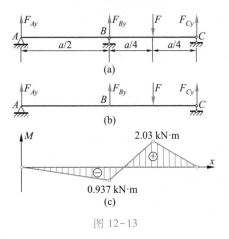

图 12-13

解:1. 求解静不定梁

该梁为一度静不定,如果以支座 B 为多余约束,F_{By} 为多余支反力,则相当系统如图 12-13b 所示,变形协调条件为横截面 B 的挠度为零,即

$$w_B = 0$$

或

$$w_{B,F} + w_{B,F_{By}} = 0 \qquad (a)$$

式中,$w_{B,F}$ 与 $w_{B,F_{By}}$ 分别代表载荷 F 与多余支反力 F_{By} 单独作用时截面 B 的挠度。

由附录 D 之 7 与 6 可知:

$$w_{B,F} = \frac{F \cdot \dfrac{a}{4} \cdot \dfrac{a}{2}}{6 \cdot a \cdot EI}\left[\left(\frac{a}{2}\right)^2 - a^2 + \left(\frac{a}{4}\right)^2\right] = -\frac{11Fa^3}{768EI} \quad (\downarrow) \qquad (b)$$

$$w_{B,F_{By}} = \frac{F_{By}a^3}{48EI} \quad (\uparrow) \qquad (c)$$

将式(b)与式(c)代入式(a),得补充方程为

$$-\frac{11Fa^3}{768EI} + \frac{F_{By}a^3}{48EI} = 0$$

由此得

$$F_{By} = \frac{11F}{16} = \frac{11(20\times10^3 \text{ N})}{16} = 13.75 \text{ kN}$$

2. 内力分析

多余支反力 F_{By} 确定后,通过图 12-13b 所示相当系统,由平衡方程求得支

座 A 与 B 的支反力分别为

$$F_{Ay} = -\frac{3F}{32} = -\frac{3(20 \times 10^3 \text{ N})}{32} = -1.875 \text{ kN}$$

$$F_{Cy} = \frac{13F}{32} = \frac{13(20 \times 10^3 \text{ N})}{32} = 8.13 \text{ kN}$$

于是画梁的弯矩图如图 12-13c 所示。

3. 强度校核

最大弯矩为

$$M_{\max} = 2.03 \times 10^3 \text{ N} \cdot \text{m}$$

所以，梁的最大弯曲正应力为

$$\sigma_{\max} = \frac{32M_{\max}}{\pi d^3} = \frac{32(2.03 \times 10^3 \text{ N} \cdot \text{m})}{\pi (0.060 \text{ m})^3} = 95.7 \text{ MPa} < [\sigma]$$

上述计算表明，梁的强度符合要求。

例 12-9　图 12-14a 所示两端固定梁，承受载荷 F 作用。设弯曲刚度 EI 为常值，试计算梁的支反力。

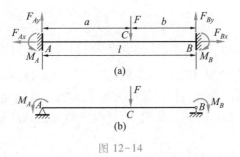

图 12-14

解：1. 问题分析

该梁共有六个支反力，而独立或有效平衡方程仅三个，因此为三度静不定。

在小变形的条件下，横截面形心的轴向位移极小，因而梁端水平支反力 F_{Ax} 与 F_{Bx} 也极小，一般均可忽略不计。于是，剩下四个未知支反力、两个独立平衡方程，建立两个补充方程即可求解。

2. 求解静不定梁

如果以固定端 A 与 B 处限制梁截面转动的约束为多余约束，并以相应多余支反力偶矩 M_A 与 M_B 代替其作用，则相当系统如图 12-14b 所示，变形协调条件为横截面 A 与 B 的转角为零，即

$$\theta_A = 0 \qquad\qquad\qquad (\text{a})$$

$$\theta_B = 0 \tag{b}$$

利用叠加法,得相当系统截面 A 与 B 的转角分别为

$$\theta_A = \theta_{A,F} + \theta_{A,M_A} + \theta_{A,M_B} = -\frac{Fab(l+b)}{6EIl} + \frac{M_A l}{3EI} + \frac{M_B l}{6EI} \tag{c}$$

$$\theta_B = \theta_{B,F} + \theta_{B,M_A} + \theta_{B,M_B} = \frac{Fab(l+a)}{6EIl} - \frac{M_A l}{6EI} - \frac{M_B l}{3EI} \tag{d}$$

将式(c)与(d)分别代入式(a)与(b),得补充方程为

$$-\frac{Fab(l+b)}{6EIl} + \frac{M_A l}{3EI} + \frac{M_B l}{6EI} = 0$$

$$\frac{Fab(l+a)}{6EIl} - \frac{M_A l}{6EI} - \frac{M_B l}{3EI} = 0$$

联立求解上述方程组,得

$$M_A = \frac{Fab^2}{l^2}, \quad M_B = \frac{Fa^2 b}{l^2}$$

多余支反力偶矩确定后,通过图 12-14b 所示相当系统,由平衡方程求得 A 与 B 端的铅垂支反力分别为

$$F_{Ay} = \frac{Fb^2(l+2a)}{l^3}, \quad F_{By} = \frac{Fa^2(l+2b)}{l^3}$$

例 12-10 一悬臂梁 AB,承受铅垂载荷 F 作用,因其刚度不够,用杆 CB 加固如图 12-15a 所示。设梁与杆的长度均为 l,梁的弯曲刚度与杆的拉压刚度分别为 EI 与 EA,且 $A = 3I/l^2$,试计算梁 AB 的最大挠度的减少量。

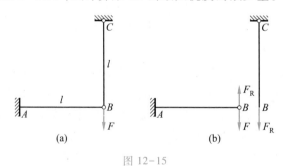

图 12-15

解:1.求解静不定

该结构属于一度静不定。如果选择铰链 B 为多余约束予以解除,并以相应多余力 F_R 代替其作用,则相当系统如图 12-15b 所示。

在多余力 F_R 作用下,杆 CB 的横截面 B 铅垂下移;在载荷 F 与多余力 F_R 作

用下,梁 AB 的横截面 B 也应铅垂下移。设前一位移为 w_1,后一位移为 w_2,则变形协调条件为

$$w_1 = w_2 \tag{a}$$

显然,

$$w_1 = \Delta l_{CB} = \frac{F_R l}{EA} = \frac{F_R l^3}{3EI} \tag{b}$$

$$w_2 = \frac{(F - F_R) l^3}{3EI} \tag{c}$$

将式(b)与(c)代入式(a),得补充方程为

$$\frac{F_R l^3}{3EI} = \frac{(F - F_R) l^3}{3EI}$$

由此得

$$F_R = \frac{F}{2}$$

2. 刚度比较

未加固时,梁 AB 的端点挠度即最大挠度为

$$f = \frac{Fl^3}{3EI}$$

加固后,通过图 12-15b 所示相当系统,求得该截面的挠度变为

$$f' = \frac{(F - F_R) l^3}{3EI} = \frac{Fl^3}{6EI} = \frac{f}{2}$$

即仅为前者的 50%。

由此可见,经加固后,梁 AB 的最大挠度显著减小。

§12-6 梁的刚度条件与合理刚度设计

对于机械与工程结构中的许多梁,为了正常工作,不仅应具备足够的强度,而且应具备必要的刚度。例如,如果机床主轴的变形过大,将影响加工精度;传动轴在滑动轴承处的转角过大,将加速轴承的磨损;等等。本节研究梁的刚度条件与合理刚度设计。

一、梁的刚度条件

设以 $[\delta]$ 表示许用挠度,$[\theta]$ 表示许用转角,则梁的刚度条件为

$$|w|_{\max} \leqslant [\delta] \tag{12-5}$$

$$|\theta|_{max} \leqslant [\theta] \qquad (12-6)$$

即要求梁的最大挠度与最大转角分别不超过各自的许用值。在有些情况下,则限制某些截面的挠度或转角不超过各自的许用值。

许用挠度与许用转角之值,随梁的工作要求而定。例如,对于跨度为 l 的桥式起重机梁,其许用挠度为

$$[\delta] = \frac{l}{750} \sim \frac{l}{500}$$

而对于一般用途的轴,其许用挠度则为

$$[\delta] = \frac{3l}{10\ 000} \sim \frac{5l}{10\ 000}$$

在安装齿轮或滑动轴承处,轴的许用转角为

$$[\theta] = 0.001\ rad$$

至于其他梁或轴的许用位移值,可从有关设计规范或手册中查得。

二、梁的合理刚度设计

梁的弯曲变形与梁的受力、约束条件及截面弯曲刚度有关。所以,以前所述提高弯曲强度的某些措施,例如合理选择截面形状、合理安排梁的约束与合理改善梁的受力情况等,对于提高梁的刚度,仍然是非常有效的。但是也应注意到,提高梁的刚度与提高梁的强度,属于两种不同性质的问题,因此,解决的办法也不尽相同。

1. 合理选择截面形状

影响梁强度的截面几何性质是抗弯截面系数,而影响梁刚度的截面几何性质则是惯性矩,所以,从提高梁的刚度考虑,合理的截面形状,是使用较小的截面面积,却能获得较大惯性矩的截面。

2. 合理选用材料

影响梁强度的材料性能是极限应力 σ_u,而影响梁刚度的材料性能则是弹性模量,所以,从提高梁的刚度考虑,弹性模量是材料选择的主要依据。要注意的是,各种钢材(或各种铝合金)的极限应力虽然差别极大,但它们的弹性模量却十分接近。

3. 梁的合理加强

梁的最大弯曲正应力,取决于危险截面的弯矩与抗弯截面系数;而梁的位移则与梁内所有微段的弯曲变形均有关。所以,对梁的危险区采用局部加强的措施,即可提高梁的强度,但为了提高梁的刚度,则必须在更大范围内增加梁截面的弯曲刚度 EI。

4. 合理选取梁的跨度

由例 12-1 与例 12-3 可以看出,在集中载荷作用下,梁的最大挠度与梁跨度的三次方成正比。但是,上述梁的最大弯曲正应力则仅与梁跨度成正比。可见,梁跨度的微小改变,将引起梁位移的显著改变。例如,将上述梁的跨度缩短 20%,最大挠度将相应减少 48.8%。所以,如果条件允许,应尽量减小梁的跨度以提高其刚度。

5. 合理安排梁的约束与加载方式

图 12-16a 所示跨度为 l 的简支梁,承受均布载荷 q 作用,如果将两端铰支座各向内移动 $l/4$(图 12-16b),最大挠度将仅为前者的 8.75%。又如,对于在跨度中点承受集中载荷 F 的简支梁(图 12-17a),如果将该载荷改为集度为 $q=F/l$ 并沿梁长均布的分布载荷(图 12-17b),最大挠度将减少 37.5%。此外,增加梁的约束即作成静不定梁,对于提高梁的刚度也是非常有效的(参阅例 12-10)。

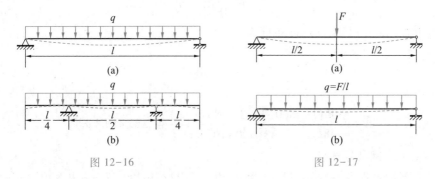

图 12-16   图 12-17

例 **12-11** 图 12-18a 所示工字钢简支梁,跨度 $l=4$ m,承受载荷 $F=35$ kN 作用。已知许用应力 $[\sigma]=160$ MPa,许用挠度 $[\delta]=l/500$,弹性模量 $E=200$ GPa,试选择工字钢型号。

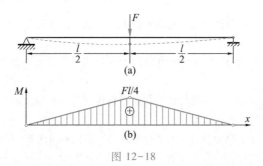

图 12-18

解:1. 按强度要求设计

梁的弯矩图如图 12-18b 所示,最大弯矩为

$$M_{max} = \frac{Fl}{4} = \frac{(35 \times 10^3 \text{ N})(4 \text{ m})}{4} = 3.5 \times 10^4 \text{ N} \cdot \text{m}$$

根据弯曲正应力强度条件,要求

$$\sigma_{max} = \frac{M_{max}}{W_z} \leqslant [\sigma]$$

由此得

$$W_z \geqslant \frac{M_{max}}{[\sigma]} = \frac{3.5 \times 10^4 \text{ N} \cdot \text{m}}{160 \times 10^6 \text{ Pa}} = 2.19 \times 10^{-4} \text{ m}^3$$

2. 按刚度要求设计

由例 12-3 可知,梁中点的挠度最大,其值为

$$f = \frac{Fl^3}{48EI_z}$$

于是由式(12-5)得梁的刚度条件为

$$\frac{Fl^3}{48EI_z} \leqslant \frac{l}{500}$$

由此得

$$I_z \geqslant \frac{500Fl^2}{48E} = \frac{500(35 \times 10^3 \text{ N})(4 \text{ m})^2}{48(200 \times 10^9 \text{ Pa})} = 2.92 \times 10^{-5} \text{ m}^4$$

3. 工字钢型号选择

由型钢表查得,对于№22a 工字钢,$W_z = 3.09 \times 10^{-4} \text{ m}^3$,$I_z = 3.40 \times 10^{-5} \text{ m}^4$,可见,选择№22a 工字钢作梁,将同时满足强度与刚度要求。

思 考 题

12-1 何谓挠曲轴?何谓挠度与转角?挠度与转角之间有何关系?该关系成立的条件是什么?

12-2 挠曲轴近似微分方程是如何建立的?应用条件是什么?该方程与坐标轴 x 与 w 的选择有何关系?

12-3 如何利用积分法计算梁位移?如何根据挠度与转角的正负判断位移的方向?最大挠度处的横截面转角是否一定为零?

12-4 何谓叠加法?叠加法成立的条件是什么?如何利用该方法分析梁的位移?

12-5 何谓多余约束与多余支反力?何谓相当系统?如何求解静不定梁?如何分析静不定梁的应力与位移?

12-6 试述提高梁弯曲刚度的主要措施?提高梁的刚度与提高其强度的措施有何不同?

习 题

12-1 图示各梁,弯曲刚度 EI 均为常数。

(a)试根据梁的弯矩图与支持条件绘制挠曲轴的大致形状;

(b)试利用积分法计算梁的最大挠度与最大转角。

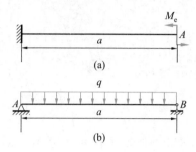

题 12-1 图

12-2 图示各梁,弯曲刚度 EI 均为常数。

(a)试写出计算梁位移的边界条件与连续条件;

(b)根据梁的弯矩图与支持条件绘制挠曲轴的大致形状。

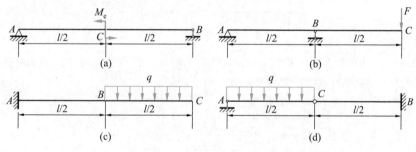

题 12-2 图

12-3 试用积分法计算题 12-2 各梁截面 A 的转角与截面 C 的挠度。

12-4 图示悬臂梁,承受矩为 M_e 的力偶作用。设弯曲刚度 EI 为常数,试计算梁端截面形心 B 的轴向位移 Δ,并与其横向位移 f 比较。

提示:梁内各横截面的弯矩均等于 M_e,所以,挠曲轴 AB' 为圆弧。设其半径为 ρ,则所对应的圆心角为

$$\theta = \frac{l}{\rho} = \frac{M_e l}{EI} \qquad\qquad (a)$$

由此得形心 B 的水平位移为

$$\Delta = l - \rho\sin\theta = l - \frac{l}{\theta}\sin\theta \approx l - \frac{l}{\theta}\left(\theta - \frac{\theta^3}{3!}\right) = \frac{l\theta^2}{6} = \frac{M_e^2 l^3}{6E^2 I^2}$$

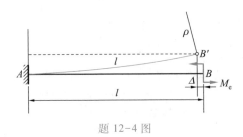

题 12-4 图

截面 B 的挠度为

$$f = \frac{M_e l^2}{2EI}$$

于是得

$$\frac{\Delta}{f} = \frac{2}{3}\left(\frac{f}{l}\right)$$

比值 f/l 为一很小的量,可见,与挠度 f 相比,Δ 为一高阶小量,一般均可忽略不计。

12-5 图示简支梁,左、右端各作用一个力偶矩分别为 M_1 与 M_2 的力偶,如欲使挠曲轴的拐点位于离左端 $l/3$ 处,则 M_1 与 M_2 应保持何种关系。

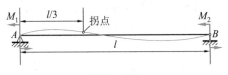

题 12-5 图

12-6 图示重量为 F 的滚轮,如欲使其在沿梁滚动时始终保持相同高度,则此梁应预弯成何种形状,试建立其预弯方程,设弯曲刚度 EI 为常数。

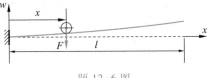

题 12-6 图

12-7 图示各梁,弯曲刚度 EI 均为常数,试用叠加法计算截面 B 的转角与截面 C 的挠度。

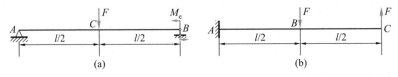

题 12-7 图

12-8 图示组合梁,梁 AB 与 BC 的弯曲刚度均为 EI。在梁 CB 上,作用均布载荷 q,在梁 AC 上,作用集中载荷 F,且 $F = ql$,试求截面 C 的挠度与截面 A 的转角。

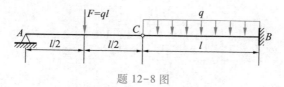

题 12-8 图

12-9 图示外伸梁,两端承受载荷 F 作用,弯曲刚度 EI 为常数。试问:

(1) 当 x/l 为何值时,梁跨度中点的挠度与自由端的挠度数值相等;

(2) 当 x/l 为何值时,梁跨度中点的挠度最大。

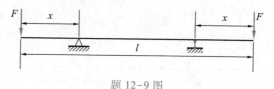

题 12-9 图

12-10 图 a 所示刚架,截面弯曲刚度 EI 为常数。试计算截面 C 的水平与铅垂位移。

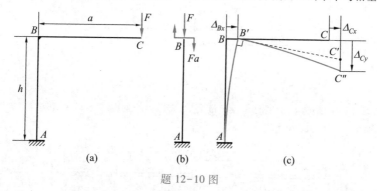

题 12-10 图

提示:刚架 ABC 可看成是由悬臂梁 AB 与固定在截面 B 的悬臂梁 BC 所组成。

悬臂梁 AB 的受力如图 b 所示,其变形如图 c 中的实线 AB' 所示,并带动悬臂梁 BC 位移至虚直线 $B'C'$ 位置。在载荷 F 作用下,悬臂梁 BC 的变形如图 c 中的实线 $B'C''$ 所示。

在分析刚架的变形时,轴力引起的杆件轴向变形一般忽略不计,在小变形的条件下,挠曲轴在原轴线方位的投影长度保持不变。因此,悬臂梁 AB 的杆端 B 应水平位移至 B',轴线 $B'C'$ 与挠曲轴 $B'C''$ 在水平方位的投影,等于其原长,从而有 Δ_{Cx} 等于 Δ_{Bx}。

12-11 图 a 所示简支梁,承受均布载荷 q 作用。设弯曲刚度 EI 为常数,试用叠加法计算梁跨度中点横截面 C 的挠度 f。

提示:由于梁的受力与支持条件均对称于截面 C,梁的挠曲轴也对称于该截面,其右半段的变形,与图 b 所示悬臂梁的变形相同。于是由悬臂梁截面 B 的挠度 w_B,即可确定挠度 f。显然,w_B 可利用叠加法进行计算。

12-12 图示各阶梯形梁,惯性矩 $I_2 = 2I_1$,试用叠加法计算梁的最大挠度。

12-13 图 a 所示梁,左端 A 固定在具有圆弧形表面的刚性平台上。在载荷 F 作用下,

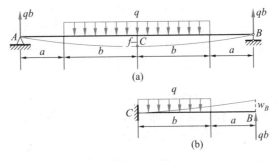

题 12-11 图

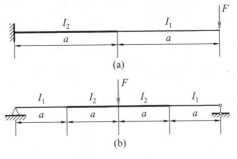

题 12-12 图

梁段 AD 与弧形表面贴合。设梁的弹性模量为 E,弧形表面的曲率半径为 R,试计算截面 B 的挠度与梁内的最大弯曲正应力。

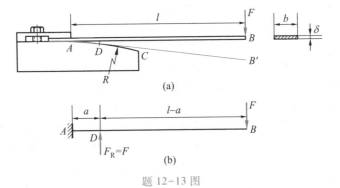

题 12-13 图

提示①:在贴合区 AD,各截面处梁轴的曲率半径均为 R,弯矩均为

$$M = -\frac{EI}{R}$$

从而有

---

① 单辉祖编著。材料力学问题与范例分析,问题 8-6-4,高等教育出版社,2016 年。

$$F_S = \frac{dM}{dx} = 0, \quad q = \frac{d^2 M}{dx^2} = 0$$

所以,梁的受力如图 b 所示,梁段 AD 处于纯弯曲状态,截面 D 处的支反力 $F_R = F$。设梁段 AD 的长度为 a,其值则可根据条件 $M_{D_-} = M_{D_+}$ 确定,即

$$-\frac{EI}{R} = -F(l-a)$$

12-14 图示悬臂梁,承受均布载荷 q 与集中载荷 ql 作用,材料的弹性模量为 E,试计算梁端的挠度及其方向。

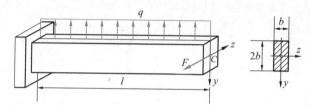

题 12-14 图

12-15 图示各梁,弯曲刚度 EI 均为常数。试求支反力,并画剪力、弯矩图。

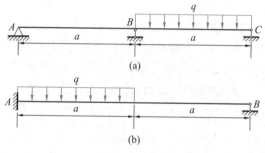

题 12-15 图

12-16 图示各梁,弯曲刚度 EI 均为常数,试求支反力。

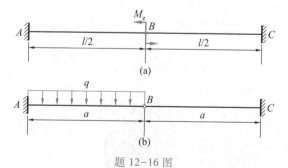

题 12-16 图

12-17 图示传动轴,载荷 $F_1 = 3$ kN,$F_2 = 10$ kN,轴径 $d = 50$ mm。试计算轴内的最大弯曲正应力。若横截面 B 处无轴承,则最大弯曲正应力又为何值。

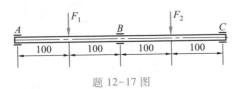

题 12-17 图

12-18 题 12-17 所述传动轴,弹性模量 $E=200$ GPa。如图所示,由于加工误差,轴承 C 的位置偏离轴线 $\delta=0.25$ mm,试求安装后轴内的最大弯曲正应力。

12-19 图示结构,梁 AB 与 DG 均用№18 工字钢制成,BC 为圆截面钢杆,直径 $d=20$ mm。若载荷 $F=30$ kN,弹性模量 $E=200$ GPa,试计算梁与杆内的最大正应力,以及横截面 C 的挠度。

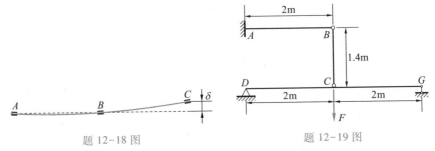

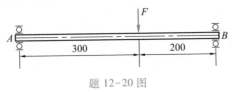

题 12-18 图　　　　　　　　　题 12-19 图

12-20 图示圆截面轴,两端用轴承支持,承受载荷 $F=10$ kN 作用。若轴承处的许用转角 $[\theta]=0.05$ rad,材料的弹性模量 $E=200$ GPa,试根据刚度要求确定轴径 d。

题 12-20 图

12-21 图示梁,跨度 $l=5$ m,力偶矩 $M_1=5$ kN·m,$M_2=10$ kN·m,许用应力 $[\sigma]=160$ MPa,弹性模量 $E=200$ GPa,许用挠度 $[w]=l/500$,试选择工字钢型号。

题 12-21 图

第十二章 电子教案

第十三章 复杂应力状态应力分析

§13-1 引 言

前面研究了杆件在轴向拉压、扭转与弯曲时的强度问题,这些杆件的危险点或处于单向受力状态,或处于纯剪切状态,相应强度条件分别为

$$\sigma_{max} \leqslant [\sigma] = \frac{\sigma_u}{n}$$

$$\tau_{max} \leqslant [\tau] = \frac{\tau_u}{n}$$

式中,σ_u 与 τ_u 分别代表材料在单向受力与纯剪切时的极限应力。

然而,在工程实际中,许多杆件的危险点处于更复杂的受力状态。

例如,图 13-1a 所示螺旋桨轴,既受拉、又受扭,如果在轴表层用纵、横截面切取微体,其应力情况如图 13-1b 所示,即处于正应力与切应力的联合作用下。

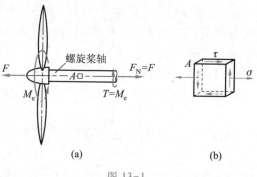

(a)   (b)

图 13-1

又如,充压气瓶或气缸,均为受内压的圆筒(图 13-2a)。在内压作用下,筒壁纵、横截面同时受拉,微体 A 的应力情况如图 13-2b 所示,即处于双向拉伸状态。

再如,在导轨与滚轮的接触处(图 13-3a),导轨表层的微体 A 除在垂直方位

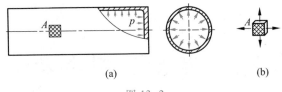

图 13-2

直接受压外,由于其横向膨胀受到周围材料的约束,其四侧也受压(图 13-3b),即微体 A 处于三向受压状态。

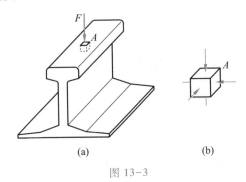

图 13-3

　　显然,仅仅依靠对单向受力与纯剪切的已有认识,尚不能解决上述复杂应力情况下的强度问题。因此,有必要进一步研究在复杂应力作用下微体的应力,包括各截面的应力与最大应力等,以及材料在复杂应力作用下的破坏或失效规律。

　　构件内一点处所有微截面的应力总况或集合,称为该点处的**应力状态**。由于微体的边长均为无穷小量,因此,当围绕一点所取微体内各截面的应力均为已知时,则过该点所作各微截面的应力也完全确定。所以,在分析一点处的应力状态时,通常以微体作为研究对象。

　　本章主要研究应力状态的基本理论与应力应变间的一般关系,至于材料在复杂应力作用下的破坏或失效规律及其应用,则是下一章要研究的主要问题。

§ 13-2　平面应力状态应力分析

　　图 13-1b 与 13-2b 所示应力状态有一共同特点,即在微体的三对侧面中,仅在两对侧面上作用有应力,且其方位均平行于微体的不受力表面。微体两对侧面所有应力均平行于微体不受力表面的应力状态,称为**平面应力状态**。实际上,单向受力与纯剪切也是平面应力状态的特例。平面应力状态既是一种常见复杂应力状态,也是研究空间应力状态的基础。本节研究平面应力状态下各截面的应力,包括解析法与图解法。

一、平面应力状态斜截面应力

平面应力状态的一般形式如图 13-4a 所示。在垂直于坐标轴 x 的截面即所谓 x 截面上,应力用 σ_x 与 τ_x 表示,在垂直于坐标轴 y 的截面即所谓 y 截面上,应力用 σ_y 与 τ_y 表示。若上述应力均为已知,现在研究与坐标轴 z 平行的任一斜截面 mn 上的应力(图 13-4b)。

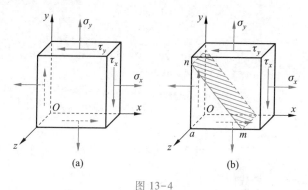

图 13-4

如图 13-5a 所示,斜截面的方位以其外法线 n 在坐标系 x-y 的方位角 α 表示,该截面上的应力用 σ_α 与 τ_α 表示。

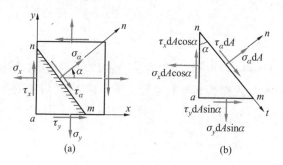

图 13-5

首先,利用截面法,沿斜截面 mn 将上述微体切开,并选三角形微体 amn 为研究对象。设截面 mn 的面积为 $\mathrm{d}A$,则截面 an 与 am 的面积分别为 $\cos\alpha\mathrm{d}A$ 与 $\sin\alpha\mathrm{d}A$,微体 amn 的受力如图 13-5b 所示,沿斜截面法向与切向的平衡方程分别为

$$\sum F_n = 0, \quad \sigma_\alpha \mathrm{d}A + (\tau_x \mathrm{d}A\cos\alpha)\sin\alpha - (\sigma_x \mathrm{d}A\cos\alpha)\cos\alpha +$$
$$(\tau_y \mathrm{d}A\sin\alpha)\cos\alpha - (\sigma_y \mathrm{d}A\sin\alpha)\sin\alpha = 0$$

$$\sum F_t = 0, \quad \tau_\alpha \mathrm{d}A - (\tau_x \mathrm{d}A\cos\alpha)\cos\alpha - (\sigma_x \mathrm{d}A\cos\alpha)\sin\alpha +$$
$$(\tau_y \mathrm{d}A\sin\alpha)\sin\alpha + (\sigma_y \mathrm{d}A\sin\alpha)\cos\alpha = 0$$

由此得

$$\sigma_\alpha = \sigma_x \cos^2\alpha + \sigma_y \sin^2\alpha - (\tau_x + \tau_y)\sin\alpha\cos\alpha \tag{a}$$

$$\tau_\alpha = (\sigma_x - \sigma_y)\sin\alpha\cos\alpha + \tau_x \cos^2\alpha - \tau_y \sin^2\alpha \tag{b}$$

根据切应力互等定理可知，τ_x 与 τ_y 的数值相等；由三角学还可知，

$$\cos^2\alpha = \frac{1+\cos 2\alpha}{2}$$

$$\sin^2\alpha = \frac{1-\cos 2\alpha}{2}$$

$$\sin 2\alpha = 2\sin\alpha\cos\alpha$$

将上述关系式代入式（a）与（b），分别得

$$\sigma_\alpha = \frac{\sigma_x + \sigma_y}{2} + \frac{\sigma_x - \sigma_y}{2}\cos 2\alpha - \tau_x\sin 2\alpha \tag{13-1}$$

$$\tau_\alpha = \frac{\sigma_x - \sigma_y}{2}\sin 2\alpha + \tau_x\cos 2\alpha \tag{13-2}$$

此即平面应力状态下斜截面应力的一般公式。

应用上述公式时，正应力以拉伸为正；切应力以企图使微体沿顺时针方向旋转者为正（即与剪力 F_S 的正负符号规定相同）；方位角 α 则规定为以坐标轴 x 为始边、转向沿逆时针者为正。

二、应力圆

由式（13-1）与（13-2）可知，应力 σ_α 与 τ_α 均为 α 的函数，说明 σ_α 与 τ_α 间存在函数关系，而上述二式则为其参数方程。为了建立 σ_α 与 τ_α 间的直接关系式即普通方程，首先，将式（13-1）与（13-2）分别改写成如下形式：

$$\sigma_\alpha - \frac{\sigma_x + \sigma_y}{2} = \frac{\sigma_x - \sigma_y}{2}\cos 2\alpha - \tau_x\sin 2\alpha$$

$$\tau_\alpha - 0 = \frac{\sigma_x - \sigma_y}{2}\sin 2\alpha + \tau_x\cos 2\alpha$$

然后，将以上二式各自平方后相加，于是得

$$\left(\sigma_\alpha - \frac{\sigma_x + \sigma_y}{2}\right)^2 + (\tau_\alpha - 0)^2 = \left(\frac{\sigma_x - \sigma_y}{2}\right)^2 + \tau_x^2$$

上式表明，在以 σ 为横坐标、τ 为纵坐标的平面内，σ_α 与 τ_α 的关系曲线为圆（图 13-6），称为应力圆或莫尔（O.Mohr）圆。还可以看出，该圆圆心的坐标为 $\left(\dfrac{\sigma_x + \sigma_y}{2}, 0\right)$，即位于横坐标轴 σ 上，而半径则为

$$R_\sigma = \sqrt{\left(\frac{\sigma_x - \sigma_y}{2}\right)^2 + \tau_x^2}$$

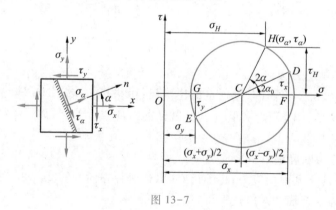

图 13-6

如图 13-7 所示,在 σ-τ 平面内,设与 x 截面对应的点位于 $D(\sigma_x, \tau_x)$,与 y 截面对应的点位于 $E(\sigma_y, \tau_y)$,由于 τ_x 与 τ_y 的数值相等,$\overline{DF} = \overline{GE}$,因此,直线 DE 与坐标轴 σ 的交点 C 的横坐标为 $(\sigma_x + \sigma_y)/2$,即 C 为应力圆的圆心。于是,以 C 为圆心、CD 或 CE 为半径画圆,即得相应应力圆。

图 13-7

应力圆确定后,如欲求 α 截面的应力,则只需将半径 CD 沿方位角 α 的转向旋转 2α 至 CH 处,所得 H 点的纵、横坐标,即分别代表 α 截面的切应力 τ_α 与正应力 σ_α,兹证明如下。

设将 $\angle DCF$ 用 $2\alpha_0$ 表示,则 H 点的横坐标为

$$\sigma_H = \overline{OC} + \overline{CH}\cos(2\alpha_0 + 2\alpha) = \overline{OC} + \overline{CD}\cos(2\alpha_0 + 2\alpha)$$

$$= \overline{OC} + \overline{CD}\cos 2\alpha_0 \cos 2\alpha - \overline{CD}\sin 2\alpha_0 \sin 2\alpha$$

$$= \frac{\sigma_x + \sigma_y}{2} + \frac{\sigma_x - \sigma_y}{2}\cos 2\alpha - \tau_x \sin 2\alpha$$

可见,

$$\sigma_H = \sigma_\alpha$$

同理可证,H 点的纵坐标为

$$\tau_H = \tau_\alpha$$

由以上分析可知,与两互垂截面相对应的点,必位于应力圆上同一直径的两端。例如图 13-7 中的 D 与 E 点即位于同一直径的两端。

例 13-1 图 13-8a 所示应力状态,$\sigma_x = 100$ MPa,$\tau_x = -20$ MPa,$\sigma_y = 30$ MPa,试利用应力圆确定 $\alpha = 40°$ 斜截面上的正应力 $\sigma_{40°}$ 与切应力 $\tau_{40°}$。

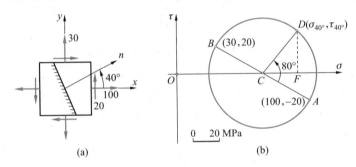

图 13-8

解:1. 画应力圆

首先,在 $\sigma-\tau$ 平面内,按选定的比例尺,由坐标 $(100,-20)$ 与 $(30,20)$ 分别确定 A 与 B 点(图 13-8b),即 x 与 y 截面的对应点。然后,以 AB 为直径画圆,即得相应应力圆。

2. 由应力圆确定 α 截面应力

A 点对应 x 截面的应力,将半径 CA 沿逆时针方向旋转 $2\alpha = 80°$ 至 CD 处,所得 D 点即为 α 截面的对应点。

由图中量得,$\overline{OF} = 91$ MPa,$\overline{DF} = 31$ MPa,于是得

$$\sigma_{40°} = 91 \text{ MPa}$$

$$\tau_{40°} = 31 \text{ MPa}$$

3. 解析法校核

α 截面的应力,也可利用斜截面应力公式求得。

根据式(13-1)与(13-2),分别得

$$\sigma_{40°} = \left[\frac{100+30}{2} + \frac{100-30}{2}\cos 80° - (-20)\sin 80°\right] \text{MPa} = 91 \text{ MPa}$$

$$\tau_{40°} = \left[\frac{100-30}{2}\sin 80° + (-20)\cos 80°\right] \text{MPa} = 31 \text{ MPa}$$

计算结果与利用应力圆所得解相同。

§13-3 极值应力与主应力

应力圆形象地显示了应力随截面方位变化的全面情况,本节通过应力圆,研究应力的极值及其相关问题。

一、平面应力状态的极值应力

平面应力状态的应力圆如图 13-9a 所示,可以看出,在平行于坐标轴 z 的各截面中(图 13-4),最大与最小正应力分别为

$$\left.\begin{array}{c}\sigma_{\max}\\ \sigma_{\min}\end{array}\right\} = \overline{OC} \pm \overline{CA} = \frac{\sigma_x + \sigma_y}{2} \pm \sqrt{\left(\frac{\sigma_x - \sigma_y}{2}\right)^2 + \tau_x^2} \qquad (13-3)$$

其所在截面相互垂直(图 13-9b),而最大正应力所在截面的方位角 α_0 则可由下式确定:

$$\tan 2\alpha_0 = -\frac{\overline{DF}}{\overline{CF}} = -\frac{\tau_x}{\sigma_x - \dfrac{\sigma_x + \sigma_y}{2}} = -\frac{2\tau_x}{\sigma_x - \sigma_y} \qquad (13-4)$$

分式前的负号,表示由 x 截面至最大正应力作用面为顺时针转向。图中,$\angle ABD' = \angle DCA/2$,所以,直线 BD' 所示方位即最大正应力的方位。

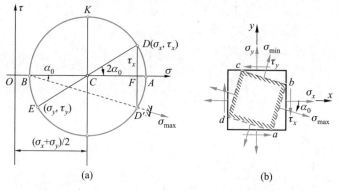

图 13-9

由图 13-9a 还可以看出,在平行于坐标轴 z 的各截面中,最大与最小切应力分别为

$$\left.\begin{array}{c}\tau_{\max}\\ \tau_{\min}\end{array}\right\} = \pm\overline{CK} = \pm\sqrt{\left(\frac{\sigma_x - \sigma_y}{2}\right)^2 + \tau_x^2} \qquad (13-5)$$

其所在截面也相互垂直,并与正应力极值截面成45°夹角。

二、主应力

由应力圆可以看出,正应力极值所在截面的切应力为零。切应力为零的截面,称为**主平面**。因此,图 13-9b 所示截面 ab, bc, cd 与 da 均为主平面。此外,该微体的前、后两面(即不受力表面)的切应力也为零,因此也是主平面。由三对互垂主平面所构成的微体,称为**主平面微体**。

主平面上的正应力,称为**主应力**,通常按其代数值,依次用 σ_1, σ_2 与 σ_3 表示,即 $\sigma_1 \geqslant \sigma_2 \geqslant \sigma_3$。

根据主应力的数值,可将应力状态分为三类。三个主应力中,仅一个不为零的应力状态,即前述单向受力状态,称为**单向应力状态**;三个主应力中,两个或三个主应力不为零的应力状态,分别称为**二向与三向应力状态**。二向与三向应力状态,统称为**复杂应力状态**。

例 13-2　图 13-10a 所示应力状态,$\sigma_x = -70$ MPa,$\tau_x = 50$ MPa,$\sigma_y = 0$,试确定主应力的大小与方位。

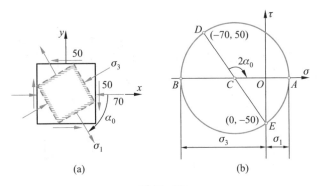

图 13-10

解:1. 解析法

根据式(13-3)与(13-4),分别得

$$\left.\begin{array}{r}\sigma_{\max}\\\sigma_{\min}\end{array}\right\} = \left[\frac{-70+0}{2} \pm \sqrt{\left(\frac{-70-0}{2}\right)^2 + 50^2}\right] \text{MPa} = \begin{cases}26 \text{ MPa}\\-96 \text{ MPa}\end{cases}$$

$$\alpha_0 = \frac{1}{2}\arctan\left(-\frac{2\tau_x}{\sigma_x - \sigma_y}\right) = \frac{1}{2}\arctan\left(-\frac{2\times50 \text{ MPa}}{-70 \text{ MPa}-0}\right) = -62.5°$$

由此可见,

$$\sigma_1 = 26 \text{ MPa}, \ \sigma_2 = 0, \ \sigma_3 = -96 \text{ MPa}$$

主平面微体则如图 13-10a 的虚线所示，σ_1 的方位角 α_0 为 $-62.5°$。

2. 图解法

在 σ-τ 平面内，由坐标 $(-70,50)$ 与 $(0,-50)$ 分别确定 D 与 E 点（图 13-10b），以 DE 为直径画圆，即得相应应力圆。

应力圆与坐标轴 σ 相交于 A 与 B 点，按选定的比例尺，量得 $\overline{OA} = 26$ MPa，$\overline{OB} = 96$ MPa（压应力），所以，

$$\sigma_1 = \sigma_A = 26 \text{ MPa}$$

$$\sigma_3 = \sigma_B = -96 \text{ MPa}$$

由应力圆中还量得，$\angle DCA = 125°$，而且，由于自半径 CD 至 CA 的转向为顺时针方向，因此，主应力 σ_1 的方位角为

$$\alpha_0 = -\frac{\angle DCA}{2} = -\frac{125°}{2} = -62.5°$$

两种解法的结果相同。

§13-4　复杂应力状态的最大应力

前面研究斜截面的应力及相应极值应力时，曾引进两个限制，其一是微体处于平面应力状态，其二是所研究的斜截面均垂直于微体的不受力表面。本节研究应力状态的一般形式——三向应力状态，并研究所有斜截面上的应力与最大应力。

一、三向应力圆

考虑图 13-11a 所示主平面微体，主应力分别为 σ_1，σ_2 与 σ_3。

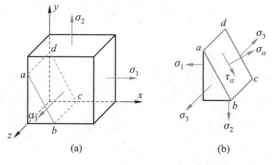

图 13-11

首先分析与主应力 σ_3 平行的斜截面 abcd 上的应力。不难看出（图 13-11b），

该截面的应力 σ_α 及 τ_α 仅与 σ_1 及 σ_2 有关。所以,在 $\sigma-\tau$ 平面内,与该类斜截面对应的点,必位于由 σ_1 与 σ_2 所画应力圆上(图 13-12a)。同理,与主应力 σ_2 平行的各斜截面上的应力,位于由 σ_1 与 σ_3 所画应力圆上,而与主应力 σ_3 平行的各斜截面上的应力,则位于由 σ_1 与 σ_2 所画应力圆上。

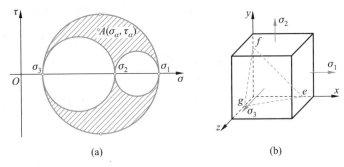

图 13-12

至于与三个主应力均不平行的任意斜截面 *efg*(图 13-12b),可以证明[1],它们在 $\sigma-\tau$ 平面内的对应点 $A(\sigma_\alpha, \tau_\alpha)$,位于图 13-12a 所示三应力圆所构成的阴影区域内。三向应力状态的应力圆,称为三向应力圆。

二、最大应力

综上所述,在 $\sigma-\tau$ 平面内,代表任一截面的应力的点,或位于应力圆上,或位于由上述三应力圆所构成的阴影区域内。

由此可见,最大与最小正应力分别为最大与最小主应力,即

$$\sigma_{\max} = \sigma_1 \tag{13-6}$$

$$\sigma_{\min} = \sigma_3 \tag{13-7}$$

而最大切应力则为

$$\tau_{\max} = \frac{\sigma_1 - \sigma_3}{2} \tag{13-8}$$

并位于与 σ_1 及 σ_3 均成 45° 的截面上。

上述结论同样适用于单向与二向应力状态。例如,对于在拉应力 σ 作用下的单向应力状态,由于 $\sigma_1 = \sigma$,$\sigma_2 = \sigma_3 = 0$,则最大正应力与最大切应力分别为

$$\sigma_{\max} = \sigma$$

$$\tau_{\max} = \frac{\sigma}{2}$$

---

[1] 单辉祖编著,材料力学问题与范例分析,问题 9-3-3,北京:高等教育出版社,2016。

例 13-3   图 13-13a 所示纯剪切状态,试求最大正应力与最大切应力,并对圆轴扭转失效现象进行分析。

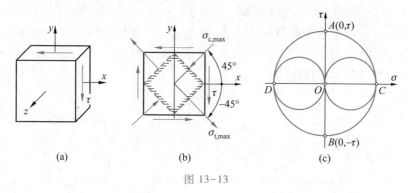

图 13-13

解:1. 最大应力分析

z 截面为主平面,相应主应力为零,其他两个主应力则可由位于 $x\text{-}y$ 平面的切应力 τ 确定(图 13-13b)。

在 $\sigma\text{-}\tau$ 平面内(图 13-13c),由坐标 $(0,\tau)$ 与 $(0,-\tau)$ 分别确定 A 与 B 点,以 AB 为直径画圆,与坐标轴 σ 相交于 C 与 D。原点 $O(0,0)$ 对应主平面 z,于是,分别以 OC 与 OD 为直径画圆,即得三向应力圆。

可见,纯剪切状态的最大拉应力与最大压应力分别为

$$\sigma_{t,max} = \sigma_C = \tau \tag{13-9}$$

$$\sigma_{c,max} = |\sigma_D| = \tau \tag{13-10}$$

并分别位于平行于坐标轴 z 的 $\alpha = -45°$ 与 $\alpha = 45°$ 的截面上(图 13-13b)。还可以看出,在 x 与 y 截面上,切应力值最大,其绝对值均等于 τ,即

$$\tau_{max} = -\tau_{min} = \tau \tag{13-11}$$

2. 扭转失效分析

由此可以推断:低碳钢圆轴扭转屈服时,在其表面纵、横方位出现滑移线(图 9-20a),可能与最大切应力过大有关;而灰口铸铁圆轴扭转破坏时,在与轴线约成 45° 倾角的螺旋面发生断裂(图 9-20c),则可能与最大拉应力过大有关。

§13-5   广义胡克定律

应力与应变之间,相互关联。本节研究各向同性材料在复杂应力状态下的应力应变关系。

一、平面应力胡克定律

图 13-14a 所示平面应力状态,可看成是二向应力与纯剪切的组合(图 13-14b,c)。对于各向同性材料,正应力 σ_x 与 σ_y 不会引起切应变 γ_{xy} (图 13-14b);同时,在小变形的条件下,切应力 τ_x 与 τ_y 对正应变 ε_x 与 ε_y 的影响也可忽略不计(图 13-14c)。因此,在平面应力状态下,材料的正应变 ε_x,ε_y 与切应变 γ_{xy},均可利用叠加原理进行分析。

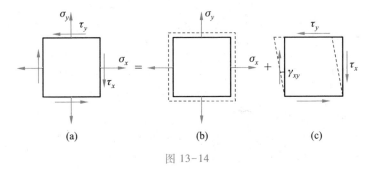

图 13-14

当正应力 σ_x 单独作用时,材料沿坐标轴 x 与 y 方位的正应变分别为

$$\varepsilon_x' = \frac{\sigma_x}{E}, \quad \varepsilon_y' = -\frac{\mu\sigma_x}{E}$$

当正应力 σ_y 单独作用时,上述二方位的正应变分别为

$$\varepsilon_x'' = -\frac{\mu\sigma_y}{E}, \quad \varepsilon_y'' = \frac{\sigma_y}{E}$$

因此,当正应力 σ_x 与 σ_y 同时作用时,材料沿坐标轴 x 与 y 方位的正应变分别为

$$\left.\begin{aligned}\varepsilon_x &= \frac{1}{E}(\sigma_x - \mu\sigma_y) \\ \varepsilon_y &= \frac{1}{E}(\sigma_y - \mu\sigma_x)\end{aligned}\right\} \tag{13-12a}$$

根据剪切胡克定律,材料的切应变则为

$$\gamma_{xy} = \frac{\tau_x}{G} \tag{13-12b}$$

在各向同性的情况下,上述各式中的 E,G 与 μ,均为与材料受力方位无关的弹性常数。

二、三向应力胡克定律

对于 σ_x,σ_y 与 σ_z 同时作用的三向应力状态(图 13-15a),可看成是 σ_x,σ_y 与

σ_z 单独作用单向应力状态的组合(图 13-15b)。根据叠加原理,材料沿坐标轴 x 方位的正应变为

$$\varepsilon_x = \frac{\sigma_x}{E} - \frac{\mu\sigma_y}{E} - \frac{\mu\sigma_z}{E}$$

于是得

$$\varepsilon_x = \frac{1}{E}\left[\sigma_x - \mu(\sigma_y + \sigma_z)\right] \tag{13-13a}$$

同理得

$$\left.\begin{array}{l} \varepsilon_y = \dfrac{1}{E}\left[\sigma_y - \mu(\sigma_z + \sigma_x)\right] \\[2mm] \varepsilon_z = \dfrac{1}{E}\left[\sigma_z - \mu(\sigma_x + \sigma_y)\right] \end{array}\right\} \tag{13-13b}$$

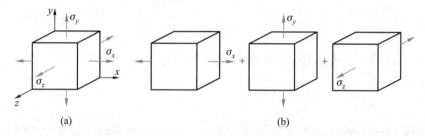

(a)   (b)

图 13-15

式(13-12)与式(13-13),分别代表平面应力与三向应力下的应力应变关系,统称为**广义胡克定律**。应该指出,只有当材料为各向同性、小变形并处于线弹性范围之内时,上述定律才成立。

例 13-4 一点处的应力状态如图 13-16a 所示,应力单位为 MPa。已知弹性模量 $E = 70$ GPa,泊松比 $\mu = 0.33$,试求 45°方位的正应变。

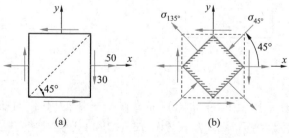

(a)   (b)

图 13-16

解:1. 应力分析

由图可知,x 与 y 截面的应力依次为

$$\sigma_x = 50 \text{ MPa}, \quad \sigma_y = 0, \quad \tau_x = 30 \text{ MPa}$$

为了计算 45°方位的正应变,需要知道 45°与 135°斜截面的正应力(图 13-16b)。根据式(13-1),得该二截面的正应力分别为

$$\sigma_{45°} = \left[\frac{50+0}{2} + \frac{50-0}{2}\cos 90° - 30\sin 90° \right] \text{ MPa} = -5 \text{ MPa}$$

$$\sigma_{135°} = \left[\frac{50+0}{2} + \frac{50-0}{2}\cos 270° - 30\sin 270° \right] \text{ MPa} = 55 \text{ MPa}$$

2. 应变分析

由平面应力胡克定律即式(13-12)可知,45°方位的正应变为

$$\varepsilon_{45°} = \frac{1}{E}(\sigma_{45°} - \mu\sigma_{135°})$$

于是得

$$\varepsilon_{45°} = \frac{1}{70 \times 10^9 \text{Pa}}\left[-5 \times 10^6 - 0.33 \times 55 \times 10^6 \right] \text{ Pa} = -3.31 \times 10^{-4}$$

负号表明,45°方位的正应变为压应变。

例 13-5 图 13-17a 所示为一宽度 $a = 10$ mm 的槽形刚体,其内放置一边长为 a 的正方形钢块,且二者光滑贴合。设钢块顶面承受合力为 $F = 8$ kN 的均布压力作用,钢的泊松比 $\mu = 0.3$,试求钢块的主应力。

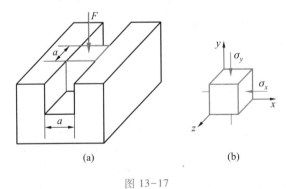

图 13-17

解: 在压力 F 作用下,钢块除顶面直接受压外,因其横向膨胀受到槽口侧壁阻碍,同时引起侧向压应力 σ_x(图 13-17b),即钢块处于二向受压状态,而且

$$\varepsilon_x = 0 \tag{a}$$

钢块顶面的压应力为

$$\sigma_y = \frac{F}{a^2} = \frac{8 \times 10^3 \text{ N}}{(0.010 \text{ m})^2} = 8.0 \times 10^7 \text{ Pa} \tag{b}$$

由式(13-12)可知,

$$\varepsilon_x = -\frac{\sigma_x}{E} + \frac{\mu \sigma_y}{E}$$

将上式代入式(a),并考虑到式(b),得

$$\sigma_x = \mu \sigma_y = 0.3 \times (8.0 \times 10^7 \text{ Pa}) = 2.4 \times 10^7 \text{ Pa (压应力)}$$

可见,钢块的主应力为

$$\sigma_1 = 0, \quad \sigma_2 = -24.0 \text{ MPa}, \quad \sigma_3 = -80.0 \text{ MPa}$$

思 考 题

13-1 何谓一点处的应力状态? 何谓平面应力状态?

13-2 平面应力状态任一斜截面的应力公式是如何建立的? 关于应力与方位角的正负符号有何规定?

13-3 如何画应力圆? 如何利用应力圆确定平面应力状态任一斜截面的应力? 如何确定最大正应力与最大切应力?

13-4 何谓主平面? 何谓主应力? 如何确定主应力的大小与方位?

13-5 何谓单向、二向与三向应力状态? 何谓复杂应力状态? 二向应力状态与平面应力状态的含义是否相同?

13-6 如何画三向应力圆? 如何确定最大正应力与最大切应力?

13-7 如何确定纯剪切状态的最大正应力与最大切应力? 并说明圆轴扭转失效形式与应力间的关系。与轴向拉压失效相比,它们之间有何共同点?

13-8 何谓广义胡克定律? 该定律是如何建立的? 有几种形式? 应用条件是什么?

习 题

13-1 已知应力状态如图所示(应力单位为 MPa),试用解析法(用解析公式)计算截面 $m-m$ 上的正应力与切应力。

13-2 已知应力状态如图所示(应力单位为 MPa),试用解析法(用解析公式)计算截面 $m-m$ 上的正应力与切应力。

13-3 试用图解法(用应力圆)解题 13-1。

13-4 试用图解法(用应力圆)解题 13-2。

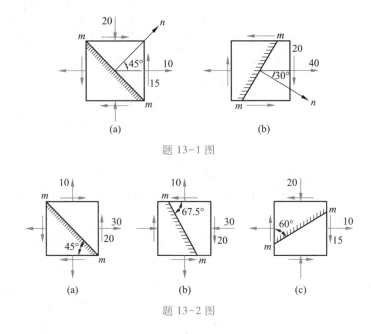

题 13-1 图

题 13-2 图

13-5　图(a)~(e)所示平面应力状态的应力圆,试在主平面微体上画出相应主应力,并注明数值。

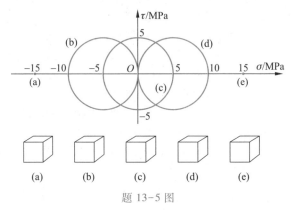

题 13-5 图

13-6　图示双向拉伸应力状态,应力 $\sigma_x = \sigma_y = \sigma$,试证明任意斜截面上的正应力均等于 σ,而切应力则为零。

13-7　在某点 A 处,截面 AB 与 AC 的应力如图所示(应力单位为 MPa),试用图解法求该点处的主应力大小与所在截面的方位。

13-8　已知应力状态如图所示(应力单位为 MPa),试利用解析法与图解法计算主应力的大小与所在截面的方位,并在图中画出主平面方位。

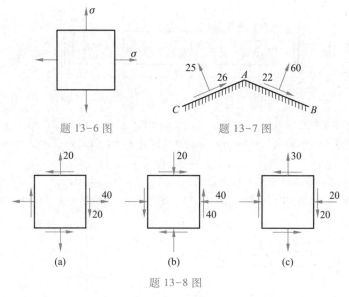

题 13-6 图　　　　　题 13-7 图

(a)　　　　　(b)　　　　　(c)

题 13-8 图

13-9　已知应力状态如图所示,试画三向应力圆,并求主应力、最大正应力与最大切应力。

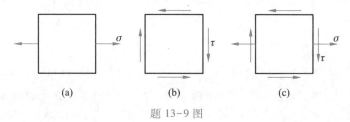

(a)　　　　　(b)　　　　　(c)

题 13-9 图

13-10　已知应力状态如图所示(应力单位为 MPa),试画三向应力圆,并求主应力、最大正应力与最大切应力。

13-11　已知应力状态如图所示(应力单位为 MPa),试求主应力的大小。

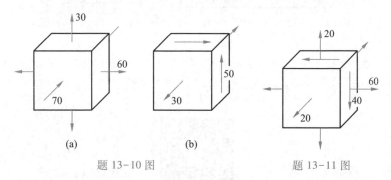

(a)　　　　　(b)

题 13-10 图　　　　　题 13-11 图

13-12　图示悬臂梁,承受载荷 $F = 20$ kN 作用,试绘微体 A,B 与 C 的应力图,并确定主应力的大小与方位。

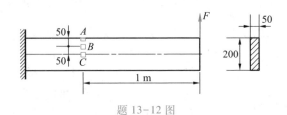

题 13-12 图

13-13 图示铝质矩形板,承受正应力 $\sigma_x = 80$ MPa 与 $\sigma_y = -40$ MPa 作用。已知板件厚度 $\delta = 10$ mm,宽度 $b = 800$ mm,高度 $h = 600$ mm,弹性模量 $E = 70$ GPa,泊松比 $\mu = 0.33$,试求板件厚度改变量。

13-14 图示微体处于平面应力状态,已知应力 $\sigma_x = 100$ MPa,$\sigma_y = 80$ MPa,$\tau_x = 50$ MPa,弹性模量 $E = 200$ GPa,泊松比 $\mu = 0.3$,试求正应变 ε_x,ε_y 与切应变 γ_{xy},以及 $\alpha = 30°$ 方位的正应变 $\varepsilon_{30°}$。

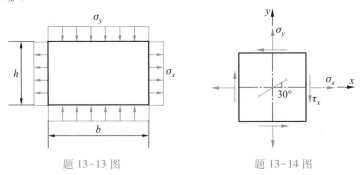

题 13-13 图   题 13-14 图

13-15 图 a 所示直径为 d 的圆截面轴,承受矩为 M 的扭力偶作用。设材料的弹性常数 E 与 μ 均为已知,现由实验测得轴表面 A 点沿 $45°$ 方位的正应变 $\varepsilon_{45°}$,试求扭力偶矩 M 之值。

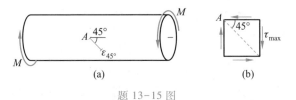

(a)   (b)

题 13-15 图

提示:在轴表层 A 点处切取正方形微体(图 b),承受最大扭转切应力 $\tau_{max} = M/W_p$ 作用,研究微体 $45°$ 方位的正应变 $\varepsilon_{45°}$ 与 τ_{max} 间的关系,即可确定扭力偶矩 M 之值。

第十三章 电子教案

第十四章　复杂应力状态强度问题

§14-1　引　言

当材料处于单向应力状态时,其极限应力可利用拉伸或压缩试验测定。如前所述,工程中许多构件的危险点,往往处于二向或三向应力状态。二向或三向试验比较复杂,而且,由于主应力 σ_1,σ_2 与 σ_3 之间存在无数种比例组合,要测出每种主应力比值下的相应极限应力 σ_{1u},σ_{2u} 与 σ_{3u},实际上很难实现。因此,研究材料在复杂应力状态下的失效规律极为必要。

材料在静载荷作用下的失效形式主要有两种:一为断裂,另一为屈服或显著塑性变形。试验表明:断裂常常是拉应力或拉应变过大所致;而屈服或显著塑性变形则往往是切应力过大所致。例如,灰口铸铁试样拉伸时沿横截面断裂,扭转时沿与轴线约成 45°倾角的螺旋面断裂,即均与最大拉应力或最大拉应变有关;低碳钢试样拉伸屈服时沿 45°方位出现滑移线,扭转屈服时沿纵、横方向出现滑移线,即均与切应力有关。

长期以来,人们根据对材料失效现象的分析与研究,提出了种种假说或学说。关于材料破坏或失效规律的假说或学说,称为**强度理论**。当前最常用的强度理论,主要为最大拉应力理论、最大拉应变理论、最大切应力理论与畸变能理论。

本章首先介绍上述强度理论的建立与应用,然后研究杆件在弯扭、弯拉(压)扭组合变形以及承压薄壁圆筒的强度计算,因为这些构件的危险点均处于复杂应力状态。

§14-2　关于断裂的强度理论

以断裂为失效标志的强度理论,主要包括最大拉应力理论与最大拉应变理论。

一、最大拉应力理论(第一强度理论)

最大拉应力理论认为:引起材料断裂的主要因素是最大拉应力,而且,不论材料处于何种应力状态,只要最大拉应力 σ_1 达到材料单向拉伸断裂时的最大拉应力值 σ_{1u},材料即发生断裂。按此理论,材料的断裂条件为

$$\sigma_1 = \sigma_{1u} \tag{a}$$

材料单向拉伸断裂时的主应力为 $\sigma_1 = \sigma_b$,$\sigma_2 = \sigma_3 = 0$,相应最大拉应力为

$$\sigma_{1u} = \sigma_b$$

将上式代入式(a),得材料的断裂条件为

$$\sigma_1 = \sigma_b$$

试验表明:脆性材料在二向或三向受拉断裂时,最大拉应力理论与试验结果相当接近;而当存在压应力的情况下,则只要最大压应力值不超过最大拉应力值或超过不多,最大拉应力理论也是正确的。

将上述理论用于构件的强度分析,得相应的强度条件为

$$\sigma_1 \leqslant \frac{\sigma_b}{n}$$

或

$$\sigma_1 \leqslant [\sigma] \tag{14-1}$$

式中:σ_1 为构件危险点处的最大拉应力;$[\sigma]$ 为单向拉伸许用应力。

二、最大拉应变理论(第二强度理论)

最大拉应变理论认为:引起材料断裂的主要因素是最大拉应变,而且,不论材料处于何种应力状态,只要最大拉应变 ε_1 达到材料单向拉伸断裂时的最大拉应变值 ε_{1u},材料即发生断裂。按此理论,材料的断裂条件为

$$\varepsilon_1 = \varepsilon_{1u} \tag{b}$$

对于铸铁等脆性材料,从受力直到断裂,其应力、应变关系基本符合胡克定律,因此,复杂应力状态下的最大拉应变为

$$\varepsilon_1 = \frac{1}{E}[\sigma_1 - \mu(\sigma_2 + \sigma_3)] \tag{c}$$

材料单向拉伸断裂时的主应力为 $\sigma_1 = \sigma_b$,$\sigma_2 = \sigma_3 = 0$,所以,相应最大拉应变则为

$$\varepsilon_{1u} = \frac{1}{E}[\sigma_b - \mu(0+0)] = \frac{\sigma_b}{E}$$

将式(c)与上式代入式(b),得

$$\sigma_1 - \mu(\sigma_2 + \sigma_3) = \sigma_b \tag{d}$$

此即用主应力表示的断裂条件。

试验表明,脆性材料在双向拉伸-压缩应力状态下,且压应力值超过拉应力值时,最大拉应变理论与试验结果大致符合。此外,砖、石等脆性材料,压缩时之所以沿纵向截面断裂,也可由此理论得到说明。

由式(d)并考虑安全因数后,得相应的强度条件为

$$\sigma_1 - \mu(\sigma_2 + \sigma_3) \leqslant [\sigma] \tag{14-2}$$

式中:σ_1,σ_2 与 σ_3 代表构件危险点处的主应力;$[\sigma]$ 为单向拉伸许用应力。

式(14-2)表明,当根据强度理论建立复杂应力状态下构件的强度条件时,形式上是将主应力的某一综合值,与材料单向拉伸许用应力相比较,即将复杂应力状态的强度问题,表示为单向应力状态的强度问题。在促使材料失效方面,与复杂应力状态应力等效的单向应力,称为**相当应力**。第二强度理论的相当应力用 σ_{r2} 表示,由式(14-2)可知,

$$\sigma_{r2} = \sigma_1 - \mu(\sigma_2 + \sigma_3)$$

因此,相应强度条件又可写成

$$\sigma_{r2} \leqslant [\sigma]$$

例 14-1　一灰口铸铁构件危险点处的应力如图 14-1 所示,若许用拉应力 $[\sigma_t] = 30$ MPa,试校核其强度。

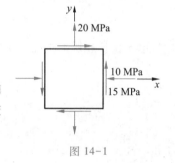

图 14-1

解: 由图可知,x 与 y 截面的应力为

$$\sigma_x = -10 \text{ MPa}, \quad \tau_x = -15 \text{ MPa}, \quad \sigma_y = 20 \text{ MPa}$$

代入式(13-3),得

$$\left.\begin{array}{c}\sigma_{\max} \\ \sigma_{\min}\end{array}\right\} = \left(\frac{-10+20}{2} \pm \frac{1}{2}\sqrt{(-10-20)^2 + 4(-15)^2}\right) \text{ MPa}$$

$$= \begin{cases} 26.2 \text{ MPa} \\ -16.2 \text{ MPa} \end{cases}$$

即主应力为

$$\sigma_1 = 26.2 \text{ MPa}, \quad \sigma_2 = 0, \quad \sigma_3 = -16.2 \text{ MPa}$$

上式表明,主应力 σ_3 虽为压应力,但其绝对值小于主应力 σ_1,所以,宜采用最大拉应力理论即利用式(14-1)校核强度,显然

$$\sigma_1 < [\sigma_t]$$

说明构件强度无问题。

§14-3 关于屈服的强度理论

以屈服或显著塑性变形为失效标志的强度理论,主要包括最大切应力理论与畸变能理论。

一、最大切应力理论(第三强度理论)

最大切应力理论认为:引起材料屈服的主要因素是最大切应力,而且,不论材料处于何种应力状态,只要最大切应力 τ_{max} 达到材料单向拉伸屈服时的最大切应力值 $\tau_{max,s}$,材料即发生屈服。按此理论,材料的屈服条件为

$$\tau_{max} = \tau_{max,s} \tag{a}$$

由式(13-12)可知,复杂应力状态下的最大切应力为

$$\tau_{max} = \frac{\sigma_1 - \sigma_3}{2} \tag{b}$$

材料单向拉伸屈服时的主应力为 $\sigma_1 = \sigma_s$,$\sigma_2 = \sigma_3 = 0$,所以,相应最大切应力则为

$$\tau_{max,s} = \frac{\sigma_s - 0}{2} = \frac{\sigma_s}{2}$$

将式(b)与上式代入式(a),得材料的屈服条件为

$$\sigma_1 - \sigma_3 = \sigma_s$$

而相应的强度条件则为

$$\sigma_{r3} = \sigma_1 - \sigma_3 \leqslant [\sigma] \tag{14-3}$$

对于塑性材料,最大切应力理论与试验结果很接近,因此在工程中得到广泛应用。该理论的缺点是未考虑主应力 σ_2 的作用,而试验却表明,主应力 σ_2 对材料屈服的确存在一定影响。因此,在最大切应力理论提出后不久,又有所谓畸变能理论产生。

二、畸变能理论(第四强度理论)

弹性体在外力作用下发生变形,载荷在相应位移上作功。根据能量守恒定理可知,如果所加外力是静载荷,则载荷所作之功全部转化为储存在弹性体内的势能,即所谓应变能。外力作用下的微体,其形状与体积一般均发生改变,与之对应,应变能又可分解为形状改变能与体积改变能。单位体积内的形状改变能,即所谓畸变能密度,其一般表达式为(推导从略)[①]

---

① 参阅单辉祖编著,《材料力学 Ⅰ》(第4版),§8-8,北京:高等教育出版社,2016。

$$v_{\mathrm{d}} = \frac{(1+\mu)}{6E}[(\sigma_1-\sigma_2)^2+(\sigma_2-\sigma_3)^2+(\sigma_3-\sigma_1)^2] \qquad (\mathrm{c})$$

畸变能理论认为:引起材料屈服的主要因素是畸变能,而且,不论材料处于何种应力状态,只要畸变能密度 v_{d} 达到材料单向拉伸屈服时的畸变能密度 $v_{\mathrm{d,s}}$,材料即发生屈服。**按此理论,材料的屈服条件为**

$$v_{\mathrm{d}} = v_{\mathrm{d,s}} \qquad (\mathrm{d})$$

材料单向拉伸屈服时的主应力为 $\sigma_1=\sigma_{\mathrm{s}}$,$\sigma_2=\sigma_3=0$,所以,由式(c)得相应畸变能密度为

$$v_{\mathrm{d,s}} = \frac{(1+\mu)\sigma_{\mathrm{s}}^2}{3E}$$

将式(c)与上式代入式(d),得材料的屈服条件为

$$\frac{1}{\sqrt{2}}\sqrt{(\sigma_1-\sigma_2)^2+(\sigma_2-\sigma_3)^2+(\sigma_3-\sigma_1)^2} = \sigma_{\mathrm{s}}$$

由此得相应的强度条件为

$$\sigma_{\mathrm{r4}} = \frac{1}{\sqrt{2}}\sqrt{(\sigma_1-\sigma_2)^2+(\sigma_2-\sigma_3)^2+(\sigma_3-\sigma_1)^2} \leqslant [\sigma] \qquad (14\text{-}4)$$

试验表明,对于塑性材料,畸变能理论比最大切应力理论更符合试验结果。这两个理论在工程中均得到广泛应用。

三、强度理论的选用

一般说来,脆性材料抵抗断裂的能力低于抵抗滑移的能力;塑性材料抵抗滑移的能力则低于抵抗断裂的能力。因此,最大拉应力理论与最大拉应变理论一般适用于脆性材料;而最大切应力理论与畸变能理论则一般适用于塑性材料。

值得注意的是,材料失效的形式不仅与材料的力学性能有关,同时还与其所处应力状态的形式、温度以及加载速度等工作条件有关。例如,在三向压缩的情况下,灰口铸铁等脆性材料也可能产生显著塑性变形;而在三向近乎等值的拉应力作用下,由于最大切应力 $\tau_{\mathrm{max}}=(\sigma_1-\sigma_3)/2$ 很小,钢等塑性材料也只可能毁于断裂。可见,同一种材料在不同工作条件下,可能由脆性状态转入塑性状态,或由塑性状态转入脆性状态。

§14-4 单向与纯剪组合应力状态强度问题

单向应力与纯剪切的组合应力状态,是一种常见的复杂应力状态,在弯曲与弯扭、拉扭、弯拉(压)扭组合受力等构件的危险点处,经常遇到。本节研究相应

强度条件及其应用。

一、单向、纯剪组合应力状态的强度条件

考虑图 14-2a 所示单向与纯剪切的组合应力状态,现根据第三与第四强度理论建立相应强度条件。

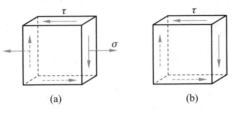

(a)　　　　　　　　(b)

图 14-2

由式(13-3)可知,该应力状态的最大与最小正应力分别为

$$\left.\begin{matrix}\sigma_{\max}\\\sigma_{\min}\end{matrix}\right\} = \frac{1}{2}\left(\sigma \pm \sqrt{\sigma^2 + 4\tau^2}\right)$$

可见,相应主应力为

$$\left.\begin{matrix}\sigma_1\\\sigma_3\end{matrix}\right\} = \frac{1}{2}\left(\sigma \pm \sqrt{\sigma^2 + 4\tau^2}\right)$$

$$\sigma_2 = 0$$

根据第三与第四强度理论,由式(14-3)与(14-4),分别得相应强度条件为

$$\sigma_{r3} = \sqrt{\sigma^2 + 4\tau^2} \leqslant [\sigma] \tag{14-5}$$

$$\sigma_{r4} = \sqrt{\sigma^2 + 3\tau^2} \leqslant [\sigma] \tag{14-6}$$

二、纯剪切许用切应力

在 §9-6 曾经指出,许用切应力$[\tau]$与许用应力$[\sigma]$之间,存在一定关系,现以塑性材料为例,进行分析。

纯剪切为图 14-2a 所示组合应力状态的一个特殊情况,即相应于$\sigma = 0$的情况(图 14-2b),于是,由式(14-5)与(14-6)分别得

$$2\tau \leqslant [\sigma]$$

$$\sqrt{3}\,\tau \leqslant [\sigma]$$

由此得切应力τ的最大允许值即许用切应力分别为

$$[\tau] = \frac{[\sigma]}{2} \tag{14-7}$$

$$[\tau] = \frac{[\sigma]}{\sqrt{3}} \qquad (14\text{-}8)$$

因此,对于塑性材料,纯剪切许用切应力通常取为

$$[\sigma] = (0.50 \sim 0.577)[\tau] \qquad (14\text{-}9)$$

例 14-2 图 14-3a 所示钢梁,承受载荷 $F = 210$ kN 作用。已知 $h = 250$ mm, $b = 113$ mm, $t = 10$ mm, $\delta = 13$ mm, $I_z = 5.25 \times 10^{-5}$ m^4, $[\sigma] = 160$ MPa,试校核梁的强度。当危险点处于复杂应力状态时,按第三强度理论校核其强度。

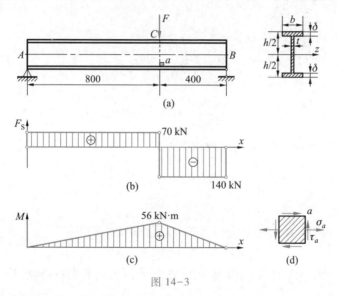

图 14-3

解:1. 问题分析

梁的剪力与弯矩图分别如图 14-3b 与 c 所示,横截面 C_+ 为危险截面,其剪力与弯矩分别为

$$|F_S|_{max} = 140.0 \text{ kN}$$

$$M_{max} = 5.60 \times 10^4 \text{ N} \cdot \text{m}$$

在该截面的上、下边缘处,弯曲正应力最大;在中性轴处,弯曲切应力最大;在腹板与翼缘的交界处,弯曲正应力与弯曲切应力均相当大。因此,应对上述三处进行强度校核。

2. 最大弯曲应力作用处的强度校核

最大弯曲正应力为

$$\sigma_{max} = \frac{M_{max} h}{2I_z} = \frac{(5.60 \times 10^4 \text{N} \cdot \text{m})(0.250 \text{ m})}{2(5.25 \times 10^{-5} \text{m}^4)} = 133.3 \text{ MPa} < [\sigma]$$

由式(11-19)可知,最大弯曲切应力为

$$\tau_{max} = \frac{|F_S|_{max}}{8 I_z t}\left[bh^2 - (b-t)(h-2\delta)^2\right]$$

代入相关数据,得

$$\tau_{max} = 63.1 \text{ MPa}$$

最大弯曲切应力作用点,处于纯剪切状态,由式(14-7)得许用切应力为

$$[\tau] = \frac{[\sigma]}{2} = \frac{160 \text{ MPa}}{2} = 80 \text{ MPa}$$

可见

$$\tau_{max} < [\tau]$$

3. 腹板与翼缘交界处的强度校核

在腹板与翼缘的交接处 a,弯曲正应力为

$$\sigma_a = \frac{M_{max}}{I_z}\left(\frac{h}{2} - \delta\right) = \left[\frac{5.60 \times 10^4}{5.25 \times 10^{-5}}\left(\frac{0.250}{2} - 0.013\right)\right] \text{ Pa} = 119.5 \text{ MPa}$$

由式(11-20)可知,该点处的弯曲切应力为

$$\tau_a = \frac{|F_S|_{max} b}{8 I_z t} \cdot \left[h^2 - (h-2\delta)^2\right] = \frac{|F_S|_{max} b \delta (h-\delta)}{2 I_z t}$$

由此得

$$\tau_a = \left[\frac{(140.0 \times 10^3)(0.113)(0.013)(0.250-0.013)}{2(5.25 \times 10^{-5})(0.010)}\right] \text{ Pa} = 46.4 \text{ MPa}$$

a 点处的应力如图 14-3d 所示,即处于单向与纯剪切组合应力状态,于是由式(14-5)得

$$\sigma_{r3} = \sqrt{\sigma_a^2 + 4\tau_a^2} = \sqrt{119.5^2 + 4 \times 46.4^2} \text{ MPa} = 151.3 \text{ MPa} < [\sigma]$$

4. 讨论

上述计算表明,在短而高的薄壁截面梁内(例如本例 $l/h = 4.8$),与弯曲正应力相比,弯曲切应力也可能相当大。在这种情况下,除应对最大弯曲正应力的作用处进行强度校核外,对于最大弯曲切应力的作用处以及腹板与翼缘交接处,也应进行强度校核。

§14-5 圆轴弯扭组合

工程与机械设备中的传动轴与曲柄轴等,大多处于弯扭组合变形状态。本节研究圆轴弯扭组合变形时杆件的内力、应力与强度条件。

一、弯扭组合应力

考虑图 14-4a 所示圆截面轴,同时承受横向载荷 F 与矩为 M_e 的扭力偶作用。横向载荷使轴弯曲,扭力偶使轴扭转,轴的弯矩与扭矩图分别如图 14-4b 与 c 所示,横截面 A 为危险截面。

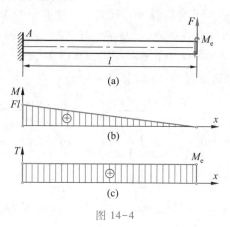

图 14-4

在横截面 A 上,同时作用有弯矩与扭矩,铅垂直径的端点 a 与 b 为危险点(图 14-5a),在该二点处,同时作用有最大弯曲正应力与最大扭转切应力,其值分别为

$$\sigma_M = \frac{M}{W} \qquad (a)$$

$$\tau_T = \frac{T}{W_p} = \frac{T}{2W} \qquad (b)$$

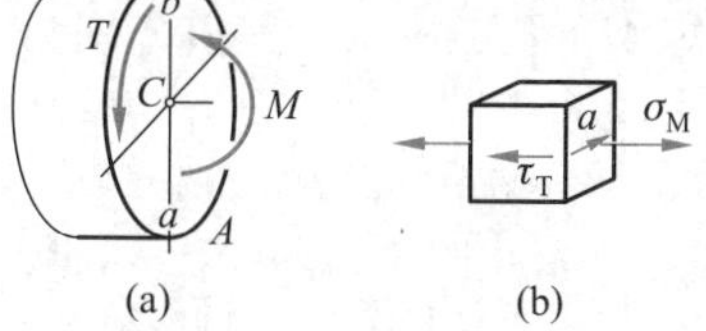

图 14-5

二、弯扭组合强度条件

在危险点 a 处用横截面、径向纵截面以及平行轴表面的圆柱面切取微体,其应力如图 14-5b 所示,即处于单向与纯剪切组合应力状态。

根据上述分析,如果轴用塑性材料制成,则其强度条件可按式(14-5)或(14-6)建立,分别得

$$\sigma_{r3} = \sqrt{\sigma_M^2 + 4\tau_T^2} \leqslant [\sigma] \qquad (14-10)$$

$$\sigma_{r4} = \sqrt{\sigma_M^2 + 3\tau_T^2} \leqslant [\sigma] \qquad (14-11)$$

将式(a)与(b)代入以上二式,于是得

$$\sigma_{r3} = \frac{\sqrt{M^2 + T^2}}{W} \leqslant [\sigma] \qquad (14-12)$$

$$\sigma_{r4} = \frac{\sqrt{M^2 + 0.75T^2}}{W} \leqslant [\sigma] \tag{14-13}$$

此即用弯矩与扭矩表示的弯扭组合强度条件,适用于实心与空心塑性材料圆截面轴。

　　例 14-3　图 14-6 所示传动轴 AB,截面 A 作用有矩为 $M_1 = 1\ \mathrm{kN \cdot m}$ 的扭力偶,胶带紧边与松边的张力分别为 F_N 与 F_N',且 $F_N = 2F_N'$,轴承 C 与 B 间的距离 $l = 200\ \mathrm{mm}$,胶带轮的直径 $D = 300\ \mathrm{mm}$,轴用 Q235 钢制成,许用应力 $[\sigma] = 160$ MPa,试按第四强度理论确定轴 AB 的直径 d。

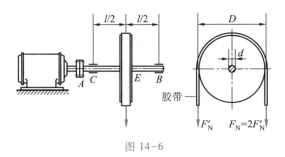

图 14-6

　　解:1. 外力分析

　　将张力 F_N 与 F_N' 向轴 AB 的轴线平移,得作用在截面 E 的横向力 F 与扭力偶矩 M_2(图 14-7a),其值分别为

$$F = F_N + F_N' = 2F_N' + F_N' = 3F_N'$$

$$M_2 = \frac{F_N D}{2} - \frac{F_N' D}{2} = \frac{F_N' D}{2}$$

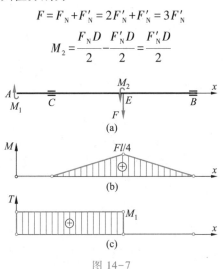

图 14-7

　　轴 AB 处于平衡状态,于是,由平衡方程

$$\sum M_x = 0, \quad M_1 - \frac{F'_N D}{2} = 0$$

得

$$F'_N = \frac{2M_1}{D} = \frac{2(1\times10^3 \text{N}\cdot\text{m})}{0.300\text{m}} = 6.67\times10^3 \text{ N}$$

2. 内力分析

横向力 F 使轴弯曲,扭力偶矩 M_1 与 M_2 使轴扭转,轴的弯矩与扭矩图分别如图 14-7b 与 c 所示。

可以看出,截面 E_- 为危险截面,该截面的弯矩与扭矩分别为

$$M = \frac{Fl}{4} = \frac{3F'_N l}{4} = \frac{3(6.67\times10^3 \text{N})(0.200 \text{ m})}{4} = 1.0\times10^3 \text{ N}\cdot\text{m}$$

$$T = M_1 = 1.0\times10^3 \text{ N}\cdot\text{m}$$

3. 设计轴径

根据式(14-13),要求

$$\frac{32\sqrt{M^2+0.75T^2}}{\pi d^3} \leqslant [\sigma]$$

由此得轴 AB 的直径为

$$d \geqslant \sqrt[3]{\frac{32\sqrt{M^2+0.75T^2}}{\pi[\sigma]}}$$

于是得

$$d \geqslant \sqrt[3]{\frac{32\sqrt{1.0^2+0.75\times1.0^2}\,(10^3\text{N}\cdot\text{m})}{\pi(160\times10^6\text{Pa})}} = 0.043\,8 \text{ m}$$

取

$$d = 44 \text{ mm}$$

例 14-4 图 14-8 所示钢制齿轮传动轴。在齿轮 I 上,作用有径向力 $F_y = 3.64$ kN、切向力 $F_z = 10.0$ kN;在齿轮 II 上,作用有径向力 $F'_z = 1.82$ kN、切向力 $F'_y = 5.0$ kN。若轴径 $d = 52$ mm,齿轮节圆直径 $D_1 = 200$ mm,$D_2 = 400$ mm,许用应力 $[\sigma] = 120$ MPa,试按第三强度理论校核轴的强度。

解:1. 轴的计算简图

首先,将各外力向轴线平移,得轴的计算简图如图 14-9a 所示,图中,

$$M_1 = \frac{F_z D_1}{2} = \frac{(10.0\times10^3\text{N})(0.200 \text{ m})}{2} = 1.0\times10^3 \text{ N}$$

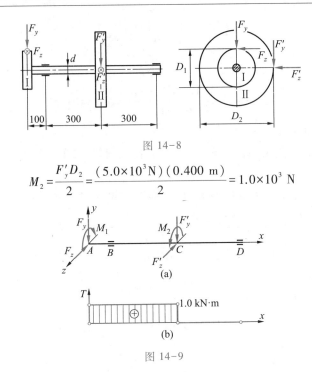

图 14-8

$$M_2 = \frac{F_y' D_2}{2} = \frac{(5.0 \times 10^3\,\mathrm{N})(0.400\ \mathrm{m})}{2} = 1.0 \times 10^3\ \mathrm{N}$$

图 14-9

2. 内力分析

扭力偶矩 M_1 与 M_2 使轴扭转;载荷 F_y 与 F_y' 使轴在铅垂面(即 x-y 面)内弯曲;载荷 F_z 与 F_z' 使轴在水平面(即 x-z 面)内弯曲。轴的扭矩图如图 14-9b 所示;弯矩 M_z 与 M_y 图分别如图 14-10a 与 b 所示。

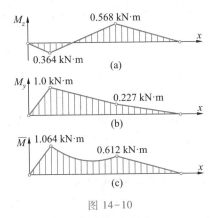

图 14-10

对于圆形截面,任一直径均为截面的对称轴。因此,如果令

$$\overline{M} = \sqrt{M_y^2 + M_z^2}$$

即代表截面的总弯矩,则横截面上的最大弯曲正应力为

$$\sigma_{max} = \frac{\overline{M}}{W}$$

由图 14-10a 与 b 求出截面 A,B,C 与 D 的总弯矩后,在 x-$\overline{M}$ 平面内画总弯矩 $\overline{M}$ 图如图 14-10c 所示。可以证明,BC 段的总弯矩图必为凹曲线①。

3. 强度校核

由扭矩与总弯矩图可以看出,截面 B 为危险截面,该截面的扭矩与总弯矩分别为

$$T_B = -1.0 \times 10^3 \text{ N} \cdot \text{m}$$

$$\overline{M}_B = 1.064 \times 10^3 \text{ N} \cdot \text{m}$$

根据式(14-12),

$$\sigma_{r4} = \frac{32\sqrt{\overline{M}_B^2 + T_B^2}}{\pi d^3}$$

于是得

$$\sigma_{r4} = \frac{32\sqrt{1.064^2 + (-1.0)^2}(10^3 \text{ N} \cdot \text{m})}{\pi(0.052 \text{ m})^3} = 105.8 \text{ MPa} < [\sigma]$$

说明轴符合强度要求。

§14-6 圆轴组合变形一般情况

有些圆截面轴,除发生弯扭组合变形外,同时还承受轴向载荷作用,即处于弯拉(压)扭组合变形状态,实际上,这也是圆轴组合变形的一般情况。

对于处于弯拉(压)扭组合变形的圆轴,横截面上除存在弯矩与扭矩外,同时还存在轴力(图 14-11a),危险点 a 处的正应力 σ,则为最大弯曲正应力 σ_M 与轴向正应力 σ_N 之和,该点处的应力状态如图 14-11b 所示,即处于单向与纯剪切的组合应力状态。

如果圆轴用塑性材料制成,则根据式(14-5)与(14-6),得相应强度条件为

$$\sigma_{r3} = \sqrt{(\sigma_M + \sigma_N)^2 + 4\tau_T^2} \le [\sigma] \tag{14-14}$$

$$\sigma_{r4} = \sqrt{(\sigma_M + \sigma_N)^2 + 3\tau_T^2} \le [\sigma] \tag{14-15}$$

拉(压)扭组合是弯拉(压)扭组合的一个特殊情况,即相当于 $M = 0$ 或 $\sigma_M =$

---

① 单辉祖编著,材料力学问题与范例分析,问题 11-4-1,北京:高等教育出版社,2016。

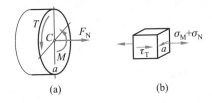

图 14-11

0 的情况,于是,根据上述二式,得拉(压)扭组合塑性材料圆轴的强度条件为

$$\sigma_{r3} = \sqrt{\sigma_N^2 + 4\tau_T^2} \leqslant [\sigma] \tag{14-16}$$

或

$$\sigma_{r4} = \sqrt{\sigma_N^2 + 3\tau_T^2} \leqslant [\sigma] \tag{14-17}$$

例 14-5 图 14-12a 所示圆截面钢杆,承受轴向载荷 F_1、横向载荷 F_2 与矩为 M_e 的扭力偶作用。已知杆的直径为 d,许用应力为 $[\sigma]$,试根据第三强度理论建立杆的强度条件。

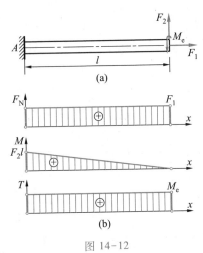

图 14-12

解: 杆的内力如图 14-12b 所示,横截面 A 为危险截面,该截面的轴力、弯矩与扭矩依次为

$$F_N = F_1$$

$$M_A = F_2 l$$

$$T = M_e$$

可以看出,横截面 A 铅垂直径的下端点为危险点,在该点处,同时作用有轴向拉应力,最大弯曲拉应力与最大扭转切应力,其值依次为

$$\sigma_N = \frac{F_N}{A} = \frac{4F_1}{\pi d^2}$$

$$\sigma_M = \frac{M_A}{W_z} = \frac{32F_2 l}{\pi d^3}$$

$$\tau = \frac{T}{W_p} = \frac{16M_e}{\pi d^3}$$

根据式(14-14),得杆的强度条件为

$$\sigma_{r3} = \sqrt{\left(\frac{4F_1}{\pi d^2} + \frac{32F_2 l}{\pi d^3}\right)^2 + 4\left(\frac{16M_e}{\pi d^3}\right)^2} \leqslant [\sigma]$$

于是得

$$\sigma_{r3} = \frac{4}{\pi d^2}\left[\sqrt{\left(F_1 + \frac{8F_2 l}{d}\right)^2 + \frac{64M_e^2}{d^2}}\right] \leqslant [\sigma]$$

§14-7 承压薄壁圆筒

在工程实际中,常常使用承受内压的薄壁圆筒(图 14-13a),例如高压罐、充压气瓶与作动筒缸体等,多为承受内压的薄壁圆筒。本节研究承压薄壁圆筒的强度计算。

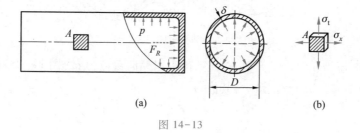

图 14-13

一、薄壁圆筒应力分析

可以看出:作用在两端筒底的压力,在圆筒横截面上引起轴向正应力 σ_x(图 14-13b);而作用在筒壁的压力,则在圆筒纵向截面上引起周向正应力 σ_t。设圆筒的内径为 D,壁厚为 δ,则当筒壁很薄时(例如 $\delta \leqslant D/20$),可以近似认为应力 σ_x 与 σ_t 均沿壁厚均匀分布。

设内压的压强为 p,则作用在两端筒底的总压力为

$$F_R = p \cdot \frac{\pi D^2}{4}$$

并沿圆筒轴线,因此,圆筒横截面上的轴向正应力为

$$\sigma_x = \frac{p \cdot \pi D^2}{4} \frac{1}{\pi D \delta}$$

由此得

$$\sigma_x = \frac{pD}{4\delta} \tag{14-18}$$

为了计算周向正应力 σ_t,利用截面法,用相距单位长度的两个横截面与一个通过圆筒轴线的径向纵截面,从圆筒中切取一部分为研究对象(高压气体或液体仍保留在内)(图 14-14)。由图可见,作用在保留部分上的总压力为 $p(1 \cdot D)$,它由径向纵截面上的内力 $2\sigma_t(1 \cdot \delta)$ 所平衡,即

$$2\sigma_t\delta - pD = 0$$

由此得

$$\sigma_t = \frac{pD}{2\delta} \tag{14-19}$$

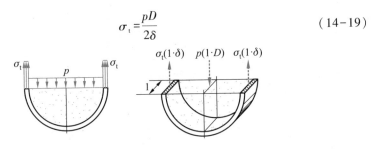

图 14-14

此外,压力 p 垂直于筒壁,在筒壁内引起径向压应力 σ_r(图 14-15)。在内表面处,径向压应力的数值最大,其值为

$$|\sigma_r|_{max} = p$$

而它与周向正应力 σ_t 的比值则为

$$\frac{|\sigma_r|_{max}}{\sigma_t} = \frac{p}{\frac{pD}{2\delta}} = \frac{2\delta}{D}$$

图 14-15

对于薄壁圆筒($\delta \leqslant D/20$),这显然是一很小的量,因此,径向应力 σ_r 通常均可忽略不计。

二、薄壁圆筒强度条件

综上所述,圆筒筒壁各点处均处于二向应力状态,其主应力为

$$\sigma_1 = \sigma_t = \frac{pD}{2\delta}, \quad \sigma_2 = \sigma_x = \frac{pD}{4\delta}, \quad \sigma_3 = 0$$

于是,如果圆筒是用塑性材料所制成,则按第三与第四强度理论所建立的强度条件分别为

$$\sigma_{r3} = \frac{pD}{2\delta} \leqslant [\sigma] \tag{14-20}$$

$$\sigma_{r4} = \frac{\sqrt{3}\,pD}{4\delta} \leqslant [\sigma] \tag{14-21}$$

如果圆筒是用脆性材料制成,则按第一与第二强度理论,得相应强度条件分别为

$$\sigma_{r1} = \frac{pD}{2\delta} \leqslant [\sigma] \tag{14-22}$$

$$\sigma_{r2} = \frac{pD(2-\mu)}{4\delta} \leqslant [\sigma] \tag{14-23}$$

例 14-6 图 14-16a 所示薄壁圆筒,同时承受内压 p 与扭力偶矩 M 作用。已知圆筒内径为 D,壁厚为 δ,筒壁长度为 l,许用应力为 $[\sigma]$,弹性模量为 E,泊松比为 μ,扭力偶矩 $M = \pi D^3 p/4$。试根据第三强度理论建立筒壁的强度条件,并计算筒壁的轴向变形。

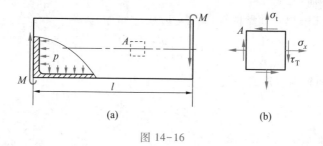

(a)   (b)

图 14-16

解: 1. 应力分析

用纵、横截面从筒壁切取微体,其应力如图 14-16b 所示。

根据式(14-18),(14-19)与式(9-2),得轴向与周向正应力分别为

$$\sigma_x = \frac{pD}{4\delta}, \quad \sigma_t = \frac{pD}{2\delta}$$

而扭转切应力则为

$$\tau_T = \frac{2M}{\pi D^2 \delta} = \frac{pD}{2\delta}$$

根据式(13-3),该应力状态的最大与最小正应力分别为

$$\left.\begin{array}{c}\sigma_{max}\\\sigma_{min}\end{array}\right\} = \frac{\sigma_x + \sigma_t}{2} \pm \sqrt{\left(\frac{\sigma_x - \sigma_t}{2}\right)^2 + \tau_T^2}$$

将应力 σ_x, σ_t 与 τ_T 的表达式代入上式,得

$$\left.\begin{array}{c}\sigma_{max}\\\sigma_{min}\end{array}\right\} = (3 \pm \sqrt{17})\frac{pD}{8\delta}$$

因此,相应主应力为

$$\left.\begin{array}{c}\sigma_1\\\sigma_3\end{array}\right\} = (3 \pm \sqrt{17})\frac{pD}{8\delta}, \quad \sigma_2 = 0$$

2. 建立筒壁强度条件

根据式(14-3),得

$$\sigma_{r3} = \sigma_1 - \sigma_3 = (3 + \sqrt{17})\frac{pD}{8\delta} - (3 - \sqrt{17})\frac{pD}{8\delta} = \frac{\sqrt{17}pD}{4\delta}$$

于是得筒壁的强度条件为

$$\sigma_{r3} = \frac{\sqrt{17}pD}{4\delta} \leqslant [\sigma]$$

3. 筒壁轴向变形计算

根据式(13-12),筒壁的轴向正应变为

$$\varepsilon_x = \frac{1}{E}(\sigma_x - \mu\sigma_t) = \frac{1}{E}\left(\frac{pD}{4\delta} - \mu\frac{pD}{2\delta}\right) = \frac{pD(1-2\mu)}{4\delta E}$$

由此得筒壁的轴向变形为

$$\Delta l = \varepsilon_x l = \frac{pDl(1-2\mu)}{4\delta E}$$

思 考 题

14-1 何谓强度理论? 在静载荷与常温条件下,金属材料失效的主要形式? 相应有几类强度理论?

14-2 目前四种常用强度理论的基本观点是什么？如何建立相应的强度条件？各适用于何种情况？

14-3 强度理论是否只适用于复杂应力状态，不适用于单向应力状态？

14-4 当材料处于单向与纯剪切的组合应力状态时，如何建立相应强度条件？

14-5 如何确定塑性与脆性材料在纯剪切时的许用应力？

14-6 当圆轴处于弯扭组合及弯拉（压）扭组合变形时，横截面上存在哪些内力？应力如何分布？危险点处于何种应力状态？如何根据强度理论建立相应强度条件？

14-7 如何建立薄壁圆筒受内压时的周向与轴向正应力公式？应用条件是什么？如何建立相应强度条件？

习　题

14-1 某铸铁构件危险点处的应力情况如图所示，若许用拉应力 $[\sigma] = 40$ MPa。试校核强度。

14-2 导轨与车轮接触处的应力如图所示，若许用应力 $[\sigma] = 160$ MPa，试按第四强度理论校核强度。

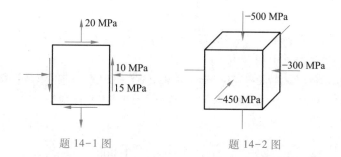

题 14-1 图　　　　　题 14-2 图

14-3 如图 a 所示，在刚性方模中，放置一宽度相同的方形截面棱柱体，并在顶面承受压强为 p 的均布压力作用。设泊松比 μ 与许用应力 $[\sigma]$ 均为已知，试按第三强度理论确定许用压力 $[p]$。

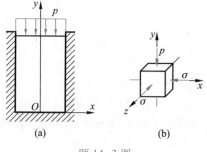

(a)　　　　(b)

题 14-3 图

提示:在 p 作用下,棱柱体各横截面上的压应力均为 p。设刚模侧壁对棱柱体的侧向压应力为 σ,则平行于侧壁各纵截面上的应力均为 σ。可见,由上述纵、横面切取的任意微体,其应力均如图 b 所示,而且,微体沿坐标轴 x 或 z 方位的正应变均为零,于是得

$$\varepsilon_x = \frac{1}{E}\{(-\sigma) - \mu[(-p) + (-\sigma)]\} = 0$$

由此可确定 σ,再由相应主应力并利用强度理论即可确定 $[p]$。

14-4 已知脆性材料的许用拉应力 $[\sigma]$ 与泊松比 μ,试根据第一与第二强度理论确定材料纯剪切时的许用切应力 $[\tau]$。

14-5 图示简支梁,承受载荷 $F = 130$ kN 作用。已知许用应力 $[\sigma] = 170$ MPa,惯性矩 $I_z = 7.07 \times 10^{-5}$ m⁴,试校核梁的强度。如果危险点处于复杂应力状态,按第三强度理论进行分析。

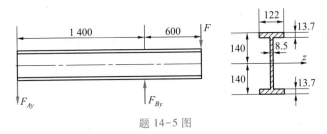

题 14-5 图

14-6 图示钢质拐轴,承受铅垂载荷 $F = 1$ kN 作用。若许用应力 $[\sigma] = 160$ MPa,试按第三强度理论确定轴 AB 的直径。

14-7 图示传动轴,转速 $n = 110$ r/min,传递功率 $P = 11$ kW,胶带的紧边张力为松边张力的三倍。若许用应力 $[\sigma] = 70$ MPa,试按第三强度理论确定外伸段的许可长度 l。

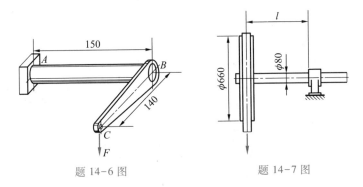

题 14-6 图　　　　　　题 14-7 图

14-8 图示传动轴,齿轮 1 与 2 的节圆直径分别为 $d_1 = 50$ mm 与 $d_2 = 130$ mm。在齿轮 1 上,作用有切向力 $F_y = 3.83$ kN、径向力 $F_z = 1.393$ kN;在齿轮 2 上,作用有切向力 $F_y' = 1.473$ kN、径向力 $F_z' = 0.536$ kN。轴用 45 钢制成,直径 $d = 22$ mm,许用应力 $[\sigma] = 180$ MPa,试按第三强度理论校核轴的强度。

14-9 图示圆截面杆,直径为 d,承受轴向力 F 与扭力偶矩 M 作用,杆用塑性材料制成,

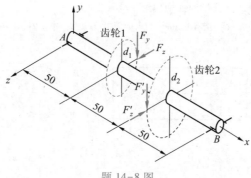

题 14-8 图

许用应力为 $[\sigma]$,试画出危险点处微体的应力状态图,并按第四强度理论建立杆的强度条件。

14-10 图示钢质拐轴,承受铅垂载荷 F_1 与水平载荷 F_2 作用,轴 AB 的直径为 d,长度为 l,拐臂 BC 的长度为 a,许用应力为 $[\sigma]$,试按第四强度理论建立轴的强度条件。

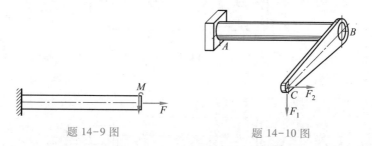

题 14-9 图   题 14-10 图

14-11 图示圆截面钢轴,由电机带动。在斜齿轮的齿面上,作用有切向力 $F_t = 1.9$ kN、径向力 $F_r = 740$ N,以及平行于轴线的外力 $F = 660$ N。若许用应力 $[\sigma] = 160$ MPa,试按第四强度理论校核轴的强度。

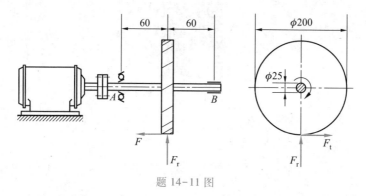

题 14-11 图

14-12 一薄壁圆筒,内径 $D = 70$ mm,壁厚 $\delta = 3$ mm,内压 $p = 10$ MPa,试计算筒壁的轴向正应力、周向正应力、最大拉应力与最大切应力。

14-13 一圆柱形气瓶,内径 $D = 80$ mm,壁厚 $\delta = 3$ mm,内压 $p = 10$ MPa,若材料为 45 钢,

许用应力$[\sigma]=120$ MPa,试按第四强度理论校核其强度。

14-14 图示圆管,内径$D=40$ mm,内压$p=10$ MPa,许用应力$[\sigma]=120$ MPa,试确定管的壁厚。

题 14-14 图

14-15 图示圆柱形容器,外压$p=15$ MPa,许用应力$[\sigma]=160$ MPa,试按第四强度理论确定壁厚δ。

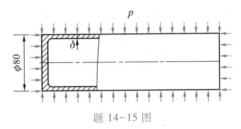

题 14-15 图

14-16 图示铸铁构件,中段为一内径$D=20$ mm、壁厚$\delta=10$ mm 的圆筒,内压$p=1$ MPa,轴向压力$F=300$ kN,泊松比$\mu=0.25$,许用拉应力$[\sigma_t]=30$ MPa,试校核圆筒强度。

题 14-16 图

第十四章 电子教案

第十五章 压杆稳定

§15-1 引　言

在绪论中曾经指出,当作用在细长杆上的轴向压力达到或超过一定限度时,杆件可能突然变弯,即产生失稳现象。杆件失稳往往产生显著变形甚至导致系统破坏。例如图 15-1 所示结构的受压杆件失稳,将导致结构整体或局部坍塌。因此,对于轴向受压杆件,除应考虑其强度与刚度问题外,还应考虑其稳定性问题。

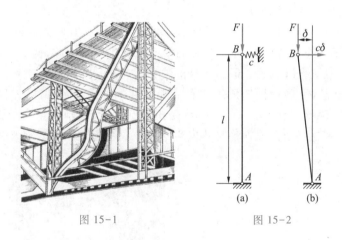

图 15-1　　　　　　　　　图 15-2

首先结合图 15-2a 所示力学模型,介绍有关平衡稳定性的一些基本概念。

图示竖直放置的刚性直杆 AB, A 端为铰支, B 端用弹簧支持,其刚度系数为 c [①]。在铅垂载荷 F 作用下,该杆在竖直位置保持平衡。现在,给杆以微小侧向干扰,使杆端产生微小侧向位移 δ(图 15-2b)。这时,外力 F 对 A 点的力矩 $F\delta$ 使杆更加偏离竖直位置,而弹簧反力 $c\delta$ 对 A 点的力矩 $c\delta l$,则力图使杆恢复其初

---

① 使弹簧产生单位轴向变形所需之力,称为**弹簧刚度系数**。

始竖直位置。

如果 $F\delta<c\delta l$，即 $F<cl$，则在上述干扰解除后，杆将自动恢复至初始竖直位置，说明在该载荷作用下，杆在竖直位置的平衡是稳定的。如果 $F\delta>c\delta l$，即 $F>cl$，则在干扰解除后，杆不仅不能自动返回其初始竖直位置，而且将继续偏转，说明在该载荷作用下，杆在竖直位置的平衡是不稳定的。如果 $F\delta=c\delta l$，即 $F=cl$，则杆既可在竖直位置保持平衡，也可在微小偏斜状态保持平衡。由此可见，当杆长 l 与弹簧刚度系数 c 一定时，杆 AB 在竖直位置的平衡性质，由载荷 F 的大小而定。

轴向受压细长弹性直杆也存在类似情况。

对两端铰支细长直杆施加轴向压力，若杆件是理想直杆（即材质均匀的直杆），则杆受力后将保持直线形状。然而，如果给杆以微小侧向干扰使其稍微弯曲（图 15-3a），则在去掉干扰后将出现两种不同现象：当轴向压力较小时，压杆最终将恢复其原有直线形状（图 15-3b）；当轴向压力较大时，则压杆不仅不能恢复直线形状，而且将继续弯曲，往往产生显著弯曲变形（图 15-3c），甚至破坏。

上述现象表明，在轴向压力逐渐增大的过程中，压杆经历了两种不同性质的平衡。当轴向压力较小时，压杆直线形式的平衡是稳定的；而当轴向压力较大时，压杆直线形式的平衡则是不稳定的。使压杆直线形式的平衡，开始由稳定转变为不稳定的轴向压力值，称为临界载荷，并用 F_{cr} 表示。在临界载荷作用下，压杆既可在直线状态保持平衡，也可在微弯状态保持平衡。因此，使压杆在微弯状态保持平衡的最小轴向压力，即为压杆的临界载荷。

除细长压杆外，薄壁杆与某些杆系结构等也存在稳定问题。例如，图 15-4 所示轴向受压薄壁圆管，图 9-21c 所示受扭薄壁圆管，当轴向压力或扭力偶矩达到或超过一定数值时，圆管将突然发生皱折。这些都是工程设计中需要注意的重要问题。

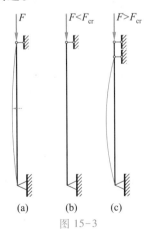

图 15-3

图 15-4

显然,解决压杆稳定问题的关键是确定其临界载荷。如果将压杆的轴向工作压力控制在由临界载荷所确定的许用范围内,则压杆不致失稳。

本章研究压杆的临界载荷,压杆稳定条件与合理稳定设计等问题。

§15-2 细长压杆的临界载荷

由上述分析可知,使压杆在微弯状态保持平衡的最小轴向压力,即临界载荷。本节研究各种支持方式下细长压杆的临界载荷。

一、两端铰支细长压杆的临界载荷

考虑图 15-5a 所示两端铰支细长压杆。设杆在轴向压力 F 作用下处于微弯平衡状态,则当杆内应力不超过比例极限时,压杆挠曲轴方程 $w = w(x)$ 满足下述关系式:

$$\frac{\mathrm{d}^2 w}{\mathrm{d}x^2} = \frac{M(x)}{EI}$$

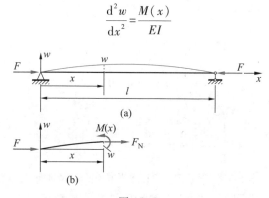

图 15-5

在横截面 x 处切取压杆左段(图 15-5b),可以看出,该截面的弯矩为

$$M(x) = -Fw$$

所以,压杆的挠曲轴近似微分方程为

$$\frac{\mathrm{d}^2 w}{\mathrm{d}x^2} + \frac{F}{EI} w = 0$$

其通解则为

$$w = A\sin\sqrt{\frac{F}{EI}}x + B\cos\sqrt{\frac{F}{EI}}x \qquad (\mathrm{a})$$

式中:常数 A 与 B 为未知;F 代表保持压杆微弯平衡的轴向压力,其值也待定。

两端铰支压杆的位移边界条件为

$$\text{在 } x = 0 \text{ 处,} \quad w = 0 \qquad (1)$$

$$在 x=l 处，\quad w=0 \qquad\qquad (2)$$

由式(a)与条件(1)，得

$$B=0$$

由此得

$$w=A\sin\sqrt{\frac{F}{EI}}x \qquad\qquad (b)$$

由上式与条件(2)，得

$$A\sin\sqrt{\frac{F}{EI}}l=0$$

上述方程有两组可能的解，或者 $A=0$，或者 $\sin\sqrt{F/EI}\,l=0$。然而，如果 $A=0$，则由式(b)可知，各截面的挠度均为零，即压杆的轴线仍为直线，而这与微弯平衡的研究前提不符。因此，该方程的解应为

$$\sin\sqrt{\frac{F}{EI}}l=0$$

由此得

$$\sqrt{\frac{F}{EI}}l=n\pi \quad (n=0,1,2,\cdots)$$

于是得

$$F=\frac{n^2\pi^2 EI}{l^2} \quad (n=0,1,2,\cdots)$$

前曾指出，使压杆在微弯状态下保持平衡的最小轴向压力，即临界载荷。因此，由上式并取 $n=1$，即得**两端铰支细长压杆的临界载荷**为

$$F_{cr}=\frac{\pi^2 EI}{l^2} \qquad\qquad (15\text{-}1)$$

称为**欧拉公式**。

由此可见，两端铰支细长压杆的临界载荷与截面弯曲刚度成正比，与杆长的平方成反比。要注意的是，如果压杆两端为球形铰支，则该式中的惯性矩应为横截面最小惯性矩。

将式(15-1)代入式(b)，得

$$w=A\sin\frac{\pi x}{l} \qquad\qquad (15\text{-}2)$$

可见，两端铰支细长压杆临界状态时的挠曲轴为一正弦曲线，其最大挠度或幅值 A 则取决于压杆微弯的程度。

二、两端非铰支细长压杆的临界载荷

两端铰支压杆是一种常见压杆,此外,也存在一些其他支持方式的压杆,例如一端自由、另一端固定的压杆,两端均固定的压杆,一端铰支、另一端固定的压杆等。这些压杆的临界载荷同样可按上述方法确定,现将计算结果汇集在表15-1中。

表 15-1　几种常见细长压杆的临界载荷

支持方式	两端铰支	一端自由 另一端固定	两端固定	一端铰支 另一端固定
挠曲轴形状				
F_{cr}	$\dfrac{\pi^2 EI}{l^2}$	$\dfrac{\pi^2 EI}{(2l)^2}$	$\dfrac{\pi^2 EI}{(0.5l)^2}$	$\dfrac{\pi^2 EI}{(0.7l)^2}$
μ	1.0	2.0	0.5	0.7

从表中可以看出,上述几种细长压杆的临界载荷公式基本相似,只是分母中 l 前的系数不同。为应用方便,将上述各式统一写成如下形式:

$$F_{cr} = \frac{\pi^2 EI}{(\mu l)^2} \qquad (15\text{-}3)$$

仍称为**欧拉公式**。式中:系数 μ 称为**长度因数**,代表支持方式对临界载荷的影响,其值见表15-1;乘积 μl 称为**相当长度**。

相当长度是一个重要概念,将两端非铰支与两端铰支细长压杆的临界载荷相比较,其含义即不难理解。

例如,考虑图15-6a所示一端自由、另一端固定长为 l 的细长压杆,该杆临

界状态时的挠曲轴,与长为 $2l$ 的两端铰支细长压杆挠曲轴的左半段相同(图15-6b),均为正弦曲线。因此,如果两杆的弯曲刚度相同,维持其平衡的轴向压力即临界载荷也相同,于是,根据式(15-1),得一端自由、另一端固定细长压杆的临界载荷为

$$F_{cr} = \frac{\pi^2 EI}{(2l)^2} = \frac{\pi^2 EI}{4l^2}$$

可见,所谓相当长度,即临界载荷相当的两端铰支细长压杆的长度。

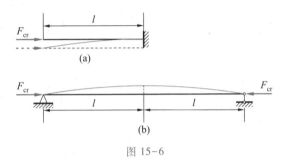

(a)

(b)

图 15-6

在实际构件中,还常常遇到一种孔销类铰链(图15-7),即所谓柱状铰。其约束特点为:在垂直于轴销的平面(即 x-z 平面)内,轴销对杆的约束相当于铰支;而在轴销平面(即 x-y 平面)内,轴销对杆的约束则接近于固定端。

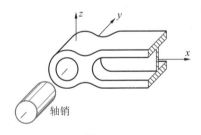

图 15-7

例 15-1 图 15-8 所示细长圆截面承压连杆,长度 $l = 800$ mm,杆径 $d = 20$ mm,材料为 Q235 钢,弹性模量 $E = 200$ GPa,试计算连杆的临界载荷。

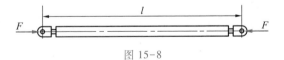

图 15-8

解:该连杆为两端铰支细长压杆,由式(15-1)可知,其临界载荷为

$$F_{cr} = \frac{\pi^2 E}{l^2} \cdot \frac{\pi d^4}{64} = \frac{\pi^3 E d^4}{64 l^2}$$

于是得

$$F_{cr} = \frac{\pi^3 (200 \times 10^9 \, \text{Pa})(0.020 \, \text{m})^4}{64 (0.800 \, \text{m})^2} = 2.42 \times 10^4 \, \text{N}$$

Q235 钢的屈服应力 $\sigma_s = 235$ MPa，因此，使连杆压缩屈服的轴向压力为

$$F_s = \frac{\pi d^2 \sigma_s}{4} = \frac{\pi (0.020 \, \text{m})^2 (235 \times 10^6 \, \text{Pa})}{4} = 7.38 \times 10^4 \, \text{N} > F_{cr}$$

上述计算说明，细长压杆的承压能力是由稳定性要求确定的。

§15-3　非细长压杆的临界载荷

欧拉公式是在线弹性条件下建立的，适用于细长压杆，本节研究非细长压杆的临界载荷，为此，首先介绍临界应力的概念。

一、临界应力与柔度

压杆处于临界状态时横截面上的平均正应力，称为**临界应力**，并用 σ_{cr} 表示。由式(15-3)可知，细长压杆的临界应力为

$$\sigma_{cr} = \frac{F_{cr}}{A} = \frac{\pi^2 E}{(\mu l)^2} \frac{I}{A} \tag{a}$$

在上式中，比值 I/A 仅与截面的形状及尺寸有关，将其用 i^2 表示，即

$$i = \sqrt{\frac{I}{A}} \tag{15-4}$$

称为**截面惯性半径**。将上式代入式(a)，并令

$$\lambda = \frac{\mu l}{i} \tag{15-5}$$

则细长压杆的临界应力为

$$\sigma_{cr} = \frac{\pi^2 E}{\lambda^2} \tag{15-6}$$

称为**欧拉临界应力公式**。式中，λ 为一量纲为一的量，称为**柔度**或**细长比**，它综合地反映了压杆的长度、支持方式与截面几何性质对临界应力的影响。

式(15-6)表明，细长压杆的临界应力，与柔度的平方成反比，柔度愈大，临界应力愈低。

二、欧拉公式的适用范围

欧拉公式是根据挠曲轴近似微分方程建立的,而该方程仅适用于杆内应力不超过比例极限 σ_p 的情况,因此,欧拉公式的适用范围为

$$\sigma_{cr} = \frac{\pi^2 E}{\lambda^2} \leqslant \sigma_p$$

或要求

$$\lambda \geqslant \pi \sqrt{\frac{E}{\sigma_p}}$$

若令

$$\lambda_p = \pi \sqrt{\frac{E}{\sigma_p}} \tag{15-7}$$

即仅当 $\lambda \geqslant \lambda_p$ 时,欧拉公式才成立。

由式(15-7)可知,λ_p 值仅与材料的弹性模量及比例极限有关,所以,λ_p 值仅随材料而异。

柔度 $\lambda \geqslant \lambda_p$ 的压杆,称为**大柔度杆**。由此可见,前面经常提到的"细长杆"即大柔度杆。

三、非细长压杆临界应力

在工程实际中,许多压杆的柔度往往小于 λ_p,即为非细长压杆,其临界应力超过材料的比例极限,属于非弹性稳定问题。这类压杆的临界应力可通过解析方法求得,但通常采用经验公式进行计算。

1. 直线型经验公式

对于由合金钢、铝合金、铸铁与松木等制作的非细长压杆,可采用直线型经验公式计算临界应力,该公式的一般表达式为

$$\sigma_{cr} = a - b\lambda \tag{15-8}$$

式中,a 与 b 为与材料有关的常数。在使用上述直线公式时,柔度 λ 存在一最低界限值 λ_0,其值与材料的压缩极限应力 σ_{cu} 有关(例如压缩屈服应力 σ_s)。因为当应力达到压缩极限应力时,压杆已因强度不够而失效。几种常用材料的 a,b,λ_p 与 λ_0 值如表 15-2 所示。

表 15-2 几种常用材料的 a, b, λ_p 与 λ_0 值

材　料	a/MPa	b/MPa	λ_p	λ_0
硅钢 $\sigma_s = 353$ MPa $\sigma_b \geqslant 510$ MPa	577	3.74	100	60
铬钼钢	980	5.29	55	0
硬　铝	372	2.14	50	0
灰口铸铁	331.9	1.453		
松　木	39.2	0.199	59	0

综上所述,对于由合金钢、铝合金、铸铁与松木等制作的压杆,根据柔度可将其分为三类,并分别按不同方式处理。$\lambda \geqslant \lambda_p$ 的压杆属于细长杆或大柔度杆,按欧拉公式计算其临界应力;$\lambda_0 \leqslant \lambda < \lambda_p$ 的压杆,称为**中柔度杆**,可按式(15-8)等经验公式计算其临界应力;$\lambda < \lambda_0$ 的压杆属于短粗杆,称为**小柔度杆**,应按强度问题处理。**在上述三种情况下,临界应力(或极限应力)随柔度变化的曲线如图 15-9所示,称为临界应力总图。**

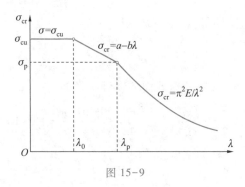

图 15-9

2. 抛物线型经验公式

对于由结构钢与低合金结构钢等材料制作的非细长压杆,可采用抛物线型经验公式计算临界应力,该公式的一般表达式为

$$\sigma_{cr} = a_1 - b_1 \lambda^2 \quad (0 < \lambda < \lambda_p) \tag{15-9}$$

式中,a_1 与 b_1 为与材料有关的常数。

根据欧拉公式与上述抛物线型经验公式,得结构钢与低合金结构钢等压杆的临界应力总图如图 15-10 所示。

例 15-2 图 15-11 所示活塞杆,用硅钢制成,杆径 $d = 40$ mm,最大外伸长

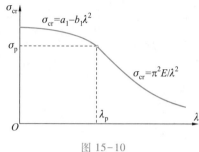

图 15-10

度 $l=1$ m,弹性模量 $E=210$ GPa,$\lambda_p=100$,试确定活塞杆的临界载荷。

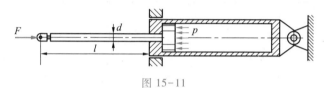

图 15-11

解:1. 活塞杆的计算简图

由图可知,当活塞靠近缸体顶盖时,活塞杆的外伸部分最长,稳定性最差。此外,根据缸体的固定方式及其对活塞杆的约束情况,活塞杆可近似看作是一端自由、另一端固定的压杆,其长度系数为

$$\mu = 2$$

2. 柔度计算

由式(15-4)可知,活塞杆横截面的惯性半径为

$$i = \sqrt{\frac{I}{A}} = \sqrt{\frac{\pi d^4}{64} \frac{4}{\pi d^2}} = \frac{d}{4} = \frac{40 \times 10^{-3} \text{m}}{4} = 1.0 \times 10^{-2} \text{m}$$

根据式(15-5),得活塞杆的柔度为

$$\lambda = \frac{\mu l}{i} = \frac{2(1.0 \text{ m})}{1.0 \times 10^{-2} \text{m}} = 200$$

3. 临界载荷计算

由以上分析可知

$$\lambda > \lambda_p$$

即活塞杆属于大柔度杆,其临界应力应按欧拉公式进行计算。

根据式(15-6),得活塞杆的临界应力为

$$\sigma_{cr} = \frac{\pi^2 E}{\lambda^2} = \frac{\pi^2(210 \times 10^9 \text{Pa})}{200^2} = 5.18 \times 10^7 \text{ Pa}$$

由此得临界载荷为

$$F_{cr} = \sigma_{cr} \frac{\pi d^2}{4} = \frac{\pi (5.18 \times 10^7 \, \text{Pa})(40 \times 10^{-3} \, \text{m})^2}{4} = 6.51 \times 10^4 \, \text{N}$$

例 15-3 图 15-12 所示连杆，用铬钼钢制成，连杆横截面的面积 $A = 720$ mm^2，惯性矩 $I_z = 6.5 \times 10^4 \, \text{mm}^4$，$I_y = 3.8 \times 10^4 \, \text{mm}^4$。试确定连杆的临界载荷，并判断横截面的形状设计是否合理。

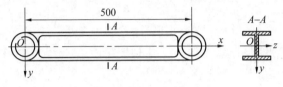

图 15-12

解：1. 失稳形式判断

在轴向压力作用下，连杆既可能在 x-y 平面失稳，也可能在 x-z 平面失稳。

如果连杆在 x-y 平面内失稳（即横截面绕 z 轴转动），则连杆两端可视为铰支，长度因数 $\mu = 1$，连杆的柔度为

$$\lambda_z = \frac{(\mu l)_z}{\sqrt{\dfrac{I_z}{A}}} = \frac{1 \times (0.500 \, \text{m})}{\sqrt{\dfrac{6.5 \times 10^4 \times 10^{-12} \, \text{m}^4}{720 \times 10^{-6} \, \text{m}^2}}} = 52.6$$

如果连杆在 x-z 平面内失稳（即横截面绕 y 轴转动），则连杆两端接近于固定端，取 $\mu = 0.7$（即介乎铰支与固定端之间），连杆的柔度为

$$\lambda_y = \frac{(\mu l)_y}{\sqrt{\dfrac{I_y}{A}}} = \frac{0.7 \times (0.500 \, \text{m})}{\sqrt{\dfrac{3.8 \times 10^4 \times 10^{-12} \, \text{m}^4}{720 \times 10^{-6} \, \text{m}^2}}} = 48.2 < \lambda_z$$

可见，连杆将首先在 x-y 平面内失稳。

2. 临界载荷计算

由表 15-2 查得，铬钼钢的 $\lambda_0 = 0$，$\lambda_p = 55$，$a = 980$ MPa，$b = 5.29$ MPa，可见，连杆属于中柔度杆，其临界载荷则为

$$F_{cr} = A(a - b\lambda) = (720 \times 10^{-6} \, \text{m}^2)[980 \times 10^6 \, \text{Pa} - (5.29 \times 10^6 \, \text{Pa}) \times 52.6]$$

于是得

$$F_{cr} = 5.05 \times 10^5 \, \text{N}$$

3. 讨论

上述计算表明，连杆的柔度为

$$\lambda_z = 52.6, \quad \lambda_y = 48.2$$

二者相当接近,说明连杆的截面设计比较合理。

§15-4 压杆稳定条件与合理设计

临界载荷是压杆的极限载荷,本节研究以临界载荷为极限载荷的压杆安全工作条件,以及考虑稳定性的压杆合理设计。

一、压杆稳定条件

由以上分析可知,为了保证压杆在轴向压力 F 作用下不致失稳,必须满足下述条件:

$$F \leqslant \frac{F_{cr}}{n_{st}} = [F_{st}] \qquad (15-10)$$

称为**压杆稳定条件**。式中:n_{st} 为稳定安全因数;$[F_{st}]$ 为稳定许用压力。

将式(15-10)中的各项同除以压杆的横截面面积 A,得

$$\sigma \leqslant \frac{\sigma_{cr}}{n_{st}} = [\sigma_{st}] \qquad (15-11)$$

式中,$[\sigma_{st}]$ 为稳定许用应力。

式(15-10)与(15-11),分别为用载荷与应力表示的压杆稳定条件。

关于稳定安全因数的选择,除应遵循 §8-6 所述确定强度安全因数的一般原则外,还应考虑压力可能偏离杆件轴线以及压杆初始弯曲等不利因素。因此,稳定安全因数一般大于强度安全因数,其值可从有关设计规范与手册中查得。几种常见压杆的稳定安全因数如表 15-3 所示。

表 15-3 几种常见压杆的稳定安全因数

实际压杆	金属结构中的压杆	矿山、冶金设备中压杆	机床丝杠	精密丝杠	水 平长丝杠	磨床油缸活塞杆	低速发动机挺杆	高速发动机挺杆
n_{st}	1.8~3.0	4~8	2.5~4	>4	>4	2~5	4~6	2~5

还应指出,由于压杆的稳定性取决于整个杆件的弯曲刚度,因此,在确定压杆的临界载荷或临界应力时,可不必考虑杆件的局部削弱(例如铆钉孔或油孔等)的影响,而按未削弱截面计算横截面面积与惯性矩。但是,对于受削弱的横截面,则还应进行强度校核。

二、稳定系数法

随着细长比的增加,压杆的承载能力减小。细长与中柔度压杆的承载力,与

相同材质短粗压杆承载力的比值,称为**稳定系数**,并用 φ 表示。显然,稳定系数是一个小于 1 的数,其值与压杆的柔度及所用材料有关。

设许用压应力为 $[\sigma]$,根据稳定系数法,稳定许用应力为

$$[\sigma_{st}] = \varphi[\sigma] \tag{15-12}$$

由此得压杆的稳定条件为

$$\sigma \leqslant \varphi[\sigma] \tag{15-13}$$

关于各种轧制与焊接钢构件的稳定系数,可查阅《钢结构设计标准》(GB 50017—2017),而木制与混凝土构件的稳定系数,则可分别查阅《木结构设计标准》(GB 50005—2017)与《混凝土结构设计规范》(GB 50010—2010)。图 15-13 所示 φ-λ 曲线即根据上述钢结构与木结构设计规范绘制(除 Q275 外)。

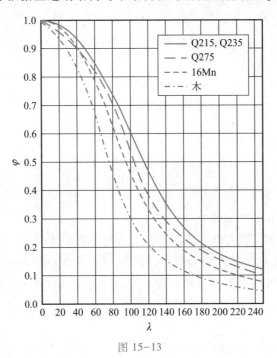

图 15-13

三、压杆合理设计

1. 合理选择材料

细长压杆的临界应力与材料的弹性模量有关。因此,选择弹性模量较高的材料作细长压杆,有利于稳定性的提高。要注意的是,各种钢与合金钢的弹性模量大致相同,因此,如果仅从稳定性考虑,选用高强度材料作细长压杆则是不必要的。各种铝合金的情况也相似。

中柔度压杆的临界应力与材料的比例极限、压缩极限应力等有关。因此,选用高强度材料作中柔度压杆,显然有利于稳定性的提高。

2. 合理选择截面

对于细长杆与中柔度杆,柔度愈小,临界应力愈高。压杆的柔度为

$$\lambda = \frac{\mu l}{i} = \mu l \sqrt{\frac{A}{I}}$$

所以,对于一定长度与支持方式的压杆,在横截面面积保持一定的情况下,应选择惯性矩较大的截面形状。

在选择截面形状与尺寸时,还应考虑到失稳的方向性。例如,如果压杆两端为球形铰支或固定端,则宜选择惯性矩 $I_y = I_z$ 的截面,例如空心圆截面等。如果压杆两端为柱状铰(图 15-7),由于在轴销平面与轴销垂直平面的相当长度不同,截面的惯性矩 I_y 与 I_z 也宜相应不同。理想的设计是使压杆在上述互垂失稳平面的柔度相等,即

$$\frac{(\mu l)_z}{\sqrt{\dfrac{I_z}{A}}} = \frac{(\mu l)_y}{\sqrt{\dfrac{I_y}{A}}}$$

由此得

$$\frac{(\mu l)_z}{\sqrt{I_z}} = \frac{(\mu l)_y}{\sqrt{I_y}} \tag{15-14}$$

3. 合理安排压杆约束与选择杆长

临界载荷与相当长度的平方成反比,因此,增强对压杆的约束与合理选择杆长,对于提高压杆的稳定性影响极大。例如,图 15-5 所示两端铰支细长压杆,如果在该杆中点再增加一可动铰支座,则临界载荷将显著提高,在同为细长杆的情况下,后者($F_{cr,2}$)为前者($F_{cr,1}$)的四倍,即 $F_{cr,2} = 4 F_{cr,1}$。

例 15-4　图 15-14a 所示结构,承受载荷 $F = 12$ kN 作用。已知斜撑杆 BG 的外径 $D = 45$ mm,内径 $d = 36$ mm,稳定安全因数 $n_{st} = 2.5$,材料为 Q235,$\lambda_p = 100$,中柔度杆的临界应力为

$$\sigma_{cr} = 235 \text{ MPa} - (0.006\ 69 \text{ MPa})\lambda^2$$

试校核斜撑杆的稳定性。

解:1. 受力分析

设斜撑杆的轴向压力为 T,横梁 AC 的受力如图 15-14b 所示,由平衡方程

$$\sum M_A = 0, \quad T \sin 45° \times (1.00 \text{ m}) + T \cos 45° \times (0.10 \text{ m}) - F \times (2.00 \text{ m}) = 0$$

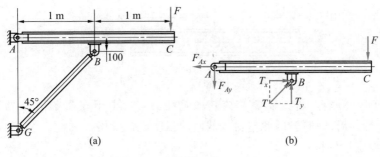

图 15-14

得

$$T = 30.9 \text{ kN}$$

2. 稳定校核

空心圆截面的惯性半径为

$$i = \sqrt{\frac{I}{A}} = \sqrt{\frac{\pi(D^4 - d^4)}{64} \cdot \frac{4}{\pi(D^2 - d^2)}} = \frac{\sqrt{D^2 + d^2}}{4}$$

因此,斜撑杆的柔度为

$$\lambda = \frac{\mu l}{i} = \frac{4\mu l}{\sqrt{D^2 + d^2}} = \frac{4 \times 1 \times \sqrt{2}(1.00 \text{ m})}{\sqrt{(0.045 \text{ m})^2 + (0.036 \text{ m})^2}} = 98.2 < \lambda_p$$

即属于中柔度杆。

斜撑杆的临界应力为

$$\sigma_{cr} = 235 \text{ MPa} - (0.006\ 69 \text{ MPa}) \times 98.2^2 = 170.5 \text{ MPa}$$

许用稳定应力则为

$$[\sigma_{st}] = \frac{\sigma_{cr}}{n_{st}} = \frac{170.6 \text{ MPa}}{2.5} = 68.2 \text{ MPa}$$

在轴向压力 T 作用下,斜撑杆横截面上的压应力为

$$\sigma = \frac{4F}{\pi(D^2 - d^2)} = \frac{4 \times 30.9 \times 10^3 \text{ N}}{\pi[(0.045 \text{ m})^2 - (0.036 \text{ m})^2]} = 54.0 \text{ MPa}$$

可见,

$$\sigma < [\sigma_{st}]$$

例 15-5 图 15-15 所示压杆,由№25a 工字钢制成。压杆承受轴向压力 $F = 200 \text{ kN}$ 作用,杆长 $l = 2\text{m}$,材料为 Q235 钢,许用应力$[\sigma] = 160 \text{ MPa}$,在横截面 C 处,圆孔直径 $d = 70 \text{ mm}$。试根据稳定系数法判断压杆能否安全工作。

解: 1. 问题分析

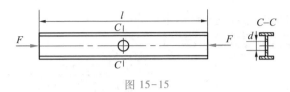

图 15-15

对于题述压杆,首先需要校核其稳定性,其次,由于在横截面 C 处存在圆孔,压杆受到局部削弱,因此应对该截面的强度进行校核。

2. 稳定性校核

由型钢表查得,对于№25a 工字钢,横截面面积 $A = 4.85 \times 10^{-3}$ m²,最小惯性半径 $i_{min} = 24.0$ mm。因此,压杆横截面上的正应力为

$$\sigma = \frac{200 \times 10^3 \text{ N}}{4.85 \times 10^{-3} \text{ m}^2} = 41.2 \text{ MPa}$$

压杆的柔度为

$$\lambda = \frac{\mu l}{i_{min}} = \frac{2(2.00 \text{ m})}{0.024 \text{ m}} = 166.7$$

由 $\varphi-\lambda$ 图查得,当 $\lambda = 166.7$ 时,$\varphi = 0.26$,所以,压杆的稳定许用应力为

$$[\sigma_{st}] = \varphi[\sigma] = 0.26 \times (160 \times 10^6 \text{ Pa}) = 41.6 \text{ MPa}$$

可见,

$$\sigma < [\sigma_{st}]$$

3. 强度校核

对于№25a 工字钢,腹板厚度 $\delta = 8$ mm,所以,横截面 C 的净面积为

$$A_C = A - \delta d$$

于是得横截面 C 的正应力为

$$\sigma_C = \frac{F}{A - \delta d} = \frac{200 \times 10^3 \text{ N}}{4.85 \times 10^{-3} \text{ m}^2 - (0.008 \text{ m})(0.070 \text{ m})} = 46.6 \text{ MPa}$$

可见,

$$\sigma < [\sigma]$$

思 考 题

15-1 何谓稳定平衡与不稳定平衡?何谓临界载荷?压杆临界状态的特征是什么?

15-2 两端铰支细长压杆的临界载荷公式是如何建立的?欧拉临界载荷有何特点?

15-3 如图所示,将一钢丝与一细长杆连接在一起,由于钢丝稍短,连接后使杆成微弯状态。已知杆的长度为 l,弯曲刚度为 EI,试问钢丝所受张力?

15-4 何谓相当长度?何谓柔度?其量纲是什么?如何确定两端非铰支细长压杆的临

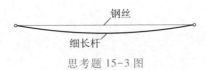

钢丝

细长杆

思考题 15-3 图

界载荷？

15-5 何谓临界应力？如何确定欧拉公式的适用范围？如何确定非细长压杆的临界应力？

15-6 如何区分大柔度杆、中柔度杆与小柔度杆？如何绘制临界应力总图？

15-7 压杆的稳定条件是如何建立的？有几种形式？

15-8 如何进行压杆的合理设计？

习　题

15-1 图示刚杆—弹簧系统，承受轴向压力 F 作用。图中：c 代表使螺旋弹簧产生单位长度轴向变形所需之力；k 代表使蝶形弹簧产生单位转角所需之力偶矩。试求载荷 F 的临界值。

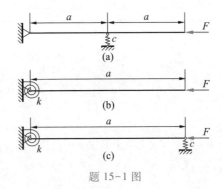

题 15-1 图

15-2 图 a 所示结构，AB 为刚性杆，BC 为弹性梁，在刚性杆顶端承受铅垂载荷 F 作用。已知梁各截面的弯曲刚度均为 EI，试求载荷 F 的临界值。

提示：对刚性杆施加微小侧向干扰，使杆微偏，梁微弯。梁对杆端 A 的约束相当于一碟形弹簧（图 b）。以简支梁 AC 为研究对象（图 c），并在梁端 A 施加力偶矩 M_e，得截面 A 的转角为

$$\theta_A = \frac{M_e l}{3EI}$$

由此得相应刚度系数为

$$c = \frac{M_e}{\theta_A} = \frac{3EI}{l}$$

15-3 图示两端球形铰支细长压杆，弹性模量 $E = 200$ GPa，试用欧拉公式计算其临界

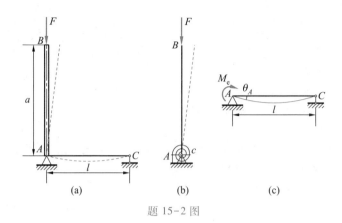

题 15-2 图

载荷。

(a) 圆形截面,$d=25$ mm,$l=1.0$ m;

(b) 矩形截面,$h=2b=40$ mm,$l=1.0$ m;

(c) №16 工字钢,$l=2.0$ m。

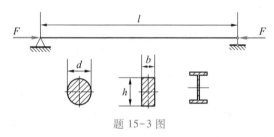

题 15-3 图

15-4 图示正方形桁架,各杆各截面的弯曲刚度 EI 相同,且均为细长杆,试问当载荷 F 为何值时结构中的个别杆件将失稳? 如果将载荷 F 的方向改为向内,则使杆件失稳的载荷 F 又为何值?

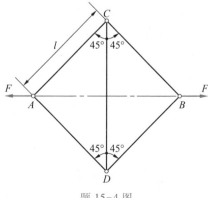

题 15-4 图

15-5 图 a 所示细长压杆,弯曲刚度 EI 为常数,试按 §15-2 所述方法确定杆的临界载荷。

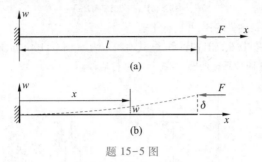

题 15-5 图

提示:设自由端的挠度为 δ(图 b),则

$$M(x) = F(\delta - w)$$

位移边界条件则为:

当 $x=0$ 时, $w=0$;当 $x=0$ 时, $w'=0$;当 $x=l$ 时, $w=\delta$

15-6 图示压杆,由间距为 a 的两根№10 槽钢组成。压杆右端为球形铰支,杆长 $l=6$ m,弹性模量 $E=200$ GPa,比例极限 $\sigma_\mathrm{p}=200$ MPa。试问当间距 a 为何值时,压杆的临界载荷 F_{cr} 最大,其值为何。

题 15-6 图

15-7 一根 30×50 mm² 的矩形截面压杆,两端为球形铰支。材料的弹性模量 $E=200$ GPa,比例极限 $\sigma_\mathrm{p}=200$ MPa。试问杆长为何值时即可应用欧拉公式计算临界载荷。

15-8 图示桁架,由两根截面弯曲刚度均为 EI 的细长杆组成。设载荷 F 与杆 AB 轴线的夹角为 θ,且 $0 \leqslant \theta \leqslant \pi/2$,试根据压杆的稳定性确定载荷 F 的极限值。

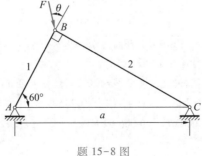

题 15-8 图

15-9 图示矩形截面压杆,有三种支持方式。杆长 $l = 300$ mm,截面宽度 $b = 20$ mm,高度 $h = 12$ mm,弹性模量 $E = 70$ GPa,$\lambda_p = 50$,$\lambda_0 = 0$,中柔度杆的临界应力公式为

$$\sigma_{cr} = 382 \text{ MPa} - (2.18 \text{ MPa})\lambda$$

试计算上述三种压杆的临界载荷,并进行比较。

15-10 图示压杆,横截面有四种形式,其面积均为 $A = 3.2 \times 10^3$ mm^2,材料的力学性能见题 15-9。试计算上述四种压杆的临界载荷,并进行比较。

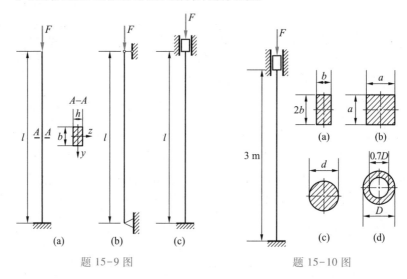

题 15-9 图   题 15-10 图

15-11 图示连杆,用硅钢制成,中柔度杆的临界应力为

$$\sigma_{cr} = 577 \text{ MPa} - (3.74 \text{ MPa})\lambda \qquad (60 \leqslant \lambda \leqslant 100)$$

在 x-z 平面内,$\mu_y = 0.7$;在 x-y 平面内,$\mu_z = 1$。试确定连杆的临界载荷。

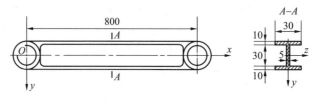

题 15-11 图

15-12 图示矩形截面压杆,在 x-z 平面内,$\mu_y = 0.7$,在 x-y 平面内,$\mu_z = 1$。试从稳定性方面考虑,确定截面高度 h 与宽度 b 的最佳比值。

15-13 图示千斤顶丝杠,最大起重量 $F = 120$ kN,丝杠内径 $d = 52$ mm,总长 $l = 600$ mm,衬套高度 $h = 100$ mm,稳定安全因数 $n_{st} = 4$,丝杠用 Q235 制成,中柔度杆的临界应力为

$$\sigma_{cr} = 235 \text{ MPa} - (0.006\ 69 \text{ MPa})\lambda^2 \qquad (\lambda \leqslant 123)$$

试校核丝杠的稳定性。

15-14 图示立柱,承受轴向压力 $F = 400$ kN 作用。立柱由两根№16a 槽钢焊接而成,在

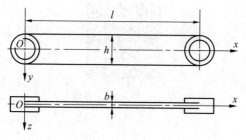

题 15-12 图

横截面 C 处,圆孔直径 $d=60$ mm,槽钢材料为 Q275,许用压应力$[\sigma]=180$ MPa。试校核立柱的稳定性与强度。

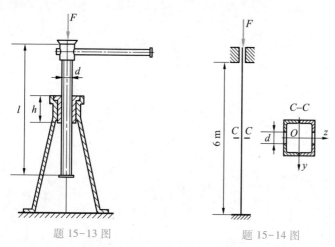

题 15-13 图   题 15-14 图

15-15   图示结构,用低碳钢 Q275 制成,梁 AB 为№16 工字钢,杆 BC 的直径 $d=60$ mm,许用应力$[\sigma]=180$ MPa,试求载荷 F 的许用值。

15-16   横截面如图所示之两端球形铰支立柱,承受轴向压力 $F=450$ kN 作用。立柱用四根 $\delta=6$ mm 的№8 角钢组成,柱长 $l=6$ m,角钢材料为 Q235,许用压应力$[\sigma]=160$ MPa,试确定截面边宽 a。

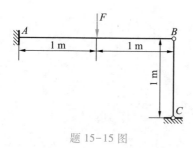

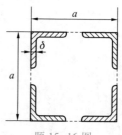

题 15-15 图   题 15-16 图

第十五章　电子教案

第十六章 疲 劳

§16-1 引 言

在机械与工程结构中,许多构件常常承受随时间循环变化的应力,即所谓循环应力。

例如,图 10-1a 所示火车轮轴,随车轮一起转动,当车轴以角速度 ω 旋转时,横截面边缘任一点 A 处(图 16-1a)的弯曲正应力为

$$\sigma_A = \frac{My_A}{I_z} = \frac{MR}{I_z}\sin \omega t$$

上式表明,车轴每旋转一圈,A 点处的材料即经历一次拉、压交替变化的循环应力(图 16-1b),车轴不停地转动,该处材料即不断地反复受力。

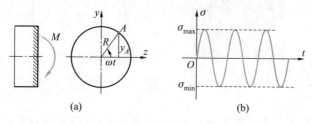

图 16-1

又如,齿轮上的每个齿,自开始啮合到脱开的过程中,齿根任一点处的应力自零增大到某一最大值,然后又逐渐减为零;齿轮不断地转动,每个齿即不断反复受力(图 16-2)。

图 16-1b 所示应力循环,其特点是最大应力与最小应力的数值相等、正负符号相反,即 $\sigma_{max} = -\sigma_{min}$;图 16-2 所示应力循环,其特点则是最小应力为零。最大应力与最小应力的数值相等、正负符号相反的循环应力,称为**对称循环应力**。最小应力为零的循环应力,称为**脉动循环应力**。最小应力与最大应力的比值,称为**应力比**,并用 r 表示。所以,对称循环与脉动循环应力的应力比分别为-1 与0。应力比综合地反映了循环应力的变化特点或循环特征。

实践表明,在循环应力作用下的构件,虽然所受应力小于材料的静强度极限,但经过应力的多次循环后,构件将产生可见裂纹或完全断裂,而且,即使是塑性很好的材料,断裂时也往往无显著塑性变形。例如图 16-3 所示低碳钢试样,在轴向拉压循环应力作用下破坏时,断口平直且无明显塑性变形。在循环应力作用下,构件产生可见裂纹或完全断裂的现象,称为**疲劳破坏**,简称**疲劳**。

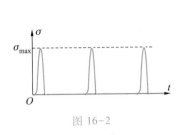

图 16-2   图 16-3

图 16-4a 所示为传动轴疲劳破坏断口的照片。可以看出,断口呈现两个区域(图 16-4b),一个是光滑区,另一个是粗粒状区。

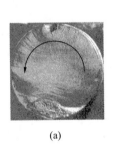

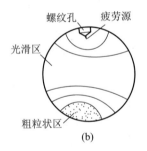

(a)   (b)

图 16-4

此外,由于近代测试技术的发展,人们还发现,在疲劳断裂前,在断口位置早已出现细微裂纹(图 16-5),并随着应力循环数的增加而扩展。

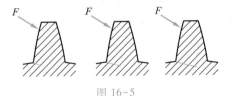

图 16-5

经过长期观察与研究,人们对疲劳破坏的过程与机理,逐渐有所认识。原来,在循环应力作用下,且当循环应力的大小超过一定限度并经历了足够多次的循环后,在构件内部应力最大或材质薄弱处,将产生细微裂纹即所谓**疲劳源**,这种裂纹随着应力循环次数增加而不断扩展,并逐渐形成宏观裂纹。在扩展过程中,由于应力循环变化,裂纹两表面的材料时而互相挤压,时而分离,或时而正向错动,时而反向错动,从而形成断口的光滑区。另一方面,由于裂纹不断扩展,当达到一定长度时(见§16-5),构件将发生突然断裂,断口的粗粒状区即为突然断裂造成的。因此,疲劳破坏的过程,可理解为裂纹萌生、逐渐扩展与最后断裂的过程。

以上情况表明,构件发生疲劳破坏前,既无明显塑性变形,而裂纹的形成与扩展又不易及时发现,因此,疲劳破坏常常带有突发性,往往造成严重后果。据统计,在机械与航空等领域中,大部分损伤事故是由疲劳破坏造成的。因此,对于承受循环应力的机械设备与结构,应该十分重视其疲劳强度问题。

本章主要介绍构件在循环应力作用下的疲劳强度、疲劳强度计算以及提高构件疲劳强度的措施,同时,简要介绍含裂纹构件的断裂与裂纹扩展等概念。

§16-2 材料的疲劳极限

材料在循环应力作用下的强度由试验测定。本节介绍常用的循环弯曲疲劳试验,以及循环应力作用下材料极限应力的测定。

一、疲劳试验与 S-N 曲线

首先准备一组材料与尺寸均相同的光滑试样(直径为 6~10 mm)。试验时,将试样的一端安装在疲劳试验机的夹头内(图 16-6),并由电机带动而旋转,在试样的另一端,则通过轴承悬挂砝码,使试样处于弯曲受力状态。于是,试样每旋转一圈,其内每一点处的材料即经历一次对称循环应力。试验一直进行到试样断裂为止。

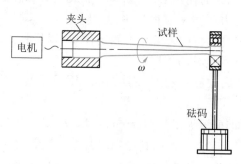

图 16-6

试验中,由计数器记下试样断裂时所旋转的总圈数,即所经历的应力循环数 N,称为疲劳寿命。同时,根据试样的尺寸与砝码重量,按弯曲正应力公式 $\sigma =$

M/W,计算试样横截面上的最大正应力。对同组试样挂上不同重量的砝码进行疲劳试验,将得到一组关于最大正应力 σ 与相应疲劳寿命 N 的数据。

在以最大应力 σ 为纵坐标、疲劳寿命的对数值 $\lg N$ 为横坐标的平面内,最大应力与疲劳寿命间的关系曲线,称为 $S-N$ 曲线。例如,高速钢与 45 钢的 $S-N$ 曲线即如图 16-7a 所示。

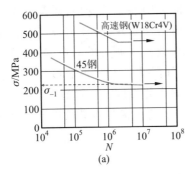
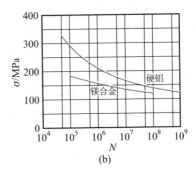

(a)　　　　　　　　　　(b)

图 16-7

二、疲劳极限

试验表明,一般钢与灰口铸铁的 $S-N$ 曲线均存在水平渐近线。$S-N$ 曲线水平渐近线的纵坐标所对应的应力,称为材料的持久极限。持久极限代表材料能经受"无限"次应力循环而不发生疲劳破坏的最大应力值。持久极限用 σ_r 或 τ_r 表示,下标 r 代表应力比。例如图 16-7 中的 σ_{-1} 即代表材料在对称循环应力下的持久极限。

有色金属及其合金的 $S-N$ 曲线一般不存在水平渐近线(图 16-7b)。对于这类材料,通常根据构件的使用要求,以某一指定寿命 N_0(例如 $10^7 \sim 10^8$)所对应的应力作为极限应力。在 $S-N$ 曲线中,与某一指定寿命 N_0 所对应的应力,称为材料的疲劳极限或条件疲劳极限。为叙述简单,以后将持久极限与疲劳极限(或条件疲劳极限)统称为疲劳极限。

同样,也可通过试验测量材料在轴向拉-压或扭转等循环应力下的疲劳极限。

试验发现,钢材的疲劳极限与其静强度极限 σ_b 之间存在下述经验关系:

$$\left.\begin{aligned}
\sigma_{-1}^{\text{拉-压}} &\approx (0.33 \sim 0.59)\,\sigma_b \\
\tau_{-1}^{\text{扭}} &\approx (0.23 \sim 0.29)\,\sigma_b \\
\sigma_{-1}^{\text{弯}} &\approx (0.4 \sim 0.5)\,\sigma_b \\
\sigma_{0}^{\text{弯}} &\approx 1.7\,\sigma_{-1}^{\text{弯}}
\end{aligned}\right\} \tag{16-1}$$

可以看出,在循环应力作用下,材料抵抗破坏的能力显著降低。

§ 16-3 构件的疲劳极限

以上所述材料的疲劳极限,是利用表面磨光、横截面尺寸无突然变化以及直径 6~10 mm 的标准疲劳试样测得的。

试验表明,构件的疲劳极限与材料的疲劳极限不同,它不仅与材料有关,而且与构件的外形、横截面尺寸以及表面状况等因素相关。

一、构件外形的影响(应力集中)

前曾指出,由于构造或使用等方面的需要,许多构件常常带有沟槽、孔或圆角等。在外力作用下,构件中邻近沟槽、孔或圆角的局部范围内,应力急剧增大(图 16-8),即存在应力集中现象。

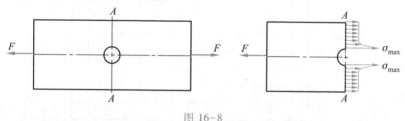

图 16-8

试验表明,应力集中促使疲劳裂纹的形成与扩展。因此,当构件存在应力集中时,其疲劳极限显著降低。

对称循环应力下,光滑试样的疲劳极限与存在应力集中试样的疲劳极限之比值,称为**有效应力集中因数**,并用 K_σ 或 K_τ 表示。

阶梯形圆截面钢轴在对称循环弯曲与轴向拉-压时的有效应力集中因数分别如图 16-9 与图 16-10 所示,而对称循环扭转时的有效应力集中因数则如图 16-11 所示。

应该指出,上述曲线是在 $D/d=2$ 的条件下测得的。如果 $D/d<2$,则有效应力集中因数为

$$K_\sigma = 1+\xi(K_{\sigma0}-1) \qquad (16-2)$$
$$K_\tau = 1+\xi(K_{\tau0}-1) \qquad (16-3)$$

式中:$K_{\sigma0}$ 与 $K_{\tau0}$ 为 $D/d=2$ 的有效应力集中因数;ξ 为修正因数,其值与 D/d 有关,可由图 16-12 查得。至于其他情况下的有效应力集中因数,可查阅有关手册。

由图 16-9~16-11 可以看出:圆角半径 R 愈小,有效应力集中因数 $K_{\sigma0}$ 与 $K_{\tau0}$ 愈大;材料的静强度极限 σ_b 愈高,应力集中对疲劳极限的影响愈显著。

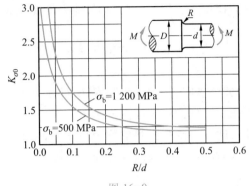

图 16-9

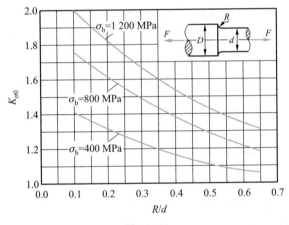

图 16-10

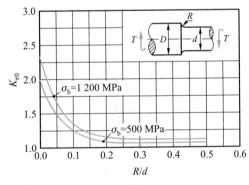

图 16-11

因此,对于在循环应力下工作的零构件,尤其是用高强度材料制成的零构件,设计时应尽量减小应力集中。例如:增大圆角半径;减小相邻杆段的粗细差别;采用凹槽结构(图 16-13a);设置卸荷槽(图 16-13b);将必要的孔与沟槽配

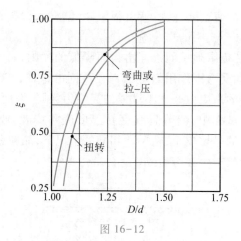

图 16-12

置在构件的低应力区;等等。这些措施均能显著提高构件的疲劳强度。

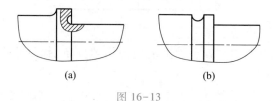

(a)　　　　　　　(b)

图 16-13

二、构件截面尺寸的影响

弯曲与扭转疲劳试验均表明,疲劳极限随构件横截面尺寸的增大而降低。

对称循环应力下,光滑大尺寸试样的疲劳极限与光滑小尺寸试样的疲劳极限之比值,称为尺寸因数,并用 ε_σ 或 ε_τ 表示。圆截面钢轴对称循环弯曲与扭转时的尺寸因数如图 16-14 所示。

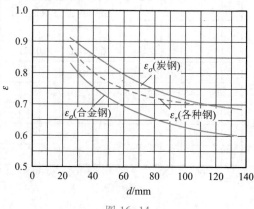

图 16-14

可以看出:试样的直径 d 愈大,疲劳极限降低愈多;材料的静强度愈高,截面尺寸的大小对构件疲劳极限的影响愈显著。

弯曲与扭转疲劳极限随截面尺寸增大而降低的原因,可利用图 16-15 加以说明。图中所示为承受弯矩作用的两根直径不同的试样,在最大弯曲正应力相同的条件下,大试样的高应力区比小试样的高应力区厚,因而处于高应力状态的晶粒多。所以,在大试样中,疲劳裂纹更易于形成并扩展,疲劳极限因而降低。另一方面,高强度钢的晶粒较小,在尺寸相同的情况下,晶粒愈小,则高应力区所包含的晶粒愈多,愈易产生疲劳裂纹。

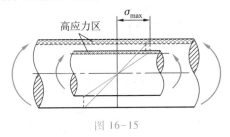

图 16-15

轴向加载时,光滑试样横截面上的应力均匀分布,截面尺寸的影响不大,可取尺寸因数 $\varepsilon_\sigma \approx 1$。

三、表面加工质量的影响

最大应力一般发生在构件表层,同时,构件表层又常常存在各种缺陷(刀痕与擦伤等),因此,构件表面的加工质量与表层状况,对构件的疲劳强度也存在显著影响。

对称循环应力下,某种方法加工试样的疲劳极限与磨削加工试样的疲劳极限之比值,称为表面质量因数,并用 β 表示。表面质量因数与加工方法的关系如图 16-16 所示。

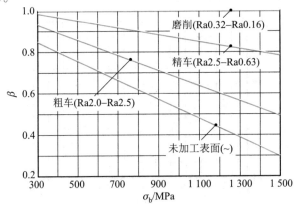

图 16-16

可以看出：表面加工质量愈低，疲劳极限降低愈多；材料的静强度愈高，加工质量对构件疲劳极限的影响愈显著。

所以，对于在循环应力下工作的重要构件，特别是在存在应力集中的部位，应当力求采用高质量的表面加工，而且，愈是采用高强度材料，愈应讲究加工方法。

还应指出，由于疲劳裂纹大多起源于构件表面，因此，提高构件表层材料的强度、改善表层的应力状况，例如渗碳、渗氮、高频淬火、表层滚压与喷丸等，都是提高构件疲劳强度的重要措施。

*§16-4　疲劳强度计算

由以上分析可知，当考虑应力集中、截面尺寸与表面加工质量等因数的影响，以及必要的安全因数后，拉压杆或梁在对称循环应力下的许用应力为

$$[\sigma_{-1}] = \frac{\varepsilon_\sigma \beta}{n_f K_\sigma} \sigma_{-1} \qquad (16-4)$$

式中：σ_{-1} 代表材料在轴向拉-压或弯曲对称循环应力下的疲劳极限；n_f 为疲劳安全因数，其值为 1.4~1.7。

所以，拉压杆或梁在对称循环应力下的强度条件即**疲劳强度条件**为

$$\sigma_{max} \leqslant [\sigma_{-1}] = \frac{\varepsilon_\sigma \beta \sigma_{-1}}{n_f K_\sigma} \qquad (16-5)$$

式中，σ_{max} 代表拉压杆或梁横截面上的最大工作应力。

同理，得轴在对称循环扭转切应力下的疲劳强度条件为

$$\tau_{max} \leqslant [\tau_{-1}] = \frac{\varepsilon_\tau \beta}{n_f K_\tau} \tau_{-1} \qquad (16-6)$$

式中，τ_{max} 代表轴的最大扭转切应力。

例 16-1　图 16-17 所示阶梯形圆截面轴，由铬镍合金钢制成，承受对称循环的交变弯矩，其最大值 $M_{max} = 700$ N·m。已知轴径 $D = 50$ mm，$d = 40$ mm，圆角半径 $R = 5$ mm，强度极限 $\sigma_b = 1\ 200$ MPa，材料在弯曲对称循环应力下的疲劳极限 $\sigma_{-1} = 480$ MPa，疲劳安全因数 $n_f = 1.6$，轴表面经精车加工，试校核轴的疲劳强度。

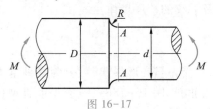

图 16-17

解：1. 计算工作应力

危险截面位于细轴左段的截面 $A-A$，该截面的最大弯曲正应力为

$$\sigma_{max} = \frac{32M}{\pi d^3} = \frac{32(700\ \text{N}\cdot\text{m})}{\pi\ (0.040)^3} = 1.11 \times 10^8\ \text{Pa}$$

2. 确定影响因数

截面 $A-A$ 具有下述几何特征：

$$\frac{D}{d} = \frac{50}{40} = 1.25$$

$$\frac{R}{d} = \frac{5}{40} = 0.125$$

由图 16-12 与图 16-9, 分别查得

$$\xi = 0.85$$

$$K_{\sigma_0} = 1.7$$

将其代入式(16-2), 得有效应力集中因数为

$$K_{\sigma} = 1 + 0.85 \times (1.7 - 1) = 1.595$$

由图 16-14 与图 16-16, 得尺寸因数与表面质量因数分别为

$$\varepsilon_{\sigma} = 0.755$$

$$\beta = 0.84$$

3. 校核疲劳强度

将以上数据代入式(16-4), 得对称循环下的许用应力为

$$[\sigma_{-1}] = \frac{\varepsilon_{\sigma}\beta\sigma_{-1}}{n_f K_{\sigma}} = \frac{0.755 \times 0.84 \times (480 \times 10^6\ \text{Pa})}{1.6 \times 1.595} = 1.193 \times 10^8\ \text{Pa} > \sigma_{max}$$

可见, 该阶梯形轴符合疲劳强度要求。

*§16-5　断裂与裂纹扩展概念简介

前曾指出, 在循环应力作用下, 构件内将萌生裂纹, 而且, 随着应力循环数的增加, 裂纹将逐渐扩展并导致构件断裂。因此, 有必要了解裂纹尖端处的应力、材料的抗断裂性能以及裂纹的扩展规律。

一、应力强度因子

构件中的裂纹, 按其受力与变形形式, 可分为三种基本类型：张开型或 I 型 (图 16-18a)；滑移型或 II 型(图 16-18b)；撕裂型或 III 型(图 16-18c)。在上述三种裂纹中, 张开型最为常见, 而且最为危险, 所以, 现以张开型裂纹为例介绍有

关概念。

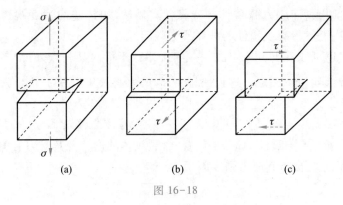

图 16-18

考虑图 16-19 所示无限大平板,中心存在一长为 $2a$ 的穿透板厚的裂纹,在垂直于裂纹平面的方位,受到均匀拉应力 σ 作用。

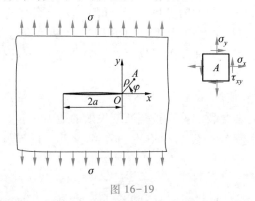

图 16-19

根据线弹性理论的研究结果,在裂纹尖端邻域($\rho \ll a$)任一点 A 处,其应力为

$$
\left.
\begin{aligned}
\sigma_x &\approx \frac{\sigma\sqrt{\pi a}}{\sqrt{2\pi\rho}}\cos\frac{\varphi}{2}\left(1-\sin\frac{\varphi}{2}\sin\frac{3\varphi}{2}\right) \\[2mm]
\sigma_y &\approx \frac{\sigma\sqrt{\pi a}}{\sqrt{2\pi\rho}}\cos\frac{\varphi}{2}\left(1+\sin\frac{\varphi}{2}\sin\frac{3\varphi}{2}\right) \\[2mm]
\tau_{xy} &\approx \frac{\sigma\sqrt{\pi a}}{\sqrt{2\pi\rho}}\sin\frac{\varphi}{2}\cos\frac{\varphi}{2}\cos\frac{3\varphi}{2}
\end{aligned}
\right\}
\qquad (16-7)
$$

式中,ρ 与 φ 代表 A 点的极坐标。

由上式可以看出,不论外加拉应力 σ 多大,当 $\rho \rightarrow 0$ 时,裂纹尖端各应力分量均趋于无限大,即应力分布具有奇异性。显然,用传统的强度观念与分析方法,无法解决上述含裂纹构件的破坏或失效问题。

由该式还可以看出,当 ρ 与 φ 一定时,即对于板内某一点来说,各应力分量之值均随参量 $\sigma\sqrt{\pi a}$ 而定。这说明,$\sigma\sqrt{\pi a}$ 的大小集中反映了裂纹尖端应力场的强弱程度。

反映裂纹尖端应力场强弱程度的参量,称为**应力强度因子**,并用 K 表示。应力强度因子之值与裂纹的形式、位置、含裂纹体的形状及其受力有关。对于图 16-19 所示 I 型裂纹,其应力强度因子为

$$K_{\mathrm{I}} = \sigma\sqrt{\pi a} \qquad (16-8)$$

二、断裂韧度与割裂判据

试验表明,对于一定厚度的平板,不论外加应力与裂纹长度各为何值,只要应力强度因子 K 达到某一数值时,裂纹即开始扩展,并可能从而导致板件断裂。这就更进一步说明,用应力强度因子描写裂纹尖端应力场的强弱程度,有其客观依据。

使裂纹开始扩展或断裂的应力强度因子值,称为**断裂韧度**,并用 K_{c} 表示。所以,断裂韧度即代表含裂纹材料抵抗断裂失效的能力。

由此可见,当 I 型裂纹尖端的应力强度因子 K_{I},达到材料相应断裂韧度 K_{Ic} 时,裂纹开始扩展或断裂,即 I 型裂纹的断裂判据为

$$K_{\mathrm{I}} = K_{\mathrm{Ic}} \qquad (16-9)$$

对于图 16-19 所示 I 型裂纹,将式(16-8)代入上式,即得相应断裂判据为

$$\sigma\sqrt{\pi a} = K_{\mathrm{Ic}} \qquad (16-10)$$

根据上述判据,既可检验在给定应力 σ 作用下裂纹是否扩展或断裂;也可确定使裂纹开始扩展或断裂的外加应力值即所谓临界应力 σ_{c};还可确定在一定应力作用下裂纹的允许长度即所谓裂纹临界长度 $2a_{\mathrm{c}}$ 等。

三、循环应力下的裂纹扩展

根据上述分析,在静应力作用下,如果应力强度因子 $K < K_{\mathrm{c}}$,裂纹将不扩展。然而,在循环应力作用下,虽然应力强度因子 $K < K_{\mathrm{c}}$,裂纹也可能缓慢扩展并导致构件断裂。

裂纹扩展的速率用 $\mathrm{d}a/\mathrm{d}N$ 表示,它代表应力每循环一次裂纹半长度的扩展量。在循环应力作用下,裂纹尖端处的应力强度因子 K 也随时间变化,其变化

幅值为

$$\Delta K = K_{\max} - K_{\min}$$

试验表明,裂纹扩展速率 da/dN 主要与应力强度因子变化幅值 ΔK 有关,二者间的关系如图 16-20 所示。图中,ΔK_{th} 代表使裂纹开始扩展的最低应力强度因子变化幅值。当 $\Delta K \geqslant \Delta K_{th}$ 时,裂纹扩展,da/dN 与 ΔK 的关系接近于直线。随着裂纹尺寸的增长,应力强度因子也随之增长,而当应力强度因子的最大值 $K_{\max}$ 接近断裂韧度 K_c 时,da/dN 即急剧增长并导致断裂。

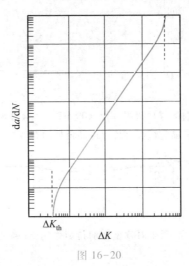

图 16-20

关于裂纹扩展规律的研究,为含裂纹构件的疲劳寿命估算,提供了理论与试验基础。

思 考 题

16-1 何谓对称循环与脉动循环? 其应力比各为何值?

16-2 疲劳破坏有何特点? 疲劳破坏断口为什么会出现光滑与粗粒状区域?

16-3 如何由试验测得 S-N 曲线? 如何确定材料的疲劳极限?

16-4 影响构件疲劳极限的主要因素是什么? 如何确定有效应力集中因数、尺寸因数与表面质量因数? 试述提高构件疲劳强度的措施。

16-5 材料的疲劳极限与构件的疲劳极限有何区别? 材料的疲劳极限与强度极限有何区别?

16-6 在对称循环应力下,如何进行构件的疲劳强度计算?

习 题

16-1 图示应力循环,试求应力比。

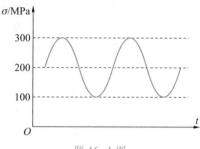

题 16-1 图

16-2 图示钢质疲劳试样,强度极限 $\sigma_b = 600$ MPa,试验时承受对称循环的轴向载荷作用,试样表面经磨削加工。试确定试样夹持部位圆角处的有效应力集中因数。

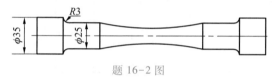

题 16-2 图

16-3 题 16-2 所述试样,承受对称循环的扭矩作用,试确定试样夹持部位圆角处的有效应力集中因数。

16-4 例 16-1 所述轴,若将其圆角半径改为 $R = 2$ mm,表面改为粗车加工,则工作安全因数降低为原设计的百分之几?

16-5 图示阶梯形圆截面轴,危险截面 A-A 上的内力为对称循环的交变扭矩,其最大值 $T_{max} = 1.0$ kN·m,轴表面经精车加工,材料的强度极限 $\sigma_b = 600$ MPa,扭转疲劳极限 $\tau_{-1} = 130$ MPa,疲劳安全因数 $n_f = 2$,试校核轴的疲劳强度。

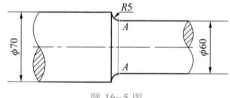

题 16-5 图

第十六章 电子教案

附录 A　常见截面的几何性质

	截面形状	形心位置	惯性矩
1		截面中心	$I_z = \dfrac{bh^3}{12}$
2		截面中心	$I_z = \dfrac{bh^3}{12}$
3		$y_C = \dfrac{h}{3}$	$I_z = \dfrac{bh^3}{36}$
4		$y_C = \dfrac{h(2a+b)}{3(a+b)}$	$I_z = \dfrac{h^3(a^2+4ab+b^2)}{36(a+b)}$

续表

	截 面 形 状	形 心 位 置	惯 性 矩
5		圆心处	$I_z = \dfrac{\pi d^4}{64}$
6		圆心处	$I_z = \dfrac{\pi(D^4 - d^4)}{64} = \dfrac{\pi D^4}{64}(1 - \alpha^4)$ $\alpha = d/D$
7		圆心处	$I_z = \pi R_0^3 \delta$
8		$y_c = \dfrac{4R}{3\pi}$	$I_z = \dfrac{(9\pi^2 - 64)R^4}{72\pi} = 0.109\,8R^4$
9		$y_c = \dfrac{2R\sin\alpha}{3\alpha}$	$I_z = \dfrac{R^4}{4}\left(\alpha + \sin\alpha\cos\alpha - \dfrac{16\sin^2\alpha}{9\alpha}\right)$
10		椭圆中心	$I_z = \dfrac{\pi ab^3}{4}$

附录 B   常用材料的力学性能

材料名称	牌 号	σ_s/MPa	σ_b/MPa	δ_5/%①	备 注
普通碳素钢	Q215	215	335～450	26～31	对应旧牌号 A2
	Q235	235	375～500	21～26	对应旧牌号 A3
	Q255	255	410～550	19～24	对应旧牌号 A4
	Q275	275	490～630	15～20	对应旧牌号 A5
优质碳素钢	25	275	450	23	25 号钢
	35	315	530	20	35 号钢
	45	355	600	16	45 号钢
	55	380	645	13	55 号钢
低合金钢	15MnV	390	530～680	18	15 锰钒
	16Mn	345	510～660	22	16 锰
合金钢	20Cr	540	835	10	20 铬
	40Cr	785	980	9	40 铬
	30CrMnSi	885	1 080	10	30 铬锰硅
铸钢	ZG200-400	200	400	25	
	ZG270-500	270	500	18	
灰铸铁	HT150		150②		
	HT250		250②		
铝合金	LY12	274	412	19	硬铝

注:① δ_5 表示标距 $l=5d$ 标准试样的伸长率。

② σ_b 为拉伸强度极限。

附录 C   非圆截面杆扭转

截面形状	I_t	W_t[①]
1 b , a (椭圆)	$I_t = \dfrac{\pi n^3 b^4}{16(n^2+1)}$ $\left(n = \dfrac{b}{a} \geqslant 1\right)$	$W_t = \dfrac{\pi b^3 n}{16}$ $\left(n = \dfrac{b}{a} \geqslant 1\right)$
2 d , D , e	$I_t = \dfrac{\pi D^4}{32k'}(1-\alpha^4)$ $k' = 1 + \dfrac{16\alpha^2\lambda^2}{(1-\alpha^2)(1-\alpha^4)} +$ $\dfrac{384\alpha^4\lambda^4}{(1-\alpha^2)^2(1-\alpha^4)^4}$ $\left(\dfrac{d}{D} = \alpha, \dfrac{e}{d} = \lambda\right)$	$W_t = \dfrac{\pi D^3}{16k}(1-\alpha^4)$ $k = 1 + \dfrac{4\alpha^2\lambda}{1-\alpha^2} + \dfrac{32\alpha^2\lambda^2}{(1-\alpha^2)(1-\alpha^4)} +$ $\dfrac{48\alpha^2(1+2\alpha^2+3\alpha^4+2\alpha^6)\lambda^3}{(1-\alpha^2)(1-\alpha^4)(1-\alpha^6)} +$ $\dfrac{64\alpha^2(2+12\alpha^2+19\alpha^4+28\alpha^6+18\alpha^8+14\alpha^{10}+3\alpha^{12})\lambda^4}{(1-\alpha^2)(1-\alpha^4)(1-\alpha^6)(1-\alpha^8)}$ $\left(\dfrac{d}{D} = \alpha, \dfrac{e}{d} = \lambda\right)$

Row 3:

$$I_t = \frac{k'D^4}{16} \qquad\qquad W_t = \frac{kD^3}{8}$$

d/D	0	0.05	0.10	0.20	0.40	0.60	0.80	1.00	1.50
k	1.57	0.89	0.82	0.81	0.76	0.66	0.52	0.38	0.14
k'	1.57	1.56	1.56	1.46	1.22	0.92	0.63	0.38	0.07

Row 4:

D , h ， $(h/D > 0.5)$

$$I_t = \left(\frac{2.6h}{D} - 1\right)\frac{D^4}{16}$$

$$W_t = \frac{\dfrac{2.6h}{D} - 1}{\dfrac{0.3h}{D} + 0.7} \cdot \frac{D^3}{8}$$

续表

截 面 形 状	I_t	$W_t^{①}$
5	等边三角形 $$I_t = \frac{\sqrt{3}\,a^4}{80}$$	等边三角形 $$W_t = \frac{a^3}{20}$$
6	$I_t = k'a^2 A$ 正六边形, $k' = 0.133$ 正八边形, $k' = 0.130$ A—横截面面积	$W_t = kaA$ 正六边形, $k = 0.217$ 正八边形, $k = 0.223$ A—横截面面积
7 ($a > 4b_1$)	$$I_t = \frac{a(b_1^4 - b_2^4)}{12(b_1 - b_2)} - 0.105(b_1^4 + b_2^4)$$	$$W_t = \frac{a(b_1^4 - b_2^4)}{12b_1(b_1 - b_2)} - \frac{0.105(b_1^4 + b_2^4)}{b_1}$$

注:① 最大扭转切应力位于横截面边缘圆点处。

附录 D 梁的挠度与转角

序号	梁的简图	挠曲轴方程	挠度和转角
1		$w = \dfrac{Fx^2}{6EI}(x-3l)$	$w_B = -\dfrac{Fl^3}{3EI}$ $\theta_B = -\dfrac{Fl^2}{2EI}$
2		$w = \dfrac{Fx^2}{6EI}(x-3a),(0 \leqslant x \leqslant a)$ $w = \dfrac{Fa^2}{6EI}(a-3x),(a \leqslant x \leqslant l)$	$w_B = -\dfrac{Fa^2}{6EI}(3l-a)$ $\theta_B = -\dfrac{Fa^2}{2EI}$
3		$w = \dfrac{qx^2}{24EI}(4lx-6l^2-x^2)$	$w_B = -\dfrac{ql^4}{8EI}$ $\theta_B = -\dfrac{ql^3}{6EI}$
4		$w = -\dfrac{M_e x^2}{2EI}$	$w_B = -\dfrac{M_e l^2}{2EI}$ $\theta_B = -\dfrac{M_e l}{EI}$
5		$w = -\dfrac{M_e x^2}{2EI}$ $(0 \leqslant x \leqslant a)$ $w = -\dfrac{M_e a}{EI}\left(\dfrac{a}{2}-x\right)$ $(a \leqslant x \leqslant l)$	$w_B = -\dfrac{M_e a}{EI}\left(1-\dfrac{a}{2}\right)$ $\theta_B = -\dfrac{M_e a}{EI}$
6		$w = \dfrac{Fx}{12EI}\left(x^2-\dfrac{3l^2}{4}\right)$ $\left(0 \leqslant x \leqslant \dfrac{l}{2}\right)$	$w_C = -\dfrac{Fl^3}{48EI}$ $\theta_A = -\theta_B = -\dfrac{Fl^2}{16EI}$

序号	梁 的 简 图	挠曲轴方程	挠度和转角
7		$w = \dfrac{Fbx}{6lEI}(x^2 - l^2 + b^2)$ $(0 \le x \le a)$ $w = \dfrac{Fa(l-x)}{6lEI}(x^2 + a^2 - 2lx)$ $(a \le x \le 1)$	$\delta = -\dfrac{Fb(l^2-b^2)^{3/2}}{9\sqrt{3}\,lEI}$ $\left(\text{位于 } x = \sqrt{\dfrac{l^2-b^2}{3}} \text{ 处}\right)$ $\theta_A = -\dfrac{Fb(l^2-b^2)}{6lEI}$ $\theta_B = \dfrac{Fa(l^2-a^2)}{6lEI}$
8		$w = \dfrac{qx}{24EI}(2lx^2 - x^3 - l^3)$	$\delta = -\dfrac{5ql^4}{384EI}$ $\theta_A = -\theta_B = -\dfrac{ql^3}{24EI}$
9		$w = \dfrac{M_e x}{6lEI}(l^2 - x^2)$	$\delta = \dfrac{M_e l^2}{9\sqrt{3}\,EI}$ $(\text{位于 } x = l/\sqrt{3} \text{ 处})$ $\theta_A = \dfrac{M_e l}{6EI}$ $\theta_B = -\dfrac{M_e l}{3EI}$
10		$w = \dfrac{M_e x}{6lEI}(l^2 - 3b^2 - x^2)$ $(0 \le x \le a)$ $w = \dfrac{M_e(l-x)}{6lEI}(3a^2 - 2lx + x^2)$ $(a \le x \le l)$	$\delta_1 = \dfrac{M_e(l^2-3b^2)^{3/2}}{9\sqrt{3}\,lEI}$ $(\text{位于 } x = \sqrt{l^2-3b^2}/\sqrt{3} \text{ 处})$ $\delta_2 = -\dfrac{M_e(l^2-3a^2)^{3/2}}{9\sqrt{3}\,lEI}$ $(\text{位于距 } B \text{ 端 } x = \sqrt{l^2-3a^2}/\sqrt{3} \text{ 处})$ $\theta_A = \dfrac{M_e(l^2-3b^2)}{6lEI}$ $\theta_B = \dfrac{M_e(l^2-3a^2)}{6lEI}$ $\theta_C = \dfrac{M_e(l^2-3a^2-3b^2)}{6lEI}$

附录 E 型 钢 表

表1 热轧等边角钢（GB 9787—88①）

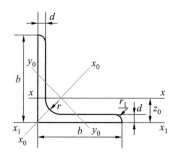

符号意义: b ——边宽度； I ——惯性矩；

d ——边厚度； i ——惯性半径；

r ——内圆弧半径； W ——抗弯截面系数；

r_1 ——边端内圆弧半径； z_0 ——重心距离。

型号	尺寸 /mm			截面面积 /cm²	理论重量 /(kg/m)	外表面积 /(m²/m)	参考数值											z_0 /cm
							$x-x$			x_0-x_0			y_0-y_0			x_1-x_1		
	b	d	r				I_x /cm⁴	i_x /cm	W_x /cm³	I_{x0} /cm⁴	i_{x0} /cm	W_{x0} /cm³	I_{y0} /cm⁴	i_{y0} /cm	W_{y0} /cm³	I_{x1} /cm⁴	
2	20	3	3.5	1.132	0.889	0.078	0.40	0.59	0.29	0.63	0.75	0.45	0.17	0.39	0.20	0.81	0.60
		4		1.459	1.145	0.077	0.50	0.58	0.36	0.78	0.73	0.55	0.22	0.38	0.24	1.09	0.64
2.5	25	3		1.432	1.124	0.098	0.82	0.76	0.46	1.29	0.95	0.73	0.34	0.49	0.33	1.57	0.73
		4		1.859	1.459	0.097	1.03	0.74	0.59	1.62	0.93	0.92	0.43	0.48	0.40	2.11	0.76
3.0	30	3		1.749	1.373	0.117	1.46	0.91	0.68	2.31	1.15	1.09	0.61	0.59	0.51	2.71	0.85
		4		2.276	1.786	0.117	1.84	0.90	0.87	2.92	1.13	1.37	0.77	0.58	0.62	3.63	0.89
3.6	36	3	4.5	2.109	1.656	0.141	2.58	1.11	0.99	4.09	1.39	1.61	1.07	0.71	0.76	4.68	1.00
		4		2.756	2.163	0.141	3.29	1.09	1.28	5.22	1.38	2.05	1.37	0.70	0.93	6.25	1.04
		5		3.382	2.654	0.141	3.95	1.08	1.56	6.24	1.36	2.45	1.65	0.70	1.09	7.84	1.07
4.0	40	3	5	2.359	1.852	0.157	3.58	1.23	1.23	5.69	1.55	2.01	1.49	0.79	0.96	6.41	1.09
		4		3.086	2.422	0.157	4.60	1.22	1.60	7.29	1.54	2.58	1.91	0.79	1.19	8.56	1.13
		5		3.791	2.976	0.156	5.53	1.21	1.96	8.76	1.52	3.10	2.30	0.78	1.39	10.74	1.17
4.5	45	3	5	2.659	2.088	0.177	5.17	1.40	1.58	8.20	1.76	2.58	2.14	0.89	1.24	9.12	1.22
		4		3.486	2.736	0.177	6.65	1.38	2.05	10.56	1.74	3.32	2.75	0.89	1.54	12.18	1.26
		5		4.292	3.369	0.176	8.04	1.37	2.51	12.74	1.72	4.00	3.33	0.88	1.81	15.25	1.30
		6		5.076	3.985	0.176	9.33	1.36	2.95	14.76	1.70	4.64	3.89	0.88	2.06	18.36	1.33

① 现行最新标准为《热轧型钢》(GB/T 706—2016)，此处型钢表作用仅为数据展示，方便读者求解书中例题、习题等时查阅，表2、表3、表4均如此。

续表

型号	尺寸 /mm			截面面积 /cm²	理论重量 /(kg/m)	外表面积 /(m²/m)	参考数值											z_0 /cm
							$x-x$			x_0-x_0			y_0-y_0			x_1-x_1	
	b	d	r				I_x /cm⁴	i_x /cm	W_x /cm³	I_{x0} /cm⁴	i_{x0} /cm	W_{x0} /cm³	I_{y0} /cm⁴	i_{y0} /cm	W_{y0} /cm³	I_{x1} /cm⁴	
5	50	3	5.5	2.971	2.332	0.197	7.18	1.55	1.96	11.37	1.96	3.22	2.98	1.00	1.57	12.50	1.34
		4		3.897	3.059	0.197	9.26	1.54	2.56	14.70	1.94	4.16	3.82	0.99	1.96	16.69	1.38
		5		4.803	3.770	0.196	11.21	1.53	3.13	17.79	1.92	5.03	4.64	0.98	2.31	20.90	1.42
		6		5.688	4.465	0.196	13.05	1.52	3.68	20.68	1.91	5.85	5.42	0.98	2.63	25.14	1.46
5.6	56	3	6	3.343	2.624	0.221	10.19	1.75	2.48	16.14	2.20	4.08	4.24	1.13	2.02	17.56	1.48
		4		4.390	3.446	0.220	13.18	1.73	3.24	20.92	2.18	5.28	5.46	1.11	2.52	23.43	1.53
		5		5.415	4.251	0.220	16.02	1.72	3.97	25.42	2.17	6.42	6.61	1.10	2.98	29.33	1.57
		6		8.367	6.568	0.219	23.63	1.68	6.03	37.37	2.11	9.44	9.89	1.09	4.16	46.24	1.68
6.3	63	4	7	4.978	3.907	0.248	19.03	1.96	4.13	30.17	2.46	6.78	7.89	1.26	3.29	33.35	1.70
		5		6.143	4.822	0.248	23.17	1.94	5.08	36.77	2.45	8.25	9.57	1.25	3.90	41.73	1.74
		6		7.288	5.721	0.247	27.12	1.93	6.00	43.03	2.43	9.66	11.20	1.24	4.46	50.14	1.78
		8		9.515	7.469	0.247	34.46	1.90	7.75	54.56	2.40	12.25	14.33	1.23	5.47	67.11	1.85
		10		11.657	9.151	0.246	41.09	1.88	9.39	64.85	2.36	14.56	17.33	1.22	6.36	84.31	1.93
7	70	4	8	5.570	4.372	0.275	26.39	2.18	5.14	41.80	2.74	8.44	10.99	1.40	4.17	45.74	1.86
		5		6.875	5.397	0.275	32.21	2.16	6.32	51.08	2.73	10.32	13.34	1.39	4.95	57.21	1.91
		6		8.160	6.406	0.275	37.77	2.15	7.48	59.93	2.71	12.11	15.61	1.38	5.67	68.73	1.95
		7		9.424	7.398	0.275	43.09	2.14	8.59	68.35	2.69	13.81	17.82	1.38	6.34	80.29	1.99
		8		10.667	8.373	0.274	48.17	2.12	9.68	76.37	2.68	15.43	19.98	1.37	6.98	91.92	2.03
7.5	75	5	9	7.412	5.818	0.295	39.97	2.33	7.32	63.30	2.92	11.94	16.63	1.50	5.77	70.56	2.04
		6		8.797	6.905	0.294	46.95	2.31	8.64	74.38	2.90	14.02	19.51	1.49	6.67	84.55	2.07
		7		10.160	7.976	0.294	53.57	2.30	9.93	84.96	2.89	16.02	22.18	1.48	7.44	98.71	2.11
		8		11.503	9.030	0.294	59.96	2.28	11.20	95.07	2.88	17.93	24.86	1.47	8.19	112.97	2.15
		10		14.126	11.089	0.293	71.98	2.26	13.64	113.92	2.84	21.48	30.05	1.46	9.56	141.71	2.22
8	80	5	9	7.912	6.211	0.315	48.79	2.48	8.34	77.33	3.13	13.67	20.25	1.60	6.66	85.36	2.15
		6		9.397	7.376	0.314	57.35	2.47	9.87	90.98	3.11	16.08	23.72	1.59	7.65	102.50	2.19
		7		10.860	8.525	0.314	65.58	2.46	11.37	104.07	3.10	18.40	27.09	1.58	8.58	119.70	2.23
		8		12.303	9.658	0.314	73.49	2.44	12.83	116.60	3.08	20.61	30.39	1.57	9.46	136.97	2.27
		10		15.126	11.874	0.313	88.43	2.42	15.64	140.09	3.04	24.76	36.77	1.56	11.08	171.74	2.35

型号	尺寸/mm			截面面积/cm²	理论重量/(kg/m)	外表面积/(m²/m)	参考数值											z₀/cm
							$x-x$			x_0-x_0			y_0-y_0			x_1-x_1		
	b	d	r				I_x/cm⁴	i_x/cm	W_x/cm³	I_{x0}/cm⁴	i_{x0}/cm	W_{x0}/cm³	I_{y0}/cm⁴	i_{y0}/cm	W_{y0}/cm³	I_{x1}/cm⁴		/cm
9	90	6	10	10.637	8.350	0.354	82.77	2.79	12.61	131.26	3.51	20.63	34.28	1.80	9.95	145.87		2.44
		7		12.301	9.656	0.354	94.83	2.78	14.54	150.47	3.50	23.64	39.18	1.78	11.19	170.30		2.48
		8		13.944	10.946	0.353	106.47	2.76	16.42	168.97	3.48	26.55	43.97	1.78	12.35	194.80		2.52
		10		17.167	13.476	0.353	128.58	2.74	20.07	203.90	3.45	32.04	53.26	1.76	14.52	244.07		2.59
		12		20.306	15.940	0.352	149.22	2.71	23.57	236.21	3.41	37.12	62.22	1.75	16.49	293.76		2.67
10	100	6	12	11.932	9.366	0.393	114.95	3.10	15.68	181.98	3.90	25.74	47.92	2.00	12.69	200.07		2.67
		7		13.796	10.830	0.393	131.86	3.09	18.10	208.97	3.89	29.55	54.74	1.99	14.26	233.54		2.71
		8		15.638	12.276	0.393	148.24	3.08	20.47	235.07	3.88	33.24	61.41	1.98	15.75	267.09		2.76
		10		19.261	15.120	0.392	179.51	3.05	25.06	284.68	3.84	40.26	74.35	1.96	18.54	334.48		2.84
		12		22.800	17.898	0.391	208.90	3.03	29.48	330.95	3.81	46.80	86.84	1.95	21.08	402.34		2.91
		14		26.256	20.611	0.391	236.53	3.00	33.73	374.06	3.77	52.90	99.00	1.94	23.44	470.75		2.99
		16		29.267	23.257	0.390	262.53	2.98	37.82	414.16	3.74	58.57	110.89	1.94	25.63	539.80		3.06
11	110	7	12	15.196	11.928	0.433	177.16	3.41	22.05	280.94	4.30	36.12	73.38	2.20	17.51	310.64		2.96
		8		17.238	13.532	0.433	199.46	3.40	24.95	316.49	4.28	40.69	82.42	2.19	19.39	355.20		3.01
		10		21.261	16.690	0.432	242.19	3.39	30.60	384.39	4.25	49.42	99.98	2.17	22.91	444.65		3.09
		12		25.200	19.782	0.431	282.55	3.35	36.05	448.17	4.22	57.62	116.93	2.15	26.15	534.60		3.16
		14		29.056	22.809	0.431	320.71	3.32	41.31	508.01	4.18	65.31	133.40	2.14	29.14	625.16		3.24
12.5	125	8	14	19.750	15.504	0.492	297.03	3.88	32.52	470.89	4.88	53.28	123.16	2.50	25.86	521.01		3.37
		10		24.373	19.133	0.491	361.67	3.85	39.97	573.89	4.85	64.93	149.46	2.48	30.62	651.93		3.45
		12		28.912	22.696	0.491	423.16	3.83	41.17	671.44	4.82	75.96	174.88	2.46	35.03	783.42		3.53
		14		33.367	26.193	0.490	481.65	3.80	54.16	763.73	4.78	86.41	199.57	2.45	39.13	915.61		3.61
14	140	10	14	27.373	21.488	0.551	514.65	4.34	50.58	817.27	5.46	82.56	212.04	2.78	39.20	915.11		3.82
		12		32.512	25.522	0.551	603.68	4.31	59.80	958.79	5.43	96.85	248.57	2.76	45.02	1 099.28		3.90
		14		37.567	29.490	0.550	688.81	4.28	68.75	1 093.56	5.40	110.47	284.06	2.75	50.45	1 284.22		3.98
		16		42.539	33.393	0.549	770.24	4.26	77.46	1 221.81	5.36	123.42	318.67	2.74	55.55	1 470.07		4.06
16	160	10	16	31.502	24.729	0.630	779.53	4.98	66.70	1 237.30	6.27	109.36	321.76	3.20	52.76	1 365.33		4.31
		12		37.441	29.391	0.630	916.58	4.95	78.98	1 455.68	6.24	128.67	377.49	3.18	60.74	1 639.57		4.39
		14		43.296	33.987	0.629	1 048.36	4.92	90.95	1 665.02	6.20	147.17	431.70	3.16	68.24	1 914.68		4.47
		16		49.067	38.518	0.629	1 175.08	4.89	102.63	1 865.57	6.17	164.89	484.59	3.14	75.31	2 190.82		4.55

续表

型号	尺寸/mm			截面面积/cm²	理论重量/(kg/m)	外表面积/(m²/m)	参考数值											z_0/cm
							$x-x$			x_0-x_0			y_0-y_0			x_1-x_1	
	b	d	r				I_x/cm⁴	i_x/cm	W_x/cm³	I_{x0}/cm⁴	i_{x0}/cm	W_{x0}/cm³	I_{y0}/cm⁴	i_{y0}/cm	W_{y0}/cm³	I_{x1}/cm⁴	
18	180	12	16	42.241	33.159	0.710	1 321.35	5.59	100.82	2 100.10	7.05	165.00	542.61	3.58	78.41	2 332.80	4.89
		14		48.896	38.383	0.709	1 514.48	5.56	116.25	2 407.42	7.02	189.14	621.53	3.56	88.38	2 723.48	4.97
		16		55.467	43.542	0.709	1 700.99	5.54	131.13	2 703.37	6.98	212.40	698.60	3.55	97.83	3 115.29	5.05
		18		61.955	48.634	0.708	1 875.12	5.50	145.64	2 988.24	6.94	234.78	762.01	3.51	105.14	3 502.43	5.13
20	200	14	18	54.642	42.894	0.788	2 103.55	6.20	144.70	3 343.26	7.82	236.40	863.83	3.98	111.82	3 734.10	5.46
		16		62.013	48.680	0.788	2 366.15	6.18	163.65	3 760.89	7.79	265.93	971.41	3.96	123.96	4 270.39	5.54
		18		69.301	54.401	0.787	2 620.64	6.15	182.22	4 164.54	7.75	294.48	1 076.74	3.94	135.52	4 808.13	5.62
		20		76.505	60.056	0.787	2 867.30	6.12	200.42	4 554.55	7.72	322.06	1 180.04	3.93	146.55	5 347.51	5.69
		24		90.661	71.168	0.785	3 338.25	6.07	236.17	5 294.97	7.64	374.41	1 381.53	3.90	166.65	6 457.16	5.87

注:截面图中的 $r_1=d/3$ 及表中 r 值,用于孔型设计,不作为交货条件。

表2 热轧不等边角钢(GB 9788—88①)

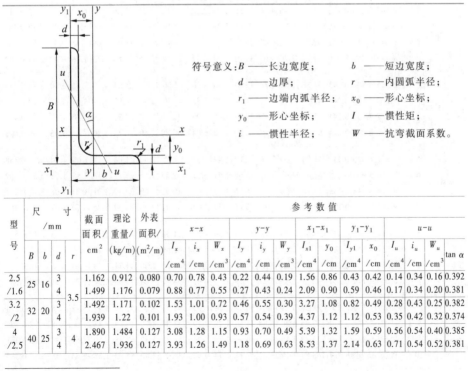

符号意义:B ——长边宽度; b ——短边宽度;
          d ——边厚; r ——内圆弧半径;
          r_1 ——边端内弧半径; x_0 ——形心坐标;
          y_0 ——形心坐标; I ——惯性矩;
          i ——惯性半径; W ——抗弯截面系数。

型号	尺寸/mm				截面面积/cm²	理论重量/(kg/m)	外表面积/(m²/m)	参考数值													
								$x-x$			$y-y$			x_1-x_1		y_1-y_1		$u-u$			
	B	b	d	r				I_x/cm⁴	i_x/cm	W_x/cm³	I_y/cm⁴	i_y/cm	W_y/cm³	I_{x1}/cm⁴	y_0/cm	I_{y1}/cm⁴	x_0/cm	I_u/cm⁴	i_u/cm	W_u/cm³	$\tan\alpha$
2.5/1.6	25	16	3	3.5	1.162	0.912	0.080	0.70	0.78	0.43	0.22	0.44	0.19	1.56	0.86	0.43	0.42	0.14	0.34	0.16	0.392
			4		1.499	1.176	0.079	0.88	0.77	0.55	0.27	0.43	0.24	2.09	0.90	0.59	0.46	0.17	0.34	0.20	0.381
3.2/2	32	20	3		1.492	1.171	0.102	1.53	1.01	0.72	0.46	0.55	0.30	3.27	1.08	0.82	0.49	0.28	0.43	0.25	0.382
			4		1.939	1.22	0.101	1.93	1.00	0.93	0.57	0.54	0.39	4.37	1.12	1.12	0.53	0.35	0.42	0.32	0.374
4/2.5	40	25	3	4	1.890	1.484	0.127	3.08	1.28	1.15	0.93	0.70	0.49	5.39	1.32	1.59	0.59	0.56	0.54	0.40	0.385
			4		2.467	1.936	0.127	3.93	1.26	1.49	1.18	0.69	0.63	8.53	1.37	2.14	0.63	0.71	0.54	0.52	0.381

① 现行最新标准为《热轧型钢》(GB/T 706—2016)。

续表

型号	尺寸 /mm				截面面积 /cm²	理论重量/(kg/m)	外表面积/(m²/m)	参考数值														
								x-x			y-y			x₁-x₁		y₁-y₁		u-u				
	B	b	d	r				I_x /cm⁴	i_x /cm	W_x /cm³	I_y /cm⁴	i_y /cm	W_y /cm³	I_{x1} /cm⁴	y_0 /cm	I_{y1} /cm⁴	x_0 /cm	I_u /cm⁴	i_u /cm	W_u /cm³	tan α
4.5 /2.8	45	28	3	5	2.149	1.687	0.143	4.45	1.44	1.47	1.34	0.79	0.62	9.10	1.47	2.23	0.64	0.80	0.61	0.51	0.383
			4		2.806	2.203	0.143	5.69	1.42	1.91	1.70	0.78	0.80	12.13	1.51	3.00	0.68	1.02	0.60	0.66	0.380
5 /3.2	50	32	3	5.5	2.431	1.908	0.161	6.24	1.60	1.84	2.02	0.91	0.82	12.49	1.60	3.31	0.73	1.20	0.70	0.68	0.404
			4		3.177	2.494	0.160	8.02	1.59	2.39	2.58	0.90	1.06	16.65	1.65	4.45	0.77	1.53	0.69	0.87	0.402
5.6 /3.6	56	36	3	6	2.743	2.153	0.181	8.88	1.80	2.32	2.92	1.03	1.05	17.54	1.78	4.70	0.80	1.73	0.79	0.87	0.408
			4		3.590	2.818	0.180	11.45	1.78	3.03	3.76	1.02	1.37	23.39	1.82	6.33	0.85	2.23	0.79	1.13	0.408
			5		4.415	3.466	0.180	13.86	1.77	3.71	4.49	1.01	1.65	29.25	1.87	7.94	0.88	2.67	0.79	1.36	0.404
6.3 /4	63	40	4	7	4.058	3.185	0.202	16.49	2.02	3.87	5.23	1.14	1.70	33.30	2.04	8.63	0.92	3.12	0.88	1.40	0.398
			5		4.993	3.920	0.202	20.02	2.00	4.74	6.31	1.12	2.71	41.63	2.08	10.86	0.95	3.76	0.87	1.71	0.396
			6		5.908	4.638	0.201	23.36	1.96	5.59	7.29	1.11	2.43	49.98	2.12	13.12	0.99	4.34	0.86	1.99	0.393
			7		6.802	5.339	0.201	26.53	1.98	6.40	8.24	1.10	2.78	58.07	2.15	15.47	1.03	4.97	0.86	2.29	0.389
7 /4.5	70	45	4	7.5	4.547	3.570	0.226	23.17	2.26	4.86	7.55	1.29	2.17	45.92	2.24	12.26	1.02	4.40	0.98	1.77	0.410
			5		5.609	4.403	0.225	27.95	2.23	5.92	9.13	1.28	2.65	57.10	2.28	15.39	1.06	5.40	0.98	2.19	0.407
			6		6.647	5.218	0.225	32.54	2.21	6.95	10.62	1.26	3.12	68.35	2.32	18.58	1.09	6.35	0.93	2.59	0.404
			7		7.657	6.011	0.225	37.22	2.20	8.03	12.01	1.25	3.57	79.99	2.36	21.84	1.13	7.16	0.97	2.94	0.402
7.5 /5	75	50	5	8	6.125	4.808	0.245	34.86	2.39	6.83	12.61	1.44	3.30	70.00	2.40	21.04	1.17	7.41	1.10	2.74	0.435
			6		7.260	5.699	0.245	41.12	2.38	8.12	14.70	1.42	3.88	84.30	2.44	25.37	1.21	8.54	1.08	3.19	0.435
			8		9.467	7.431	0.244	52.39	2.35	10.52	18.53	1.40	4.99	112.50	2.52	34.23	1.29	10.87	1.07	4.10	0.429
			10		11.590	9.098	0.244	62.71	2.33	12.79	21.96	1.38	6.04	140.80	2.60	43.43	1.36	13.10	1.06	4.99	0.423
8/5	80	50	5	8	6.375	5.005	0.255	41.96	2.56	7.78	12.82	1.42	3.32	85.21	2.60	21.06	1.14	7.66	1.10	2.74	0.388
			6		7.560	5.935	0.255	49.49	2.56	9.25	14.95	1.41	3.91	102.53	2.65	25.41	1.18	8.85	1.08	3.20	0.387
			7		8.724	6.848	0.255	56.16	2.54	10.58	16.96	1.39	4.48	119.33	2.69	29.82	1.21	10.18	1.08	3.70	0.384
			8		9.867	7.745	0.254	62.83	2.52	11.92	18.85	1.38	5.03	136.41	2.73	34.32	1.25	11.38	1.07	4.16	0.381
9/ 5.6	90	56	5	9	7.212	5.661	0.287	60.45	2.90	9.92	18.32	1.59	4.21	121.32	2.91	29.53	1.25	10.98	1.23	3.49	0.385
			6		8.557	6.717	0.286	71.03	2.88	11.74	21.42	1.58	4.96	145.59	2.95	35.58	1.29	12.90	1.23	4.18	0.384
			7		9.880	7.756	0.286	81.01	2.86	13.49	24.36	1.57	5.70	169.66	3.00	41.71	1.33	14.67	1.22	4.72	0.382
			8		11.183	8.779	0.286	91.03	2.85	15.27	27.15	1.56	6.41	194.17	3.04	47.93	1.36	16.34	1.21	5.29	0.380
10 /6.3	100	63	6	10	9.617	7.550	0.320	99.06	3.21	14.64	30.94	1.79	6.35	199.71	3.24	50.50	1.43	18.42	1.38	5.25	0.394
			7		11.111	8.722	0.320	113.45	3.20	16.88	35.26	1.78	7.29	233.00	3.28	59.14	1.47	21.00	1.38	6.02	0.394
			8		12.584	9.878	0.319	127.37	3.18	19.08	39.39	1.77	8.21	266.32	3.32	67.88	1.50	23.50	1.37	6.78	0.391
			10		15.467	12.142	0.319	153.81	3.15	23.32	47.12	1.74	9.98	333.06	3.40	85.73	1.58	28.33	1.35	8.24	0.387

续表

型号	尺寸/mm				截面面积/cm²	理论重量/(kg/m)	外表面积/(m²/m)	参考数值												
								x-x			y-y			x₁-x₁		y₁-y₁		u-u			
	B	b	d	r				I_x	i_x	W_x	I_y	i_y	W_y	I_{x1}	y_0	I_{y1}	x_0	I_u	i_u	W_u	$\tan\alpha$
								/cm⁴	/cm	/cm³	/cm⁴	/cm	/cm³	/cm⁴	/cm	/cm⁴	/cm	/cm⁴	/cm	/cm³	
10/8	100	80	6	10	10.637	8.350	0.354	107.04	3.17	15.19	61.24	2.40	10.16	199.83	2.95	102.68	1.97	31.65	1.72	8.37	0.627
			7		12.301	9.656	0.354	122.73	3.16	17.52	70.08	2.39	11.71	233.20	3.00	119.98	2.01	36.17	1.72	9.60	0.626
			8		13.944	10.946	0.353	137.92	3.14	19.81	78.58	2.37	13.21	266.61	3.04	137.37	2.05	40.58	1.71	10.80	0.625
			10		17.167	13.476	0.353	166.87	3.12	24.24	94.65	2.35	16.12	333.63	3.12	172.48	2.13	49.10	1.69	13.12	0.622
11/7	110	70	6	10	10.637	8.350	0.354	133.37	3.54	17.85	42.92	2.01	7.90	265.78	3.53	69.08	1.57	25.36	1.54	6.53	0.403
			7		12.301	9.656	0.354	153.00	3.53	20.60	49.01	2.00	9.09	310.07	3.57	80.82	1.61	28.95	1.53	7.50	0.402
			8		13.944	10.946	0.353	172.04	3.51	23.30	54.87	1.98	10.25	354.39	3.62	92.70	1.65	32.45	1.53	8.45	0.401
			10		17.167	13.467	0.353	208.39	3.48	28.54	65.88	1.96	12.48	443.13	3.70	116.83	1.72	39.20	1.51	10.29	0.397
12.5/8	125	80	7	11	14.096	11.066	0.403	227.98	4.02	26.86	74.42	2.30	12.01	454.99	4.01	120.32	1.80	43.81	1.76	9.92	0.408
			8		15.989	12.551	0.403	256.77	4.01	30.41	83.49	2.28	13.56	519.99	4.06	137.85	1.84	49.15	1.75	11.18	0.407
			10		19.712	15.474	0.402	312.04	3.98	37.33	100.67	2.26	16.56	650.09	4.14	173.40	1.92	59.45	1.74	13.64	0.404
			12		23.351	18.330	0.402	364.41	3.95	44.01	116.67	2.24	19.43	780.39	4.22	209.67	2.00	69.35	1.72	16.01	0.400
14/9	140	90	8	12	18.038	14.160	0.453	365.64	4.50	38.48	120.69	2.59	17.34	730.53	4.50	195.79	2.04	70.83	1.98	14.31	0.411
			10		22.261	17.475	0.452	445.50	4.47	47.31	146.03	2.56	21.22	913.20	4.58	245.92	2.21	85.82	1.96	17.48	0.409
			12		26.400	20.724	0.451	521.59	4.44	55.87	169.79	2.54	24.95	1 096.09	4.66	296.89	2.19	100.21	1.95	20.54	0.406
			14		30.456	23.908	0.451	594.10	4.42	64.18	192.10	2.51	28.54	1 279.26	4.74	348.82	2.27	114.13	1.94	23.52	0.403
16/10	160	100	10	13	25.315	19.872	0.512	668.69	5.14	62.13	205.03	2.85	26.56	1 362.89	5.24	336.59	2.28	121.74	2.19	21.92	0.390
			12		30.054	23.592	0.511	784.91	5.11	73.49	239.09	2.82	31.28	1 635.56	5.32	405.94	2.36	142.33	2.17	25.79	0.388
			14		34.709	27.247	0.510	896.30	5.08	84.56	271.20	2.80	35.83	1 908.50	5.40	476.42	2.43	162.23	2.16	29.56	0.385
			16		39.281	30.835	0.510	1 003.04	5.05	95.33	301.60	2.77	40.24	2 181.79	5.48	548.22	2.51	182.57	2.16	33.44	0.382
18/11	180	110	10	14	28.373	22.273	0.571	956.25	5.80	78.96	278.11	3.13	32.49	1 940.40	5.89	447.22	2.44	166.50	2.42	26.88	0.376
			12		33.712	26.464	0.571	1 124.72	5.78	93.53	325.03	3.10	38.32	2 328.35	5.98	538.94	2.52	194.87	2.40	31.66	0.374
			14		38.967	30.589	0.570	1 286.91	5.75	107.76	369.55	3.08	43.97	2 716.60	6.06	631.95	2.59	222.30	2.39	36.32	0.372
			16		44.139	34.649	0.569	1 443.06	5.72	121.64	411.85	3.06	49.44	3 105.15	6.14	726.46	2.67	248.84	2.38	40.87	0.369
20/12.5	200	125	12	14	37.912	29.761	0.641	1 570.90	6.44	116.73	483.16	3.57	49.99	3 193.85	6.54	787.74	2.83	285.79	2.74	41.23	0.392
			14		43.867	34.436	0.640	1 800.97	6.41	134.65	550.83	3.54	57.44	3 726.17	6.62	922.47	2.91	326.58	2.73	47.34	0.390
			16		49.739	39.045	0.639	2 023.35	6.38	152.18	615.44	3.52	64.69	4 258.86	6.70	1 058.86	2.99	366.21	2.71	53.32	0.388
			18		55.526	43.588	0.639	2 238.30	6.35	169.33	677.19	3.49	71.74	4 792.00	6.78	1 197.13	3.06	404.83	2.70	59.18	0.385

注：1. 括号内型号不推荐使用。

2. 截面图中的 $r_1 = d/3$ 及表中 r 值,用于孔型设计,不作为交货条件。

表 3 热轧槽钢(GB 707—88①)

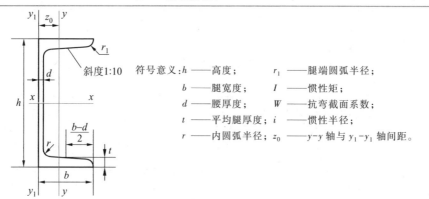

斜度1:10　符号意义:h——高度;　　　r_1——腿端圆弧半径;

b——腿宽度;　　　I——惯性矩;

d——腰厚度;　　　W——抗弯截面系数;

t——平均腿厚度;　i——惯性半径;

r——内圆弧半径;　z_0——y-y 轴与 y_1-y_1 轴间距。

型号	尺 寸/mm						截面面积/cm²	理论重量/(kg/m)	参 考 数 值							
									x-x			y-y			y_1-y_1	z_0 /cm
	h	b	d	t	r	r_1			W_x /cm³	I_x /cm⁴	i_x /cm	W_y /cm³	I_y /cm⁴	i_y /cm	I_{y1} /cm⁴	
5	50	37	4.5	7	7.0	3.5	6.928	5.438	10.4	26.0	1.94	3.55	8.30	1.10	20.9	1.35
6.3	63	40	4.8	7.5	7.5	3.8	8.451	6.634	16.1	50.8	2.45	4.50	11.9	1.19	28.4	1.36
8	80	43	5.0	8	8.0	4.0	10.248	8.045	25.3	101	3.15	5.79	16.6	1.27	37.4	1.43
10	100	48	5.3	8.5	8.5	4.2	12.748	10.007	39.7	198	3.95	7.8	25.6	1.41	54.9	1.52
12.6	126	53	5.5	9	9.0	4.5	15.692	12.318	62.1	391	4.95	10.2	38.0	1.57	77.1	1.59
14 a	140	58	6.0	9.5	9.5	4.8	18.516	14.535	80.5	564	5.52	13.0	53.2	1.70	107	1.71
b	140	60	8.0	9.5	9.5	4.8	21.316	16.733	87.1	609	5.35	14.1	61.1	1.69	121	1.67
16a	160	63	6.5	10	10.0	5.0	21.962	17.240	108	866	6.28	16.3	73.3	1.83	144	1.80
16	160	65	8.5	10	10.0	5.0	25.162	19.752	117	935	6.10	17.6	83.4	1.82	161	1.75
18a	180	68	7.0	10.5	10.5	5.2	25.699	20.174	141	1 270	7.04	20.0	98.6	1.96	190	1.88
18	180	70	9.0	10.5	10.5	5.2	29.299	23.000	152	1 370	6.84	21.5	111	1.95	210	1.84
20a	200	73	7.0	11	11.0	5.5	28.837	22.637	178	1 780	7.86	24.2	128	2.11	244	2.01
20	200	75	9.0	11	11.0	5.5	32.837	25.777	191	1 910	7.64	25.9	144	2.09	268	1.95
22a	220	77	7.0	11.5	11.5	5.8	31.846	24.999	218	2 390	8.67	28.2	158	2.23	298	2.10
22	220	79	9.0	11.5	11.5	5.8	36.246	28.453	234	2 570	8.42	30.1	176	2.21	326	2.03
a	250	78	7.0	12	12.0	6.0	34.917	27.410	270	3 370	9.82	30.6	176	2.24	322	2.07
25b	250	80	9.0	12	12.0	6.0	39.917	31.335	282	3 530	9.41	32.7	196	2.22	353	1.98
c	250	82	11.0	12	12.0	6.0	44.917	35.260	295	3 690	9.07	35.9	218	2.21	384	1.92
a	280	82	7.5	12.5	12.5	6.2	40.034	31.427	340	4 760	10.9	35.7	218	2.33	388	2.10
28b	280	84	9.5	12.5	12.5	6.2	45.634	35.823	366	5 130	10.6	37.9	242	2.30	428	2.02
c	280	86	11.5	12.5	12.5	6.2	51.234	40.219	393	5 500	10.4	40.3	268	2.29	463	1.95

① 现行最新标准为《热轧型钢》(GB/T 706—2016)。

续表

型号		h	b	d	t	r	r₁	截面面积 /cm²	理论重量/ (kg/m)	x-x			y-y			y₁-y₁	z₀
										W_x /cm³	I_x /cm⁴	i_x /cm	W_y /cm³	I_y /cm⁴	i_y /cm	I_{y1} /cm⁴	/cm
	a	320	88	8.0	14	14.0	7.0	48.513	38.083	475	7 600	12.5	46.5	305	2.50	552	2.24
32b		320	90	10.0	14	14.0	7.0	54.913	43.107	509	8 140	12.2	59.2	336	2.47	593	2.16
	c	320	92	12.0	14	14.0	7.0	61.313	48.131	543	8 690	11.9	52.6	374	2.47	643	2.09
	a	360	96	9.0	16	16.0	8.0	60.910	47.814	660	11 900	14.0	63.5	455	2.73	818	2.44
36b		360	98	11.0	16	16.0	8.0	68.110	53.466	703	12 700	13.6	66.9	497	2.70	880	2.37
	c	360	100	13.0	16	16.0	8.0	75.310	59.118	746	13 400	13.4	70.0	536	2.67	948	2.34
	a	400	100	10.5	18	18.0	9.0	75.068	58.928	879	17 600	15.3	78.8	592	2.81	1 070	2.49
40b		400	102	12.5	18	18.0	9.0	83.068	65.208	932	18 600	15.0	82.5	640	2.78	1 140	2.44
	c	400	104	14.5	18	18.0	9.0	91.068	71.488	986	19 700	14.7	86.2	688	2.75	1 220	2.42

表4 热轧工字钢(GB 706—88①)

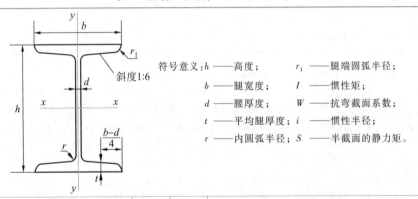

符号意义: h —— 高度; r₁ —— 腿端圆弧半径;
b —— 腿宽度; I —— 惯性矩;
d —— 腰厚度; W —— 抗弯截面系数;
t —— 平均腿厚度; i —— 惯性半径;
r —— 内圆弧半径; S —— 半截面的静力矩。

型号	h	b	d	t	r	r₁	截面面积 /cm²	理论重量/ (kg/m)	x-x				y-y		
									I_x /cm⁴	W_x /cm³	i_x /cm	$I_x : S_x$ /cm	I_y /cm⁴	W_y /cm³	i_y /cm
10	100	68	4.5	7.6	6.5	3.3	14.345	11.261	245	49.0	4.14	8.59	33.0	9.72	1.52
12.6	126	74	5.0	8.4	7.0	3.5	18.118	14.223	488	77.5	5.20	10.8	46.9	12.7	1.61
14	140	80	5.5	9.1	7.5	3.8	21.516	16.890	712	102	5.76	12.0	64.4	16.1	1.73
16	160	88	6.0	9.9	8.0	4.0	26.131	20.513	1 130	141	6.58	13.8	93.1	21.2	1.89
18	180	94	6.5	10.7	8.5	4.3	30.756	24.143	1 660	185	7.36	15.4	122	26.0	2.00
20a	200	100	7.0	11.4	9.0	4.5	35.578	27.929	2 370	237	8.15	17.2	158	31.5	2.12
20b	200	102	9.0	11.4	9.0	4.5	39.578	31.069	2 500	250	7.96	16.9	169	33.1	2.06
22a	220	110	7.5	12.3	9.5	4.8	42.128	33.070	3 400	309	8.99	18.9	225	40.9	2.31
22b	220	112	9.5	12.3	9.5	4.8	46.528	36.524	3 570	325	8.78	18.7	239	42.7	2.27

① 现行最新标准为《热轧型钢》(GB/T 706—2016)。

续表

型号	尺　　寸/mm						截面面积 /cm²	理论重量/ (kg/m)	参 考 数 值						
									x－x				y－y		
	h	b	d	t	r	r₁			I_x /cm⁴	W_x /cm³	i_x /cm	$I_x:S_x$ /cm	I_y /cm⁴	W_y /cm³	i_y /cm
25a	250	116	8.0	13.0	10.0	5.0	48.541	38.105	5 020	402	10.2	21.6	280	48.3	2.40
25b	250	118	10.0	13.0	10.0	5.0	53.541	42.030	5 280	423	9.94	21.3	309	52.4	2.40
28a	280	122	8.5	13.7	10.5	5.3	55.404	43.492	7 110	508	11.3	24.6	345	56.6	2.50
28b	280	124	10.5	13.7	10.5	5.3	61.004	47.888	7 480	534	11.1	24.2	379	61.2	2.49
32a	320	130	9.5	15.0	11.5	5.8	67.156	52.717	11 100	692	12.8	27.5	460	70.8	2.62
32b	320	132	11.5	15.0	11.5	5.8	73.556	57.741	11 600	726	12.6	27.1	502	76.0	2.61
32c	320	134	13.5	15.0	11.5	5.8	79.956	62.765	12 200	760	12.3	26.3	544	81.2	2.61
36a	360	136	10.0	15.8	12.0	6.0	76.480	60.037	15 800	875	14.4	30.7	552	81.2	2.69
36b	360	138	12.0	15.8	12.0	6.0	83.680	65.689	16 500	919	14.1	30.3	582	84.3	2.64
36c	360	140	14.0	15.8	12.0	6.0	90.880	71.341	17 300	962	13.8	29.9	612	87.4	2.60
40a	400	142	10.5	16.5	12.5	6.3	86.112	67.598	21 700	1 090	15.9	34.1	660	93.2	2.77
40b	400	144	12.5	16.5	12.5	6.3	94.112	73.878	22 800	1 140	16.5	33.6	692	96.2	2.71
40c	400	146	14.5	16.5	12.5	6.3	102.112	80.158	23 900	1 190	15.2	33.2	727	99.6	2.65
45a	450	150	11.5	18.0	13.5	6.8	102.446	80.420	32 200	1 430	17.7	38.6	855	114	2.89
45b	450	152	13.5	18.0	13.5	6.8	111.446	87.485	33 800	1 500	17.4	38.0	894	118	2.84
45c	450	154	15.5	18.0	13.5	6.8	120.446	94.550	35 300	1 570	17.1	37.6	938	122	2.79
50a	500	158	12.0	20.0	14.0	7.0	119.304	93.654	46 500	1 860	19.7	42.8	1120	142	3.07
50b	500	160	14.0	20.0	14.0	7.0	129.304	101.504	48 600	1 940	19.4	42.4	1170	146	3.01
50c	500	162	16.0	20.0	14.0	7.0	139.304	109.354	50 600	2 080	19.0	41.8	1220	151	2.96
56a	560	166	12.5	21.0	14.5	7.3	135.435	106.316	65 600	2 340	22.0	47.7	1370	165	3.18
56b	560	168	14.5	21.0	14.5	7.3	146.635	115.108	68 500	2 450	21.6	47.2	1490	174	3.16
56c	560	170	16.5	21.0	14.5	7.3	157.835	123.900	7 1400	2 550	21.3	46.7	1560	183	3.16
63a	630	176	13.0	22.0	15.0	7.5	154.658	121.407	93 900	2 980	24.5	54.2	1700	193	3.31
63b	630	178	15.0	22.0	15.0	7.5	167.258	131.298	98 100	3 160	24.2	53.5	1810	204	3.29
63c	630	180	17.0	22.0	15.0	7.5	179.858	141.189	102 000	3 300	23.8	52.9	1920	214	3.27

注:截面图和表中标注的圆弧半径 r 和 r₁ 值,用于孔型设计,不作为交货条件。

参 考 文 献

[1] 朱照宣,周起钊,殷金生.理论力学:上册[M].北京:北京大学出版社,1982.

[2] 清华大学理论力学教研组.理论力学:上册[M].4版.北京:高等教育出版社,1994.

[3] 刘延柱,杨海兴.理论力学[M].北京:高等教育出版社,1991.

[4] 西北工业大学,北京航空学院,南京航空学院.理论力学:上册[M].北京:人民教育出版社,1980.

[5] 哈尔滨工业大学理论力学教研室.理论力学:Ⅰ[M].8版.北京:高等教育出版社,2016.

[6] 马格努斯 K,缪勒 H H.工程力学基础[M].张维,译.北京:北京理工大学出版社,1997.

[7] 吕茂烈.理论力学范例分析[M].西安:陕西科学技术出版社,1986.

[8] 贾书惠,李万琼.理论力学[M].北京:高等教育出版社,2002.

[9] 贾书惠,张怀瑾.理论力学辅导[M].北京:清华大学出版社,1997.

[10] 谢传锋.理论力学[M].北京:中央广播电视大学出版社,1995.

[11] 谢传锋.理论力学答疑[M].北京:高等教育出版社,1988.

[12] 谢传锋.理论力学自我检测[M].北京:北京航空学院出版社,1986.

[13] 谢传锋.静力学[M].北京:高等教育出版社,1999.

[14] 孙训方,方孝淑,陆耀洪.材料力学:上册[M].2版.北京:高等教育出版社,1987.

[15] 孙训方,方孝淑,陆耀洪.材料力学:下册[M].2版.北京:高等教育出版社,1991.

[16] 徐芝纶.弹性力学:上册[M].2版.北京:人民教育出版社,1982.

[17] 费奥多谢夫 В И.材料力学[M].赵九江,译.北京:高等教育出版社,1985.

[18] 单辉祖.材料力学:Ⅰ[M].4版.北京:高等教育出版社,2016.

［19］ 单辉祖.材料力学：Ⅱ［M］.4 版.北京:高等教育出版社，2016.

［20］ 单辉祖.材料力学教程［M］.2 版.北京：高等教育出版社,2016.

［21］ 单辉祖.材料力学问题与范例分析［M］.2 版.北京：高等教育出版社,2016.

习 题 答 案

第一章　静力学基础

略

第二章　汇交力系

2-1　$F = G\cos\theta, F_2 = F_1 - G\sin\theta$

2-2　$F_{CA} = 207$ N，$F_{CB} = 164$ N

2-3　$F_A = 1.12F, F_D = 0.5F$

2-4　$F_A = 22.4$ kN，$F_B = 10$ kN

2-5　$\phi = \arccos\left[\dfrac{k\Delta l}{2P}\right]$

2-6　$F_A = F_E = 166.7$ N

2-7　$F_2 = 1.633F_1$

2-8　$F_A = 100F$

2-9　$F_{AB} = F_{AC} = 0.735$ kN，$F_{AD} = -1.2$ kN

2-10　$F_{AB} = F_{AC} = 1.577P, F_{AD} = -3.73P$

2-11　$F_{AD} = F_{BD} = -1.225$ kN，$T_{CD} = 1$ kN

2-12　$F_1 = F_2 = -2.5$ kN，$F_3 = -3.54$ kN，$F_4 = F_5 = 2.5$ kN，$F_6 = -5$ kN

第三章　力偶系

3-1　(a) $F_A = F_B = \dfrac{M}{l}$

　　　　(b) $F_A = F_B = \dfrac{M}{l\cos\theta}$

3-2　$F_A = F_C = \dfrac{M}{2\sqrt{2}\,a}$

3-3　$F_1 = F_2 = 750$ N，方向相反

3-4　$M_1 = 3$ N·m，逆时针方向，$F_{AB} = 5$ N

3-5　$M = 8.51$ kN·m，位于 y-z 面、与 z 轴夹角为 $25°01'$

3-6 $F_A = F_B = 2.92$ N

3-7 $F_A = \dfrac{\sqrt{2}M}{l}$

第四章　平面任意力系

4-1 （a）$F_{Ax} = 0.69$ kN，$F_{Ay} = 0.30$ kN，$F_B = 1.10$ kN

　　　　（b）$F_{Ax} = 0$，$F_{Ay} = 15$ kN，$F_B = 21$ kN

4-2 $F_y = F + ql$，$M = Fl + \dfrac{1}{2}ql^2$

4-3 $F_{Ax} = 20$ kN，$F_{Ay} = 100$ kN，$M_A = 130$ kN·m

4-4 $F_{Ax} = G\sin\alpha$，$F_{Ay} = G(1 + \cos\alpha)$，$M_A = Gb(1 + \cos\alpha)$

4-5 $P > 60$ kN

4-6 $F_{Ax} = 4.67$ kN，$F_{Ay} = 47.2$ kN，$F_B = 22.4$ kN

4-7 $\varphi_1 = 53°27'$，$\varphi_2 = 248°05'$

4-8 $F_{Ax} = F_{Bx} = 120$ kN，$F_{Ay} = F_{By} = 300$ kN

4-9 $F_B = Q + \dfrac{a}{2l}P$，$F_C = Q + \left(1 - \dfrac{a}{2l}\right)P$，$T = \dfrac{l\cos\alpha}{2h}\left(Q + \dfrac{a}{l}P\right)$

4-10 $F = 374$ N

4-11 $F_A = -35$ kN，$F_B = 80$ kN，$F_C = 25$ kN，$F_D = -5$ kN

4-12 （a）$F_{Ax} = -100$ kN，$F_{Ay} = -80$ kN；$F_B = 120$ kN，$F_D = 0$

　　　　（b）$F_{Ax} = 50$ kN，$F_{Ay} = 25$ kN，$F_B = -10$ kN，$F_D = 15$ kN

4-13 $F_{Ax} = 12$ kN，$F_{Ay} = 1.5$ kN，$F_B = 10.5$ kN，$F_{BC} = -15$ kN

4-14 $F_{Ax} = -20$ kN，$F_{Ay} = -1.25$ kN，$F_{Bx} = 20$ kN，$F_{By} = 11.25$ kN

4-15 $F_{Ax} = -F$，$F_{Ay} = -F$，$F_{Bx} = -F$，$F_{By} = 0$，$F_{Dx} = 2F$，$F_{Dy} = F$

4-16 $F_C = 5$ kN，$F_E = 1.5$ kN，$F_F = 0$，$F_{Dx} = 4$ kN，$F_{Dy} = -4.5$ kN

第五章　空间任意力系

5-1 $F_A = 4.33$ kN，$F_B = 7.79$ kN，$F_C = 5.38$ kN

5-2 $T_1 = T_2 = 11$ kN，$F_{Ax} = 0$，$F_{Ay} = -3.6$ kN，$F_{Az} = 14.0$ kN

5-3 $F_{Ax} = -100k$ N，$F_{Ay} = -240k$ N，$F_{Az} = 130k$ N，$F_{Bx} = 0$，$F_{Bz} = 0$，$F_C = 291$ kN

5-4 $F_{Ax} = 400$ N，$F_{Ay} = 800$ N，$T = 707$ N，$F_{Az} = 500$ N，$F_{By} = -500$ N，$F_{Bz} = 0$

5-5 $F = 70.9$ N，$F_{Ax} = -47.6$ N，$F_{Ay} = 68.4$ N，$F_{Bx} = 19.0$ N，$F_{By} = -207$ N

5-6 $F = 12.7$ kN，$F_{Ax} = 4.13$ kN，$F_{Az} = -1.46$ kN，$F_{Bx} = 7.80$ kN，$F_{Bz} = -2.88$ kN

5-7 $F_A = 183.9$ N，$F_B = 424$ N，$F_1 = 208$ N

5-8 $F = 0.15$ kN（与图示相反），$F_{Ax} = F_{Bx} = 0$，$F_{Ay} = -1.25$ kN，$F_{By} = -3.75$ kN，$F_{Az} = 1$ kN

5-9 $F_{BC} = 60.0$ N，$F_B = 99.0$ N

5-10 $M = \dfrac{r^2 P \sin\dfrac{\alpha}{2}}{\sqrt{l^2 - r^2 \sin^2 \dfrac{\alpha}{2}}}$, $F_{AC} = F_{BD} = \dfrac{Pl}{2\sqrt{l^2 - r^2 \sin^2 \dfrac{\alpha}{2}}}$

第六章 静力学专题

6-1 $y_C = \dfrac{2r+R}{3(r+R)} h$

6-2 $y_C = 0.159$ m

6-3 （a）$x_C = \dfrac{2R \sin\alpha}{3\alpha}$

   （b）$x_C = \dfrac{(n+1)b}{n+2}$

6-4 （a）$x_C = 19.74$ mm，$y_C = 39.7$ mm

   （b）$x_C = -19.05$ mm，$y_C = 0$

6-5 （a）$x_C = y_C = 23.3$ mm

   （b）$x_C = y_C = 17.52$ mm

6-6 $F_1 = \sqrt{2}F$，$F_2 = -F$，$F_3 = -F$

6-7 $F_1 = 0$，$F_2 = F_3 = F$，$F_4 = 0$，$F_5 = \sqrt{2}F$

6-8 $F_1 = F_2 = F_3 = F_4 = F/\sqrt{2}$，$F_5 = F$

6-9 $F_1 = -125$ kN，$F_2 = 53$ kN，$F_3 = -87.5$ kN

6-10 $F_1 = 0, F_2 = 0.333P, F_3 = -0.333P, F_4 = 0.471P$

6-11 $F_1 = -F$，$F_2 = 1.414F$　，$F_3 = 2F$

6-12 （a）$F' = 32$ N，物体下滑

   （b）$F_{\min} = 82.9$ N

6-13 $\theta = \arctan \dfrac{1}{2f_{sA}}$

6-14 $\theta = \arcsin \dfrac{3\pi f_s}{4 + 3\pi f_s}$

6-15 $f_s = 0.223$

6-16 $M = rWf_s \dfrac{1+f_s}{1+f_s^2}$

6-17 $F_A = F_B = 72.2$ N

6-18 $f_s \geqslant \dfrac{\delta}{2R}$

第七章 材料力学基础

7-1 $M_x = M$

7-2 $\sigma = 118.2$ MPa, $\tau = 20.8$ MPa

7-3 $F_x = F_y = \dfrac{F_R}{\sqrt{2}}$, $M_y = -M$

7-4 $F_x = 200$ kN, $M_z = 3.33$ kN·m

7-5 (a) $\gamma = 0$

（b) $\gamma = -2a$

第八章　轴向拉伸与压缩

8-1 (a) $F_{N,max} = F$

（b) $F_{N,max} = F$

8-2 (a) $F_{N,max} = 3$ kN

（b) $F_{N,max} = 3$ kN

8-3 $\sigma = 72.8$ MPa

8-4 $\sigma_{t,max} = 60$ MPa, $\sigma_{c,max} = 40$ MPa

8-5 $F_2 = 62.5$ kN

8-6 $d_2 = 49.0$ mm

8-7 $\sigma_{45°} = 5$ MPa, $\tau_{45°} = 5$ MPa

8-8 $\theta = 26.6°$

8-9 $\sigma_s = 240$ MPa, $\sigma_b = 445$ MPa, $\delta \approx 28\%$, 塑性材料

8-10 (a) $\sigma_p = 230$ MPa

（b) $\varepsilon = 0.007\ 6$, $\varepsilon_p = 0.004\ 6$, $\varepsilon_e = 0.003\ 0$

8-11 $\sigma_{max} = 64.5$ MPa

8-12 $\delta = 26.4\%$, $\psi = 65.2\%$, 塑性材料

8-13 $D = 19.87$ mm

8-14 $\sigma_1 = 82.9$ MPa, $\sigma_2 = 131.8$ MPa

8-15 $d \geqslant 19.95$ mm, $b \geqslant 84.1$ mm

8-16 $[F] = \dfrac{\sqrt{2}[\sigma]A}{2}$

8-17 $\alpha = 54°44'$

8-18 $\Delta l = -0.20$ mm

8-19 $E = 70$ GPa, $\mu = 0.327$

8-20 $\Delta_D = -0.017\ 9$ mm

8-21 $F = 18.7$ kN

8-22 $F = 21.2$ kN, $\theta = 10.9°$

8-23 $\Delta_A = 0.938$ mm($\rightarrow$), $f_A = 3.59$ mm($\downarrow$)

8-24 $\Delta_x = \dfrac{Fl}{EA}$($\rightarrow$), $\Delta_y = \dfrac{Fl}{EA}$($\downarrow$)

8-25 $\Delta_{Bx}=\Delta_{Dx}=0.50$ mm$(\rightarrow)$,$\Delta_{By}=\Delta_{Dy}=0.50$ mm$(\downarrow)$

8-26 (a) $\sigma_{t,max}=\dfrac{2F}{3A},\sigma_{c,max}=\dfrac{F}{3A}$

(b) $\sigma_{t,max}=\dfrac{2F}{3A},\sigma_{c,max}=\dfrac{F}{3A}$

8-27 $\sigma_1=66.7$ MPa, $\sigma_2=133.3$ MPa

8-28 $\sigma_1=-\dfrac{E_1F}{E_1A_1+E_2A_2},\sigma_2=-\dfrac{E_2F}{E_1A_1+E_2A_2},\Delta l=-\dfrac{Fl}{E_1A_1+E_2A_2}$

8-29 $F_{N1}=\dfrac{F}{2(1+\sqrt{2})}$, $F_{N2}=\dfrac{(1+2\sqrt{2})F}{2(1+\sqrt{2})}$, $F_{N3}=\dfrac{\sqrt{2}F}{2(1+\sqrt{2})}$

8-30 $F_{N,BC}=\dfrac{\sqrt{2}}{2}F$(拉) ,$F_{N,AB}=\dfrac{2-\sqrt{2}}{2}F$(压) ,$F_{N,AD}=F_{N,AG}=\dfrac{\sqrt{2}-1}{2}F$(拉)

8-31 $A_1=A_2=2A_3\geqslant 2\ 450$ mm^2

8-32 $\tau=5$ MPa,$\sigma_{bs}=12.5$ MPa

8-33 $d\geqslant 15$ mm

8-34 $\sigma=125$ MPa, $\tau=99.5$ MPa, $\sigma_{bs}=125$ MPa

8-35 $\Delta_{B/C}=\dfrac{(2+\sqrt{2})Fl}{EA}$

8-36 $\sigma_{max}=15.85$ MPa

第九章 扭 转

9-1 (a) $T_{max}=M$

(b) $T_{max}=M$

9-2 (a) $T_{max}=2$ kN·m

(b) $|T|_{max}=3$ kN·m

9-3 $M=191.0$ N·m

9-4 (a) $T_{max}=1.273$ kN·m

(b) $T'_{max}=0.955$ kN·m

9-5 $\tau_{横}=\tau_{纵}=135.3$ MPa

9-6 $T=151$ N·m

9-7 $\tau_A=32.6$ MPa, $\tau_{max}=40.8$ MPa

9-8 $\tau_A=63.7$ MPa, $\tau_{max}=84.9$ MPa, $\tau_{min}=42.4$ MPa

9-9 略

9-10 略

9-11 $d\geqslant 58.9$ mm

9-12 $d\geqslant 39.3$ mm, $d_1\geqslant 24.7$ mm, $d_2\geqslant 41.2$ mm

9-13 $[M]=1.922$ kN·m

9-14 $G = 84.2$ GPa

9-15 $\phi_A = 1.452°$

9-16 $\tau_{\max} = \dfrac{16M}{\pi d_2^3}, \phi_C = \dfrac{10.19Ml}{G}\left(\dfrac{1}{d_2^4} + \dfrac{2}{d_1^4}\right)$

9-17 $d \geqslant 67.6$ mm

9-18 $d_1 \geqslant 82.4$ mm$, d_2 \geqslant 61.8$ mm

9-19 $M = \dfrac{3\pi d^4 G\phi_B}{64a}$

9-20 $[M] = 5.24$ kN·m

9-21 $T_1 = 1.316$ kN·m$, T_2 = 0.684$ kN·m$, \tau_{1\max} = 40.8$ MPa$, \tau_{2\max} = 54.4$ MPa

9-22 $\tau = \dfrac{0.424M}{d^2 D}, \sigma_{bs} = \dfrac{0.333M}{d\delta D}$

9-23 $d \geqslant 14.56$ mm

9-24 $\dfrac{I_{t方}}{I_{t矩}} = 1.231$

9-25 $[M_2] = 1.727$ kN·m$, \phi_A = 6.12 \times 10^{-3}$ rad

第十章　弯曲内力

10-1 （a）$F_{SA_+} = F, M_{A_+} = 0, F_{SC} = F, M_C = \dfrac{Fl}{2}, \ F_{SB_-} = F, M_{B_-} = Fl$

     （b）$F_{SA_+} = -\dfrac{M_e}{l}, M_{A_+} = M_e, F_{SC} = -\dfrac{M_e}{l}, M_C = \dfrac{M_e}{2}, F_{SB_-} = -\dfrac{M_e}{l}, M_{B_-} = 0$

     （c）$F_{SA_+} = \dfrac{bF}{a+b}, M_{A_+} = 0, F_{SC_-} = \dfrac{bF}{a+b}, M_{C_-} = \dfrac{abF}{a+b},$

           $F_{SC_+} = -\dfrac{aF}{a+b}, M_{C_+} = \dfrac{abF}{a+b}, F_{SB_-} = -\dfrac{aF}{a+b}, M_{B_-} = 0$

     （d）$F_{SA_+} = \dfrac{ql}{2}, M_{A_+} = -\dfrac{3ql^2}{8}, F_{SC_-} = \dfrac{ql}{2}, M_{C_-} = -\dfrac{ql^2}{8},$

           $F_{SC_+} = \dfrac{ql}{2}, M_{C_+} = -\dfrac{ql^2}{8}, F_{SB_-} = 0, M_{B_-} = 0$

10-2 （a） $F_{S,\max} = ql, M_{\max} = \dfrac{ql^2}{2}$

     （b） $F_{S,\max} = \dfrac{M_e}{l}, M_{\max} = M_e$

     （c） $F_{S,\max} = F, |M|_{\max} = \dfrac{Fl}{2}$

     （d） $|F_S|_{\max} = \dfrac{3ql}{4}, |M|_{\max} = \dfrac{ql^2}{4}$

（e）$F_{S,max} = \dfrac{3ql}{2}, M_{max} = \dfrac{9ql^2}{8}$

（f）$F_{S,max} = \dfrac{9ql}{8}, M_{max} = ql^2$

10-3 （a）$M_{max} = \dfrac{Fl}{4}$

（b）$M_{max} = \dfrac{Fl}{6}$

（c）$M_{max} = \dfrac{Fl}{6}$

（d）$M_{max} = \dfrac{3Fl}{20}$

10-4 略

10-5 （a）$F_{S,max} = F, \left| M \right|_{max} = 2Fl$

（b）$F_{S,max} = \dfrac{ql}{2}, M_{max} = \dfrac{ql^2}{8}$

（c）$F_{S,max} = \dfrac{ql}{4}, M_{max} = \dfrac{ql^2}{32}$

（d）$F_{S\,max} = \dfrac{9ql}{8}, M_{max} = ql^2$

（e）$F_{S\,max} = \dfrac{ql}{4}, \left| M \right|_{max} = \dfrac{3ql^2}{32}$

（f）$\left| F_{S} \right|_{max} = \dfrac{10ql}{9}, M_{max} = \dfrac{17ql^2}{54}$

10-6 $a = 0.207l$

10-7 $F_{S,max} = \dfrac{q_0 l}{2}, M_{max} = \dfrac{q_0 l^2}{6}$

10-8 $F_{S,max} = \dfrac{q_0 l}{4}, M_{max} = \dfrac{q_0 l^2}{12}$

10-9 （a）$\left| F_{S} \right|_{max} = qa, \left| M \right|_{max} = \dfrac{qa^2}{2}, \left| F_{N} \right|_{max} = qa$

（b）$\left| F_{S} \right|_{max} = F, \left| M \right|_{max} = Fa, \left| F_{N} \right|_{max} = F$

第十一章　弯曲应力

11-1 略

11-2 $\sigma_{max} = \dfrac{Ed}{d+D}, \varepsilon_{max} = \dfrac{d}{d+D}, M = \dfrac{E\pi d^4}{32(D+d)}$

11-3 $\sigma_{c,max} = \dfrac{Ey_2}{R_1}, \sigma_{t,max} = \dfrac{Ey_1}{R_1}$

11-4 （a）$I_z = \dfrac{bh^3}{12}$

（b）$I_z = \dfrac{a^4}{12} - \dfrac{\pi R^4}{4}$

11-5 $I_z = \dfrac{5\sqrt{3}\,a^4}{16}, W_z = 0.625a^3$

11-6 （a）$b = \dfrac{\sqrt{3}\,d}{3}, h = \dfrac{\sqrt{6}\,d}{3}$

（b）$b = \dfrac{d}{2}, h = \dfrac{\sqrt{3}\,d}{2}$

11-7 （a）$I_z = 1.729 \times 10^9 \, \text{mm}^4$

（b）$I_z = 1.548 \times 10^{10} \, \text{mm}^4$

11-8 $\sigma_{\max} = 176 \, \text{MPa}, \sigma_K = 132 \, \text{MPa}$

11-9 $\sigma_{\text{t,max}} = 54.0 \, \text{MPa}, \sigma_{\text{c,max}} = 156 \, \text{MPa}$

11-10 $\sigma_{\max} = 67.5 \, \text{MPa}$

11-11 $\tau_{\max} = 26.8 \, \text{MPa}, \tau_A = 13.15 \, \text{MPa}, \tau_B = 21.9 \, \text{MPa}$

11-12 $\tau_{\max} = 43.8 \, \text{MPa}, \tau_{\min} = 38.2 \, \text{MPa}$

11-13 $\tau_{\max} = 32.3 \, \text{MPa}$

11-14 $b \geqslant 125 \, \text{mm}, \sigma_{\max}^A = 7.78 \, \text{MPa}$

11-15 $\sigma_{\text{t,max}} = 60.4 \, \text{MPa}, \sigma_{\text{c,max}} = 45.3 \, \text{MPa}$

11-16 $b \geqslant 32.7 \, \text{mm}$

11-17 No 16 工字钢

11-18 $\dfrac{W_a}{W_b} = 1.414$

11-19 $b = 510 \, \text{mm}$

11-20 $a = 1.385 \, \text{m}$

11-21 $b(x) = \dfrac{3Fx}{h^2[\sigma]}, b_{\min} = \dfrac{3F}{4h[\tau]}$

11-22 （a）$h = 2b \geqslant 71.2 \, \text{mm}$

（b）$d \geqslant 52.3 \, \text{mm}$

11-23 $F = 1.03 \, \text{kN}, \beta = 31°21'$

11-24 No 22a 槽钢

11-25 $F = 18.38 \, \text{kN}, e = 1.785 \, \text{mm}$

11-26 $\sigma_{\max} = 96.8 \, \text{MPa}, \sigma_{\min} = 62.4 \, \text{MPa}$

11-27 $x = 5.2 \, \text{mm}$

11-28 $a \geqslant 20 \, \text{mm}, l \geqslant 200 \, \text{mm}, c \geqslant 147 \, \text{mm}$

11-29 $[F] = 4.85 \, \text{kN}$

11-30 $b \geqslant 55.5$ mm

第十二章 弯曲变形

12-1 （a） $\theta_{\max} = \dfrac{M_e a}{EI}$（↻）, $f_{\max} = \dfrac{M_e a^2}{2EI}$（↑）

（b） $\theta_{\max} = \dfrac{q a^3}{24EI}$（↻）, $f_{\max} = \dfrac{5 q a^4}{384EI}$（↓）

12-2 略

12-3 （a） $\theta_A = \dfrac{M_e l}{24EI}$（↻）, $w_C = 0$

（b） $\theta_A = \dfrac{F l^2}{24EI}$（↻）, $w_C = \dfrac{F l^3}{12EI}$（↓）

（c） $\theta_A = 0$, $w_C = \dfrac{41 q l^4}{384EI}$（↓）

（d） $\theta_A = \dfrac{5 q l^3}{192EI}$（↻）

12-4 $\Delta = \dfrac{M_e^2 l^3}{6E^2 I^2}$

12-5 $M_2 = 2M_1$

12-6 $w = \dfrac{F x^3}{3EI}$

12-7 （a） $\theta_B = \dfrac{F l^2}{16EI} + \dfrac{M_e l}{3EI}$, $w_C = \dfrac{F l^3}{48EI} + \dfrac{M_e l^2}{16EI}$（↓）

（b） $\theta_B = \dfrac{F l^2}{4EI}$, $w_C = \dfrac{11 F l^3}{48EI}$（↑）

12-8 $f_C = \dfrac{7 q l^4}{24EI}$（↓）, $\theta_A = \dfrac{17 q l^3}{48EI}$（↻）

12-9 （a） $x = 0.152l$

（b） $x = \dfrac{l}{6}$

12-10 $\Delta_{Cx} = \dfrac{F a h^2}{2EI}$（→）, $\Delta_{Cy} = \dfrac{F a^2(a+3h)}{3EI}$（↓）

12-11 $f = \dfrac{q b}{24EI}(5b^3 + 20ab^2 + 24a^2 b + 8a^3)$（↓）

12-12 （a） $f = \dfrac{3 F a^3}{2EI_1}$（↓）

（b） $f = \dfrac{3 F a^3}{4EI_1}$（↓）

12-13 $w_B = -\dfrac{l^2}{2R} + \dfrac{(EI)^2}{6F^2R^3}$ (↓) , $\sigma_{max} = \dfrac{E\delta}{2R}$

12-14 $f = \dfrac{2.01ql^4}{Eb^4}$, $\theta = 5.36°$

12-15   (a) $F_{Ay} = \dfrac{qa}{16}$ (↓) , $F_{By} = \dfrac{5qa}{8}$ (↑) , $F_{Cy} = \dfrac{7qa}{16}$ (↑)

         (b) $F_{Ay} = \dfrac{57qa}{64}$ (↑) , $M_A = \dfrac{9qa^2}{32}$ (↺) , $F_{By} = \dfrac{7qa}{64}$ (↑)

12-16   (a) $F_{Ay} = F_{Cy} = \dfrac{3M_e}{2l}$, $M_A = M_C = \dfrac{M_e}{4}$

         (b) $F_{Ay} = \dfrac{13qa}{16}$, $M_A = \dfrac{5qa^2}{16}$

12-17   有轴承 B 时 , $\sigma_{max} = 30.8$ MPa

         无轴承 B 时 , $\sigma_{max} = 67.2$ MPa

12-18 $\sigma_{max} = 46.9$ MPa

12-19 $\sigma_{max} = 108$ MPa , $\sigma_{BC} = 31.8$ MPa , $\Delta_{Cy} = 8.03$ mm

12-20 $d \geqslant 24$ mm

12-21   №18 工字钢

第十三章   复杂应力状态应力分析

13-1   (a) $\sigma_a = 10.0$ MPa , $\tau_a = 15.0$ MPa

         (b) $\sigma_a = 47.3$ MPa , $\tau_a = -7.3$ MPa

13-2   (a) $\sigma_a = 40.0$ MPa , $\tau_a = 10.0$ MPa

         (b) $\sigma_a = -38.2$ MPa , $\tau_a = 0$

         (c) $\sigma_a = 0.49$ MPa , $\tau_a = -20.5$ MPa

13-3   同题 13-1

13-4   同题 13-2

13-5   (a) $\sigma_1 = \sigma_2 = 0$, $\sigma_3 = -15$ MPa

         (b) $\sigma_1 = \sigma_2 = 0$, $\sigma_3 = -10$ MPa

         (c) $\sigma_1 = 5$ MPa , $\sigma_2 = 0$, $\sigma_3 = -5$ MPa

         (d) $\sigma_1 = 10$ MPa , $\sigma_2 = \sigma_3 = 0$

         (e) $\sigma_1 = \sigma_2 = 15$ MPa , $\sigma_3 = 0$

13-6   略

13-7 $\sigma_1 = 70$ MPa , $\sigma_2 = 10$ MPa , $\alpha_0 = 23.5°$

13-8   (a) $\sigma_1 = 52.4$ MPa , $\sigma_2 = 7.64$ MPa , $\sigma_3 = 0$, $\alpha_0 = -31.75°$

         (b) $\sigma_1 = 11.23$ MPa , $\sigma_2 = 0$, $\sigma_3 = -71.2$ MPa , $\alpha_0 = 50.2°$

         (c) $\sigma_1 = 37$ MPa , $\sigma_2 = 0$, $\sigma_3 = -27$ MPa , $\alpha_0 = 70.5°$

13-9 （a）$\sigma_1 = \sigma, \sigma_2 = \sigma_3 = 0, \sigma_{max} = \sigma, \tau_{max} = \dfrac{\sigma}{2}$

（b）$\sigma_1 = \tau, \sigma_2 = 0, \sigma_3 = -\tau, \sigma_{max} = \tau_{max} = \tau$

（c）$\begin{matrix}\sigma_1\\\sigma_3\end{matrix} = \dfrac{\sigma}{2} \pm \dfrac{1}{2}\sqrt{\sigma^2 + 4\tau^2}, \sigma_2 = 0, \tau_{max} = \dfrac{1}{2}\sqrt{\sigma^2 + 4\tau^2}, \sigma_{max} = \sigma_1$

13-10 （a）$\sigma_1 = 60$ MPa, $\sigma_2 = 30$ MPa, $\sigma_3 = -70$ MPa

$\sigma_{max} = 60$ MPa, $\tau_{max} = 65$ MPa

（b）$\sigma_1 = 50$ MPa, $\sigma_2 = 30$ MPa, $\sigma_3 = -50$ MPa

$\sigma_{max} = 50$ MPa, $\tau_{max} = 50$ MPa

13-11 $\sigma_1 = 84.7$ MPa, $\sigma_2 = 20.0$ MPa, $\sigma_3 = -4.72$ MPa

13-12 A 点：$\sigma_1 = \sigma_2 = 0$, $\sigma_3 = -60$ MPa, $\alpha_0 = 90°$

B 点：$\sigma_1 = 0.167\ 8$ MPa, $\sigma_2 = 0$, $\sigma_3 = -30.2$ MPa, $\alpha_0 = 85.7°$

C 点：$\sigma_1 = 3$ MPa, $\sigma_2 = 0$, $\sigma_3 = -3$ MPa, $\alpha_0 = 45°$

13-13 $\Delta\delta = -1.886 \times 10^{-3}$ mm

13-14 $\varepsilon_x = 380 \times 10^{-6}$, $\varepsilon_y = 250 \times 10^{-6}$, $\gamma_{xy} = 650 \times 10^{-6}$, $\varepsilon_{30°} = 66 \times 10^{-6}$

13-15 $M = \dfrac{\pi d^3 E \varepsilon_{45°}}{16(1+\mu)}$

第十四章　复杂应力状态强度问题

14-1 $\sigma_{max} = 38.2$ MPa

14-2 $\sigma_{r4} = 180.3$ MPa

14-3 $[p] = \dfrac{1-\mu}{1-2\mu}[\sigma]$

14-4 $[\tau_1] = [\sigma]$, $[\tau_2] = \dfrac{[\sigma]}{1+\mu}$

14-5 $\sigma_{max} = 153.5$ MPa, $\tau_{max} = 62.1$ MPa, $\sigma_{r3} = 168.2$ MPa

14-6 $d \geqslant 23.6$ mm

14-7 $l = 510$ mm

14-8 $\sigma_{r3} = 176$ MPa

14-9 $\sqrt{\left(\dfrac{4F}{\pi d^2}\right)^2 + 3\left(\dfrac{16M}{\pi d^3}\right)^2} \leqslant [\sigma]$

14-10 $\dfrac{4}{\pi d^3}\sqrt{\left(F_2 d + 8\sqrt{F_2^2 a^2 + F_1^2 l^2}\right)^2 + 48(F_1 a)^2} \leqslant [\sigma]$

14-11 $\sigma_{r4} = 119.6$ MPa

14-12 $\sigma_x = 58.3$ MPa, $\sigma_1 = 116.7$ MPa, $\sigma_{max} = 116.7$ MPa, $\tau_{max} = 58.3$ MPa

14-13 $\sigma_{r4} = 115.5$ MPa

14-14 $\delta \geqslant 1.7$ mm

14-15 $\delta \geqslant 3.25$ mm

14-16 $\sigma_{r2} = 20.1$ MPa

第十五章 压杆稳定

15-1 （a）$F_{cr} = \dfrac{ca}{2}$

  （b）$F_{cr} = \dfrac{k}{a}$

  （c）$F_{cr} = ca + \dfrac{k}{a}$

15-2 $F_{cr} = \dfrac{3EI}{al}$

15-3 （a）$F_{cr} = 37.8$ kN

  （b）$F_{cr} = 52.6$ kN

  （c）$F_{cr} = 459$ kN

15-4 $F_{cr} = \dfrac{\pi^2 EI}{2a^2}$, $F_{cr}' = \dfrac{\sqrt{2}\,\pi^2 EI}{a^2}$

15-5 $F_{cr} = \dfrac{\pi^2 EI}{4l^2}$

15-6 $a = 44$ mm, $F_{cr} = 444$ kN

15-7 $l = 860$ mm

15-8 $[F] = \dfrac{4\pi^2 EI}{3a^2}$

15-9 （a）$F_{cr} = 5.53$ kN

  （b）$F_{cr} = 22.1$ kN

  （c）$F_{cr} = 69.0$ kN

15-10 （a）$F_{cr} = 131$ kN

  （b）$F_{cr} = 262$ kN

  （c）$F_{cr} = 250$ kN

  （d）$F_{cr} = 731$ kN

15-11 $F_{cr} = 231$ kN

15-12 $\dfrac{h}{b} = 1.429$

15-13 $[F_{st}] = 103.7$ kN

15-14 $[F_{st}] = 513$ kN, $\sigma_{max} = 134.1$ MPa

15-15 $[F] = 677$ N

15-16 $a \geqslant 187.4$ mm

第十六章　疲　劳

16-1　$r = 0.333$

16-2　$K_\sigma = 1.53$

16-3　$K_\tau = 1.19$

16-4　降低 45%

16-5　$n_\tau = 3.25$

索　引

Synopsis

For teaching purpose, this text book is divided into two parts.

The part I of the book is statics. The reduction and equilibrium condition of all kind of force systems are discussed in this part.

In Chapter 1, some basic concepts of statics, constraints, reactions of constraints and free-body diagram are presented. Chapter 2 is devoted to the reduction and equilibrium condition of concurrent force system. Chapter 3 presents the moment vector of force about a point and the moment vector of couple. The resultant and equilibrium condition of system of couples are discussed in this chapter. Chapter 4 is devoted to the general planar force system. The reduction and equilibrium condition of general planar force system are discussed in detail. Chapter 5 presents the moment of force about an axis, the reduction and equilibrium condition of general spatial force system. Some special subjects of statics are discussed in Chapter 6, that are center of gravity, centroid of area, truss, sliding friction and rolling friction.

The part II of the book is mechanics of materials. The main objective of the study of this part is to provide the students with the means of analyzing and designing various machines and load-bearing structures.

The basic concepts concerning internal force, stress, and strain are presented in Chapter 7. The analysis of the stresses and deformations in various structural members, considering successively axial loading, torsion, and bending, are devoted in Chapters 8, 9, 10, 11 and Chapter 12. The general theory of the states of stress is presented in Chapter 13. The failure theories and their applications are introduced in Chapter 14. Chapter 15 discusses the analysis and design of columns. Recently, fatigue becomes very important in the design of structure members, a basic introduction of fatigue is presented in Chapter 16.

Each chapter begins with an introductory section setting the purpose and goals of the chapter and describing in simple terms the materials to be covered. A large number of questions and exercises are given in the end of every chapter. And the answers to the exercises are listed in the end of the book.

Contents

Part Ⅱ   Machanics of Materials

Contents **413**

作者简介

单辉祖,北京航空航天大学教授。

历任教育部工科力学教材编审委员、国家教委高等学校工科力学课程教学指导委员会委员、中国力学学会教育工作委员会副主任委员、北京航空航天大学校务委员会委员与校教学指导委员会委员等。

主要讲授材料力学、材料力学方法、工程力学、复合材料力学、复合材料结构力学与有限元素法等课程,编写出版《材料力学Ⅰ,Ⅱ》《材料力学教程》《工程力学》与

《材料力学问题与范例分析》等教材多种。这些教材或属于国家级重点教材或属于普通高等教育"九五""十五""十一五"国家级规划教材,或属于教育科学"十五"国家级规划课题研究成果,或属于北京市精品教材。

科研工作主要集中在复合材料力学、有限元素法、边界元素法、各向异性弹性力学与细观力学等方面,承担与主持相关科研课题约 20项,在《力学学报》与国际复合材料等期刊上,发表科研论文 60 余篇。

编写的教材获国家教委优秀教材一等奖、中国高校科学技术自然科学奖二等奖与航空航天工业部优秀教材一等奖等;主持负责的教学研究项目"材料力学优质课程建设"与"面向 21 世纪工科基础力学系列课程教学内容、课程体系与教学方法改革的研究与实践",分别获国家级教学优秀成果一等奖与二等奖。

1992 年被授予航空航天工业部"有突出贡献专家"称号,同年起享受国务院颁发的政府特殊津贴。

谢传锋，1932 年生，1953 年毕业于华东航空学院，北京航空航天大学教授，曾任北京航空航天大学理论力学教研室主任，国家教委高等学校工科力学课程教学指导委员会副主任委员兼理论力学课程教学指导小组组长，中央广播电视大学理论力学课程主讲教师。长期从事理论力学课程教学工作，研究领域为多体系统动力学。编著和译著有《理论力学》《理论力学自我检测》《理论力学答疑》《静力学》《动力学》《陀螺系统力学》和《多刚体系统动力学》等。曾获北京市优秀教学成果奖，两度被评为全国广播电视大学优秀主讲教师。

读者意见反馈

为收集对教材的意见建议,进一步完善教材编写并做好服务工作,读者可将对本教材的意见建议通过如下渠道反馈至我社。

咨询电话　400-810-0598

反馈邮箱　gjdzfwb@ pub.hep.cn

通信地址　北京市朝阳区惠新东街4号富盛大厦1座

　　　　　高等教育出版社总编辑办公室

邮政编码　100029

防伪查询说明

用户购书后刮开封底防伪涂层,使用手机微信等软件扫描二维码,会跳转至防伪查询网页,获得所购图书详细信息。

防伪客服电话　(010)58582300